PHP 动态网站开发

主　编　江　荔
副主编　林碧芬　高玉改

北京理工大学出版社
BEIJING INSTITUTE OF TECHNOLOGY PRESS

内 容 简 介

本书面向具有 HTML + CSS 网页制作、JavaScript 编程基础的读者。全书共分 10 个项目，内容丰富、结构清晰、语言简练、由浅入深地介绍了 PHP 的语法基础、数组和字符串、函数与文件、PHP 与 Web 交互等 PHP 网站开发的基础知识，而后进一步讲解 MySQL 数据库管理、制作 PHP 动态网页、使用 AJAX 制作动态网页、使用 Laravel 框架构建动态网站等，用于提高和拓宽读者对 PHP 语言的掌握与应用。

本书可作为计算机类学生的 Web 前端技术等专业课教材，也是学习 Web 开发技术人员的入门自学教材，同时还可以作为 1 + X（Web 前端开发职业技能等级）中、高级考核自学参考书。

图书在版编目（C I P）数据

PHP 动态网站开发 / 江荔主编. － － 北京 ：北京理工大学出版社，2023.4

ISBN 978 – 7 – 5763 – 1892 – 0

Ⅰ. ①P… Ⅱ. ①江… Ⅲ. ①PHP 语言 – 程序设计

Ⅳ. ①TP312.8

中国版本图书馆 CIP 数据核字（2022）第 227466 号

出版发行 / 北京理工大学出版社有限责任公司

社　　址 / 北京市海淀区中关村南大街 5 号

邮　　编 / 100081

电　　话 / （010）68914775（总编室）

　　　　　（010）82562903（教材售后服务热线）

　　　　　（010）68944723（其他图书服务热线）

网　　址 / http：//www.bitpress.com.cn

经　　销 / 全国各地新华书店

印　　刷 / 三河市天利华印刷装订有限公司

开　　本 / 787 毫米 × 1092 毫米　1/16

印　　张 / 21　　　　　　　　　　　　　　　　　责任编辑 / 王玲玲

字　　数 / 491 千字　　　　　　　　　　　　　　文案编辑 / 王玲玲

版　　次 / 2023 年 4 月第 1 版　2023 年 4 月第 1 次印刷　　责任校对 / 刘亚男

定　　价 / 89.00 元　　　　　　　　　　　　　　责任印制 / 施胜娟

前言

本书面向具有 HTML + CSS 网页制作、JavaScript 编程基础的读者,由浅入深地介绍了动态网站开发和运行环境的搭建、PHP 基本语法、PHP 数组和字符串、PHP 与 Web 页面交互、文件与函数、面向对象基础知识、MySQL 数据库管理、制作 PHP 动态网页、AJAX 制作动态网页、Laravel 框架构建动态网站,其中的流程图采用 UML(统一建模语言)构建。

本书为福州职业技术学院校级规划教材,同时也是福州职业技术学院国家级双高专业群建设成果之一。本书对接 1 + X(Web 前端开发职业技能等级证书)中级考核知识点,服务 Web 前端技术技能人才培养需要,通过一系列模拟真实生产任务的项目案例,由浅入深、循序渐进地引导学习者掌握 Web 前端开发知识。

本书内容丰富,结构清晰,语言简练,首先由浅入深地介绍了 PHP 的语法基础、数组和字符串、函数与文件、PHP 与 Web 交互等 PHP 网站开发的基础知识;然后进一步讲解 MySQL 数据库管理、PHP 制作动态网页、AJAX 制作动态网页、Laravel 框架构建动态网站等用于提高和拓宽读者对 PHP 语言的掌握与应用。

近年来,Internet 及移动 Web 技术迅猛发展,Web 前端开发岗位需求也越来越大,PHP 语言作为 Web 前端技术中应用广泛的编程语言之一,学习 PHP 对于 Web 前端开发也是非常必要的。2019 年,教育部部署启动"学历证书 + 若干职业技能等级证书"(简称 1 + X 证书)制度试点工作,Web 前端开发职业技能等级证书是第一批试点证书,本项目围绕 Web 前端开发职业技能等级证书中级知识点展开,以项目形式讲解 PHP 知识,以学生为中心,提升学生技能水平。

本书为高等职业院校计算机类学生的专业课教材,也可以作为学习 Web 开发技术的人员的入门自学教材,同时还可以作为 1 + X(Web 前端开发职业技能等级)中、高级考核自学参考书。由于编者水平有限,书中难免存在不足之处,敬请广大专家和读者批评指正。

江 荔

目 录

项目一

发布"PHP测试"——PHP基础

知识目标：

- 认识 Web 应用程序以及 Web 应用程序的工作原理
- 了解 B/S Web 应用程序的基本架构
- 认识 PHP 开发工具以及运行环境

技能目标：

- 掌握 Web 应用程序的工作原理
- 掌握 B/S Web 应用程序的基本架构
- 掌握 PHP 开发工具的安装以及运行环境的配置
- 完成制作一个 PHP 程序

素质目标：

- 具有较强的思想政治素质，科学的人生观、价值观、道德观和法治观
- 具有较强的团队协作开发能力
- 培养严谨精细的 Web 前端开发工作态度
- 培养发现问题、解决问题的能力

项目描述

小张在一家软件公司实习，一家小型公司需要搭建公司网站，公司承接了这个项目，并成立了项目组，小张在学校学习过 Web 前端开发以及 PHP 编程，主动向公司申请加入这个项目组，也正好可以实践一下。

项目分析

了解项目基本内容后，小张所在的项目组对项目进行了实施规划。首先了解了公司对网站的功能需求，因为公司是小型公司，网站访问量不大，项目组决定采用 PHP + MySQL 进行开发。其次做好需求分析工作，并在需求的基础上做好项目分工，前端与后端分开进行，确保任务按时完成。网站功能满足公司日常办公、协同处理等方面的需求。本项目首先认识 Web 应用程序和 PHP 程序语言，完成 PHP 开发环境的安装与配置、PHP 编辑器安装与配置，最后使用 PHP 编辑器完成一个简单的 PHP 程序制作。

任务一 认识 Web 应用程序

在 Web 2.0 时代,网站往往被技术人员称为 Web 应用程序。随着网络技术的不断完善和发展,网站的设计开发和桌面应用程序的开发越来越接近。传统桌面应用程序完成的业务也越来越多地迁移至网络环境,通过 Web 应用程序来完成,如 OA(办公自动化系统)、在线学习系统、教务管理系统等。

一、Web 应用程序的工作原理

Web 应用程序是一种典型的 B/S(Brower/Server,浏览器/服务器)结构。客户访问网站使用的浏览器称为客户端。Web 应用程序包含的所有网页以及相关资源保存于 Web 服务器,Web 应用程序的数据也可使用专门的数据库服务器进行存放和管理。

当用户在浏览器中输入一个网址(URL)(如 htp://localhos/est.php),请求访问时,该请求被封装为一个 HTTP 请求,通过网络传递给 Web 服务器。Web 服务器处理接收到的 HTTP 请求,将处理结果以 HTML 格式返回给客户端浏览器。如果在处理 HTTP 请求时需要访问数据库,Web 服务器会将相关数据请求提交给数据库服务器,由数据库服务器处理数据访问请求,并将处理结果返回 Web 服务器。Web 服务器将相应的数据处理结果返回客户端。

提示:在浏览器中选择"查看/源代码"命令所看到的代码,便是 Web 服务器返回浏览器的一个 HTTP 请求 HTML 格式的响应结果。

二、Web 应用程序客户端技术

Web 应用程序客户端技术主要涉及浏览器、HTML/XHTML、XML、CSS、客户端脚本语言等。

1. 浏览器

浏览器作为网页在客户端的访问工具,负责解析网页中的 HTML、XHTML、CSS 和脚本语言等内容,并将最终结果显示在浏览器中呈现给用户。国内常见的浏览器有 IE(Internet Explorer)、Firefox、Safari、Opera、Google Chrome、QQ 浏览器、百度浏览器、搜狗浏览器、猎豹浏览器、360 浏览器、UC 浏览器、傲游浏览器和世界之窗浏览器等。不同浏览器对 HTML 的支持略有不同,编写 HTML 文档时,应注意不同浏览器之间的兼容问题。

2. HTML

HTML(HyperText Markup Language)即超文本标记语言。早期的网页就是一个个 HTML 文件,HTML 文件扩展名为 .htm 或 .html,该文件为一个纯文本文件,它使用各种预定义的标记(tag)来标识文档的结构、文字、段落、表格、图片和超级链接等信息,浏览器负责解释各种标记以何种方式展示给用户。

提示:推荐一个免费的 Web 技术学习网站:http://www.w3school.com.cn,该网站包括大部分 Web 开发技术,如 HTML/HTML5、CSS/CSS3、XML、TCP/IP、JavaScript、VBScript、jQuery、JSon、PHP、ASP 和 ASP.NET 等。

3. XHTML

XHTML(Extensible HyperText Markup Language)即可扩展超文本标记语言,以 HTML 为基础,与 HTML 相似,但语法更加严谨。比如,前面的例子使用了 < br > 标记在页面中实现换行。XHTML 要求所有标记有结束标记,如 < a > 的结束标记为 < /a >。XHTML 中的换行标记应该加上标记结束符号 < br/ >。

HTML 语法要求比较松散,网页开发人员使用起来比较灵活。但对机器而言,语法松散意味着处理难度增大。对于资源有限的设备(如手机),处理难度会更大,因此产生了由 DTD 定义规则,语法要求更加严格的 XHTML。大部分常见的浏览器都可以正确地解析 XHTML,几乎所有的网页浏览器在正确解析 HTML 的同时,可兼容 XHTML。

4. XML

XML 是 Extensible Markup Language 的缩写,表示为可扩展标记语言,是一种用于标记电子文档,使其数据具有结构化的标记语言。XML 与 HTML 可以算得上是一对孪生兄弟,它们都由 SGML(Standard Generalized Markup Language,标准通用标记语言)发展而来。

HTML 使用预定义的标记来告诉浏览器如何显示标记的内容。而 XML 的目的在于组织数据,使文档中的数据组织更加规范,便于在不同应用程序、不同平台之间交换数据。XML 使用文档作为定义的标记来组织数据,如何解释标记由用户决定。XML 文件是一个纯文本文件,便于网络传输。越来越多的应用程序使用 XML 文件来保存数据,如 Java、微软的 . NET 平台、各种 Web 服务器(Apache、Apache、Tomcat 等)和各种数据库服务器(MySQL、SQL Server、Oracle),均使用 XML 来保存相应的配置信息。

5. CSS

CSS(Cascading Style Sheets)即层叠样式表,也称级联样式表。在 HTML 中,各种预定义的标记只能简单组织页面结构和内容,CSS 则进一步通过样式决定浏览器如何精确控制 HTML 标记的显示,如字体、颜色、背景和其他效果。目前,大多数主流浏览器均支持 CSS,其最新版本为 CSS3。

6. 客户端脚本语言

客户端脚本语言通过编程为 HTML 页面添加动态内容,与用户完成交互。HTML 页面中包含的脚本语言代码称为脚本。脚本可以嵌入 HTML 文档中,也可存储在独立的计算机文件中,使用时包含到 HTML 文档中即可。包含了脚本的 HTML 通常称为动态网页,即 DHTML(Dynamic HTML,动态 HTML)。

常见的客户端脚本语言包括 JavaScript、VBScript、JScript 和 Applet 等,其中 JavaScript 和 VBScript 使用最为广泛。JavaScript 和 Java 没有直接关系,它由 Netscape 公司开发,并在 Netscape Navigator(网景浏览器)中实现。目前,网景浏览器因为技术竞争的原因已经退出了市场,但 JavaScript 却以顽强的生命力生存下来,并成为最受 Web 开发人员欢迎的客户端脚本语言。

因为技术原因,微软推出了 JScript,CEnvi 推出了 scriptEase,它们与 JavaScript 一样,可在浏览器上运行。为了统一规格,并且 JavaScript 兼容于 ECMA 标准,因此 JavaScript 也称为 EMCAScript。

VBScript 是 Visual Basic Script 的简称,即 Visual Basic 脚本语言,有时也缩写为 VBS,它是微软的 Visual Basic 语言的子集。使用 VBScript,可通过 Windows 脚本宿主调用 COM,所以可以使用部分 Windows 操作系统的程序库。VBScript 是 Apache 的默认源程序语言。

7. Web 服务器

Web 服务器即 WWW(World Wide Web,万维网)服务器,是网络服务器计算机中的一种应用程序,用于提供 WWW 服务。WWW 服务即通过互联网为用户提供各种网页。网页是网站的基本信息单位,它通常由文字、图片、动画和声音等多种媒体信息以及链接组成,用 HTML 编写,通过链接实现与其他网页或网站的关联和跳转。一个网站的所有网页和相关资源都需要上传到 Web 服务器所在的网络服务器计算机中,保存在 Web 服务器管理的目录。Web 服务器中的每个网页都有一个 URL(Uniform Resource Locator,统一资源定位符),用户在客户端的浏览器地址栏中输入 URL 或其他页面的 URL 超级链接可以访问网页。万维网由 Web 客户端浏览器、Web 服务器和网页资源组成。用户访问网络时,客户端浏览器和 Web 服务器之间通过 HTTP(Hypertex Transfer Protocol,超文本传输协议)完成信息的交换。当用户在浏览器中访问网页时,首先由浏览器向 Web 服务器发出请求,建立与服务器的连接。然后用户请求被封装在一个 HTTP 包中传递给 Web 服务器,Web 服务器解析收到的 HTTP 请求数据包,给客户端返回一个 HTTP 响应。如果用户请求访问的是一个 HTML 文件,这个 HTML文件会直接作为 HTTP 响应返回;如果用户请求访问的是一个服务器端脚本文件,如 PHP、JSP 或 ASP. NET 文件,该脚本会被传递给响应的处理程序进行处理,处理的结果是产生一个 HTML 文件返回客户端。常用的 Web 服务器有 Apache、Nginx、Tomcat 及 Weblogic 等。

8. 数据库服务器、数据库管理系统

目前各种网站都会使用到数据库,而各种业务逻辑的本质几乎都涉及数据处理。为了高效并安全地处理大量数据,必须使用数据库管理系统。SQLite 和 Access 等轻量级数据库可以直接访问,而 Oracle、MS SQL Server 和 MySQL 等大中型数据库则需要配置数据库服务器,由服务器内置的管理系统负责数据的建立、更新和维护。

如果网页中包含了数据请求,数据请求由 Web 服务器提交给数据库服务器,数据库负责完成数据请求的处理,将处理结果返回给 Web 服务器,Web 服务器将最终处理结果封装在HTML 文件中返回给用户。

9. Web 服务器端编程技术

Web 服务器端编程技术种类很多,常用的有 Microsoft 的 ASP/APS. NET、Sun 的 JSP(Sun公司于 2010 年被 Oracle 收购,但不少技术人员仍习惯认为 Java 技术属于 Sun 公司)和 Zend的 PHP。

1)ASP/ASP. NET

ASP/ASP. NET 是由 Microsoft 推出的 Web 服务器端编程技术,通常采用 Windows 服务器 + Apache + SQL Server + ASP/ASP. NET 组合进行 Web 应用程序开发,所有技术均是Microsoft 产品,因此兼容性较好,安装使用方便,配置要求低。同时,Microsoft 提供了大量的文档,同时,与 Microsoft 相关的技术都是商业软件,这也导致了网站建设客观成本比较高。Microsoft 相关技术的跨平台局限性也导致了 ASP/ASP. NET 只能用于 Windows 环境。

2）JSP

JSP（Java Server Pages）是 Java 在 Web 应用程序开发中的应用，与 ASP 类似，JSP 通过在 HTML 文件中插入 Java 代码来实现业务逻辑。其中 HTML 文件称为 JSP 文件，扩展名为 .jsp。JSP 文件在服务器端被处理，转换为 HTML 文件返回客户端。借助于 Java 的跨平台特性，JSP 开发的 Web 应用程序同样具有跨平台特点，既可在 UNIX、Linux 系统中部署，也可在 Windows 系统中部署。

3）PHP

PHP 是一种免费、开源的 Web 开发技术，它通常与 Linux、Apache 和 MySQL 等开源软件自由组合，形成了一个简单、安全、低成本、开发速度快和部署灵活的开发平台。PHP 是本书的学习内容，在后面的章节中将详细介绍。

任务二 认识 PHP

PHP 早期为 Personal Home Page 的缩写，即个人主页，现已经正式更名为"PHP：Hypettet Preprocessor"，即超文本预处理器。注意，PHP 并不是"Hypettet Preprocessor"的缩写，这种在定义中包含名称的命名方法称作"递归缩写"。

PHP 是一种跨平台、服务器端、可嵌入 HTML 文件的脚本语言。每一版本的 PHP 均提供了 UNIX/Linux 和 Windows 两种版本，所以 PHP 开发的 Web 应用程序可部署在 UNIX、Linux 和 Windows 操作系统之中的 Web 服务器上。嵌入了 PHP 代码的 HTML 文件称为 PHP 文件，扩展名通常为 .php。PHP 文件在 Web 服务器中被解析，根据用户需求动态生成 HTML 文件。

一、PHP 的发展历史

1994 年，Rasmus Lerdorf 为了更加便捷地开发和维护自己的个人网页，用 C 语言开发了一些 CGI 工具程式集，来取代原先使用的 Perl 程式。最初这些工具程式只是用来显示个人履历和统计网页流量。后来又用 C 语言重新编写，增加了数据库访问功能。Rasmus Lerdorf 将这些程序和一些表单直译器整合起来，称为 PHP/FI。

1995 年，Personal Pome Page Tools（PHP Tools）正式公开发布，称为 PHP 1.0。该版本提供了访客留言本、访客计数器等简单功能。越来越多的网站使用 PHP 进行开发，对 PHP 的功能需求也越来越多。同年，PHP/FI 公开发布，称为 PHP 2，希望可以通过网络来加快 PHP 的开发和纠错。PHP 2 具备了类似 Perl 的变量命名方式、表单处理功能以及嵌入 HTML 中执行的能力。PHP 2 加入了对 MySQL 的支持，从此使用 PHP 来创建动态网页。到 1996 年年底，有超过 15 000 个网站使用 PHP。

1997 年，任职于 Technion IIT 公司的两位以色列程序设计师 Zeev Suraski 和 Andi Gutmans 加入 PHP 开发小组，并重写了 PHP 的解释器，称为 PHP 3 的基础。PHP 也正式改名为"PHP：Hypertext Preprocessor"。1998 年 6 月，PHP 3 正式发布。Zeev Suraski 和 Andi Gutmans 后来又开始改写 PHP 核心，并在 1999 年发布了称为 Zend 引擎的 PHP 解释器。Zeev Suraski 和 Andi

Gutmans 在以色列成立了 Zend Technologies 公司，公司的技术开发及商业运作都以 PHP Web 应用为中心，包括 Zend Studio。

2000 年 5 月 22 日，PHP 4 正式发布，它以 Zend 引擎 1.0 为基础。该版本获得了巨大的成功，使得越来越多的技术人员接受并使用 PHP 来进行 Web 应用开发。

2004 年 7 月 13 日，PHP 5 正式发布，它以 Zend 引擎 2.0 为基础。PHP 5 包含更多新的特色，如面向对象、PDO（PHP Data Objects，一个存取数据库的扩展函数库）及其他性能上的增强。

PHP 5 经过了多个版本的不断更新和完善，其最新稳定版本为 2015 年 6 月 11 日发布的 PHP 5.6.10。2015 年 6 月 12 日，PHP 开发团队发布了 PHP 7.0.0 Alpha 1，标志着 PHP 7 系列的开发。PHP 7.0.0 Alpha 1 以最新的 Zend 引擎为基础，包含了下列新的特性。

（1）运行速度将是 PHP 5.6 的两倍。

（2）一致的 64 位支持。

（3）许多致命错误可以通过 Exceptions 来处理。

（4）删除了一些过时和不再支持的 SAPI 与扩展。

（5）增加了 null 连接运算符 "??" 和联合比较运算符 " <=> "。

（6）增加了 Return 和 Scalar 类型申明。

（7）增加了匿名类。

提示：PHP 7.0.0 Alpha 只是提供给开发人员进行测试，本书将以 PHP 5.6.10 为基础进行讲解。

二、PHP 的特点

与 JSP、ASP/ASP. NET 等 Web 服务器端编程技术相比，PHP 具有以下显著特点。

（1）开源：所有 PHP 源代码均可从 PHP 发布网站下载，也允许用户根据自己的需求进行修改。

（2）免费：PHP 本身免费，大大降低了 Web 应用开发和部署的成本。

（3）跨平台性强：PHP 可以很好地运行在 UNIX、Linux 和 Windows 等多种操作系统之上。

（4）效率更高：PHP 消耗相当少的系统资源。

（5）多种 Web 服务器支持：PHP 能够被 Apache 及其他多种 Web 服务器支持。

（6）支持多种数据库：PHP 最早内置了 MySQL 数据库支持，也使 MySQL 与 PHP 成为最佳拍档。PHP 5 开始支持 SQLite 数据库，通过 PDO 和其他扩展函数库，PHP 也支持 Oracle、SQL Server、Sybase 及其他多种数据库。

任务三　配置 PHP 的开发环境

PHP 是一种服务器端的 Web 应用程序脚本语言，其开发环境主要包括 PHP 解释器、Web 服务器、数据库服务器及编译器。PHP 支持 Windows 和 Linux 等多种操作系统。PHP 典型开发环境配置为 Windows + Apache（或 Apache）+ PHP + MySQL，其中 Linux 系统为 Linux +

Apache + PHP + MySQL。本书以 Windows 10 Apache + XAMPP 为基础讲解 PHP。

一、PHP 安装与配置

Web 服务器需要 PHP 解释器才能解析嵌入在 HTML 文件中的 PHP 代码,可以从 PHP 官方网站 http://www. windows. php. net 下载 PHP 的源代码或编译好的二进制代码。Windows 版本 PHP 解释器的下载地址为 http://www. windows. php. net/dwnload#php – 5. 6,下载相应版本的 ZIP 包后,解压即可直接使用。

Windows 环境中的 PHP 5.6 解释器有下列 4 种版本:VC11 x86 Non Thread Safe、VC11 x86 Thread Safe、VC11 x64 Non Thread Safe、VC11 x64 Thread Safe。

VC11 指 Windows 环境中的 PHP 解释器在使用 Visual Studio 2012 生成的 C ++ 应用程序时所必需的运行组件,下载地址为 http://www. microsoft. com/zh – CN/download/ details. aspx? id =30679(在 PHP 下载页面左侧提供了下载链接)。如果未安装 C ++ 运行组件,在浏览器中访问 PHP 网页时会出错。

x86 表示支持 32 位的 Windows 操作系统,x64 表示支持 64 位的 Windows 操作系统。

Thread Safe(TS)表示线程安全,支持多线程,Apache 服务器需安装 TS 版的 PHP 解释器;Non Thread Safe(NTS)表示非线程安全,仅支持单线程,Apache 服务器需安装 NTS 版本的 PHP 解释器。

本书使用的 PHP 解释器包为 php – 5. 6. 9 – nts – Win32 – VC11 – x86. zip,将其解压到 D:\PHP5 目录。PHP 配置文件为 PHP. ini,将解压目录中的 php. ini – development(开发环境典型配置)或者 php. ini – production(Web 应用发布环境典型配置)文件名修改为 PHP. ini 即可作为配置文件使用。PHP 5.6 解释器如果未找到 PHP. ini 配置文件,则按照默认设置运行。在开发和发布 Web 应用程序时,应注意对 PHP. ini 中的 5 项配置选项进行设置。

(1)display_errors = On:表示在浏览器中显示错误信息,Off 表示否。在开发过程中,应设置为 On,浏览器中显示的错误信息可以帮助程序员快速找到出错代码。在发布时,应设置为 Off,避免错误信息暴露服务器相关配置。

(2)log_errors = On:表示将错误信息写入日志文件,Off 表示否。如果 log_errors 设置为 On,则必须同时设置 error_log,指明日志文件的路径和文件名,error_log = " D:\PHP5\php_ errors. log"。如果 log_errors 设置为 On,但没有设置 error_log 参数,在浏览器中访问 PHP 网页时,会显示浏览器内部错误,无法打开 PHP 网页。

(3)extension_dir = " D:\php5\ext":设置 PHP 扩展函数库目录。

(4)file_uploads = On:表示允许上传文件,Off 表示否。

(5)upload_tmp_dir = " D:\php5\upload":设置保存上传文件的目录。

总结在 32 位 Windows 8.1 中安装和配置 PHP 解释器的方法,其具体操作如下。

在 http://windows. php. net/download#php – 5. 6 下载 PHP 5.6 对应的 VC11 x86 Non Thread Safe 版本的 ZIP 包。将 ZIP 包解压到 D:\PHP 目录中(也可以是其他目录)。将 D:\PHP 目录中的 php. ini – development 文件名修改为 PHP. ini。检查和修改 PHP. ini 中的设置。php. ini – development 中的 log_errors 设置默认为 On,所以需设置 error_log 参数,指明错误

日志文件。

提示：在 http://www.microsoft.com/zh – CN/download/details.aspx？id = 30679 网站下载 C ++ 运行时组件。C ++ 运行时，组件下载的文件名默认为 vcredist_x86.exe，直接运行即可完成安装。

二、XAMPP 安装

XAMPP(Apache + MySQL + PHP + PERL)是一个功能强大的建站集成软件包。这个软件包原来的名字是 LAMPP，但是为了避免误解，最新的几个版本就改名为 XAMPP 了。它可以在 Windows、Linux、Solaris、Mac OS X 等多种操作系统下安装使用，支持多语言：英文、简体中文、繁体中文、韩文、俄文、日文等。

许多人通过他们自己的经验认识到安装 Apache 服务器不是一件容易的事儿。如果想添加 MySQL、PHP 和 Perl，那就更难了。XAMPP 是一个易于安装且包含 MySQL、PHP 和 Perl 的 Apache 发行版。XAMPP 的确非常容易安装和使用，只需下载、解压缩、启动即可。

进入后，选择自己对应的操作系统下载(Windows、Linux、Solaris、Mac OS X 等多种操作系统)，此处的系统为 Windows 操作系统，如果是其他的操作系统，本教程也可作为参考。XAMPP 官网下载地址为 http://www.XAMPP.cc/。

(1)双击安装文件，根据提示进入安装，如图 1 – 1 所示。

图 1 – 1　XAMPP 安装界面

(2)单击"Next"按钮，弹出安装目录对话框，此处选择 D:\xampp 目录，如图 1 – 2 所示。

(3)单击"Next"按钮，弹出安装选项对话框，勾选所有选项，如图 1 – 3 所示。

(4)单击"Next"按钮，弹出安装界面对话框，如图 1 – 4 所示。此处需要稍等几分钟。

(5)安装结束后，弹出如图 1 – 5 所示的对话框，单击"Finish"按钮，完成安装。

这里软件的安装目录为 D:\XAMPP，文件夹内容如图 1 – 6 所示。

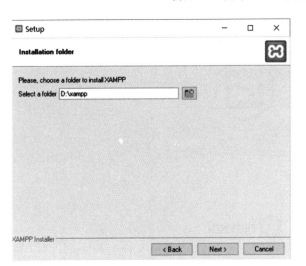

图 1-2 XAMPP 安装目录对话框

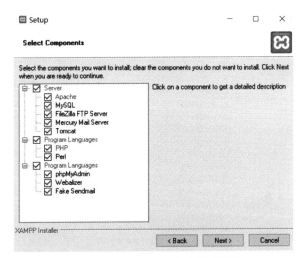

图 1-3 XAMPP 安装选项对话框

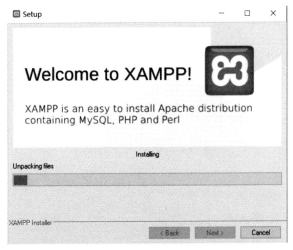

图 1-4 XAMPP 安装界面对话框

图 1-5 XAMPP 安装成功对话框

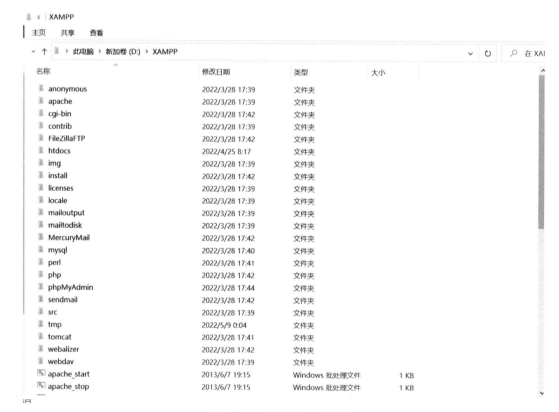

图 1-6 XAMPP 文件目录

三、配置 PHP Web 应用程序

正确安装 XAMPP 后,需要进行以下设置。

(1)双击 XAMPP 安装目录下的 xampp-control. exe 程序,打开如图 1-7 所示的界面。

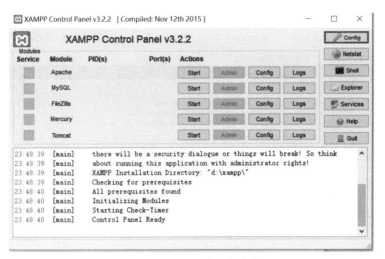

图 1-7　XAMPP 应用程序界面

(2)开启 Apache 服务器与 MySQL 服务器,如图 1-8 所示。

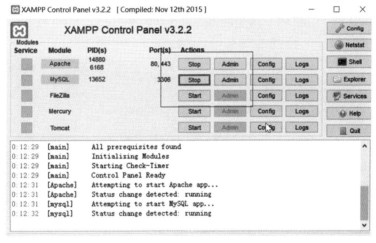

图 1-8　开启 XAMPP 服务器

(3)单击 Apache 一行的"Config"按钮,在弹出的下拉菜单中选择"Apache(httpd. conf)"命令,如图 1-9 所示。

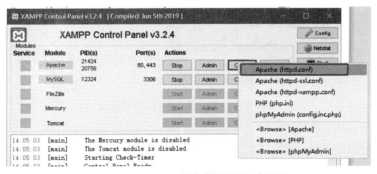

图 1-9　Apache 服务器配置文件目录

（4）打开 xampp\apache\conf\httpd. conf 文件,搜索"DocumentRoot",找到"DocumentRoot",默认的目录为 XAMPP 安装目录(F:\xampp)下的 htdocs 文件夹,如图 1 – 10 所示。

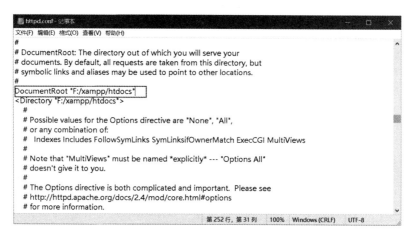

图 1 – 10　Apache 服务器配置文件

（5）将默认的目录改为"D:\Workspace",将 < Directory ></Directory >标签直接默认的代码删除,添加如下代码。

```
DocumentRoot"D:/Workspace"
<Directory"D:/Workspace" >
    Options Indexes FollowSymLinks MultiViews
    AllowOverride All
    Require all granted
    php_admin_value upload_max_filesize 128M
    php_admin_value post_max_size 128M
    php_admin_value max_execution_time 360
    php_admin_value max_input_time 360
</Directory >
```

（6）保存设置,重新启动 Apache 服务,访问 http:\\localhost 查看修改是否成功,配置成功的显示如图 1 – 11 所示。

Index of /

Name Last modified Size Description

Apache/2.4.39 (Win64) OpenSSL/1.1.1c PHP/7.2.19 Server at localhost Port 80

图 1 – 11　Apache 服务器配置成功

四、PHP 编辑器安装与配置

PHP 编辑器可以使用简单的文本编辑器,如 Windows 记事本,也可以使用具备语法提示、代码高亮显示等各种集成功能的集成开发环境,如 Editplus(www. editpluse. com)、UltraEdit(www. ultraedit. com)、Eclipse(www. eclipse. org)、Dreamweaver(www. adobe. com)、Zendstudio(www. zend. com)和 HBuilder(www. HBuilder. org)等。

本书 PHP 代码主要使用 HBuilder 完成开发。HBuilder 是由 Sun 公司(已被 Oracle 收购)开发出的一款开源、免费的集成开发工具,支持 Java、HTML5、PHP、C/C ++ 及其他多种编程语言,可用于开发桌面应用程序、Web 应用程序和手机应用程序。HBuilder 安装程序是在 https://HBuilder. org/downloads 中下载的,支持 PHP 安装包最小为 63 MB。HBuilder 需要 JDK 支持,安装程序启动时,首先会检查是否已安装 JDK,所以最好单独下载 JDK 安装包,下载地址为 http://www. oracle. com/technetwork/java/javase/downloads/index. html(或者 http://java. sun. com/javase/downloads/index. jsp)。

直接解压下载文件即可完成 HBuilder 安装,安装完成后,需要配置内置服务器端口。打开 HBuilder,如图 1 – 12 所示,完成内置服务器设置。

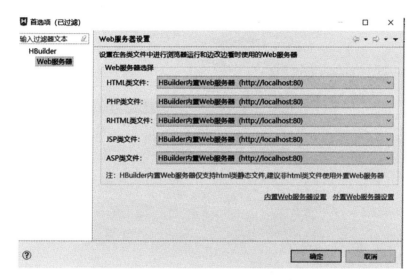

图 1 – 12　HBuilder 内置服务器设置

项目实现　发布"PHP 测试"程序

步骤一:制作第一个 PHP 程序

在 HBuilder 中的 D:\Workspace 文件夹下创建项目 myPHP,如图 1 – 13 所示。

(1)在项目中创建 PHP 文件,选择"文件"→"新建"→"自定义文件"命令,如图 1 – 14 所示。

(2)在弹出的"新建文件"对话框中选择"myPHP"选项,如图 1 – 15 所示。

(3)单击"完成"按钮后,开始编辑 first. php 文件。PHP 脚本以"＜?php"开始,以"？＞"结束。PHP 文件通常包括 HTML 标签和一些 PHP 脚本代码。

图 1 – 13　HBuilder 创建项目　　　　　　图 1 – 14　创建自定义文件

图 1 – 15　"新建文件"对话框

```html
<html >
    <head >
        <title >PHP 测试 </title >
    </head >
    <body >
        <?php echo'<p >Hello World </p >';?>
    </body >
</html >
```

步骤二：发布运行

发布运行有以下两种方式。

方式 1：在内置浏览器中查看结果，如图 1 - 16 所示。

图 1 - 16 PHP 程序内置浏览器运行效果

方式 2：在外部浏览器中查看结果，将网址 http://localhost/myPHP/first. php 复制到浏览器地址栏中，如图 1 - 17 所示。

图 1 - 17 PHP 程序外置浏览器运行效果

步骤三：PHP 程序扩展

PHP 编码需要遵循以下规范。

（1）PHP 代码必须使用 < ? php ? > 长标签或 < ? = ? > 短标签。

（2）PHP 代码必须且只可使用 BOM 的 UTF - 8 编码。

（3）命名空间及类的命名必须遵循 PSR - 4。根据规范，每个类都独立为一个文件，并且命名空间至少有一个层次，即顶级的组织名称（Vender Name）。

（4）类的命名必须遵循大写开头的驼峰命名规范，如 StudlyCaps；类的常量中所有字母都必须大写，词之间以下划线分隔；类的属性命名可以遵循大写开头的驼峰式（$StudlyCaps）、小写开头的驼峰式（$camelCase）、下划线分隔式（$under_score）；类的方法命名必须符合小写开头的驼峰命名规范，如 camelCase( )。

巩固练习

1. 选择题

（1）PHP 是一种跨平台、（   ）的网页脚本语言。

A. 可视化   B. 客户端   C. 面向过程   D. 服务器端

（2）PHP 网站可称为（   ）。

A. 桌面应用程序   B. PHP 应用程序   C. Web 应用程序   D. 网络应用程序

（3）PHP 网页文件的文件扩展名为（   ）。

A. . exe   B. . php   C. . bat   D. . class

（4）PHP 网站发布后，PHP 配置文件的文件名为（   ）。

A. php. ini   B. php. config

C. php. ini – development   D. php. ini – production

(5)下列说法正确的是(   )。

A. PHP 网页可直接在浏览器中显示

B. PHP 网页可访问 Oracle、SQL Server、Sybase 及其他多种数据库

C. PHP 网页只能使用纯文本编辑器编写

D. PHP 网页不能使用集成化的编辑器编写

2. 问答题

(1)简述 PHP 网站开发环境包含的软件。

(2)简述在 IIS 中发布一个 PHP Web 应用程序的基本步骤。

(3)简述 B/S Web 应用程序的基本架构及每部分的主要功能。

3. 实操题

将下面的 httpd. conf 文件补充完整,补充下面代码中的(1)~(5):

```
 (1)  "D:/Workspace"
<  (2)  "D:/Workspace" >
    Options Indexes FollowSymLinks MultiViews
    AllowOverride All
    Require all granted
    #最大上传文件大小限制为 128 MB
    php_admin_value  (3)  128M
    #最大 POST 数据限制为 128 MB
php_admin_value  (4)  128 MB
    #程序执行时间限制为 360 秒
    php_admin_value  (5)  360
    php_admin_value max_input_time 360
</  (2)  >
```

项目二

日期计算器——PHP基本语法

知识目标：

- 了解 PHP 代码规范、标识、注释和包含
- 了解常量与变量的语法知识
- 了解 PHP 运算符与表达式的语法知识
- 了解 PHP 程序流程控制的语法知识

技能目标：

- 掌握 PHP 常量与变量的使用方法
- 掌握 PHP 运算符与表达式的使用方法
- 掌握 PHP 流程控制语句的使用方法
- 完成一个日期计算器

素质目标：

- 具有较强的思想政治素质，科学的人生观、价值观、道德观和法治观
- 通过 PHP 基本语法的学习树立 Web 前端开发岗位职业道德
- 通过 PHP 基本语法的学习，培养学生追求卓越的精神和刻苦务实的工作态度
- 具有理论联系实际、实事求是的工作作风

项目描述

实习正式开始了，小张被分到了 PHP 前端项目小组。小张在学校学习了 PHP 基本语法，但还没有实践过 PHP 项目，这里正好实践一下 PHP 项目，为后面网站项目打好基础。

项目分析

网站项目开始了，根据项目内容和项目规划，在完成 PHP 开发环境及编辑器的安装与配置后，开始 Web 前端开发。Web 前端开发首先需要掌握 PHP 基本语法，包括 PHP 常量与变量的使用方法、PHP 运算符与表达式的使用方法以及 PHP 流程控制语句的使用方法，小张通过这些基本语法知识后，使用 PHP 编辑器完成一个日期计算器的制作，功能如下：

（1）在网页上布局输入框和"计算"按钮。

（2）根据输入的年、月、日，判断该年是平年还是闰年。

（3）计算从该年元旦到输入日一共是多少天。

（4）分别输出判断和计算结果。

任务一 认识 PHP

一、PHP 代码规范

PHP 代码通常被嵌入 HTML 代码之中,如以下代码。

```
<!DOCTYPE html >
<html >
<head >
<meta charset = "UTF - 8" >
<title >例1:嵌入 PHP 代码的网页 </title >
</head >
<body style = "background:<? ='red'?>" >
<? php
    echo" <h1>";
    echo" <h1 style ='color:rgb(0,0,255)'>";
    echo"这是 PHP 代码输出的 H1 标题";
    echo" </h1>";
? >
</body >
</html >
```

上述代码执行后在 IE 浏览器中的显示结果如图 2 - 1 所示。

图 2 - 1　PHP 代码规范

在代码 test1. php 中嵌入了两段 PHP 代码。其中"〈? = "red"?〉"表示输出 PHP 表达式的值作为 HTML 标记的属性值;第2段使用了标准的 PHP 标识符"〈? php"和"? 〉",表示嵌入了一段 PHP 代码。PHP 解释器按照 PHP 代码规范来解析 HTML 文件中的 PHP 代码。PHP 代码中每个语句以分号";"结束(也使用大括号"{}"标识语句块)。PHP 解释器会忽略所有的空格和换行符。上述代码的书写格式是为了方便阅读代码。

　　提示：为 Apache 服务器默认 Web 站点添加 PHP 模块映射,并创建一个虚拟目录 chapter2 指向项目位置,即可在浏览器中用 http://localhost/chapter2/test1.php 等 URL 查看实例输出结果。

二、PHP 代码标识

　　PHP 支持多种风格的代码标识。

　　1. PHP 表达式格式

　　PHP 表达式可以直接输出到 HTML 文件,格式为：

```
<?=表达式?>
```

　　这种格式较灵活,可方便地将 PHP 表达式嵌入 HTML 代码的任何位置。例如,在代码 test1.php 中将"<?="red"?>"字符串中的"red"作为表达式,输出到 HTML 文件,并将其作为 HTML 内联样式的属性值。

　　2. <?php…?>格式

　　在开始标识"<?PHP"和结束标识"?>"之间嵌入 PHP 程序代码,如代码 test1.php 所示。这是 PHP 代码默认标识,也是最常用的标记格式。

　　3. 使用<?…?>短格式

　　使用<?…?>作为程序代码的开始和结束标识,这种方式也称为短格式。将代码 test1.php 修改为使用短格式的 php 代码如下。

```
<!DOCTYPE html>
<html>
<head>
<meta charset="UTF-8">
<title>例1:嵌入 PHP 代码的网页</title>
</head>
<body style="background:<?='red'?>">
<?
    echo"<h1>";
    echo"<h1 style='color:rgb(0,0,255)'>";
    echo"这是 PHP 代码输出的 H1 标题";
    echo"</h1>";
?>
</body>
</html>
```

　　要使用短格式,必须将 php.ini 中的"short_open_tag"参数设置为"On"。

4. 使用 ASP 风格的格式

使用 ASP 风格作为 PHP 程序代码的开始和结束标识,这种格式类似于 ASP 代码风格。将代码 test1. php 修改为使用 ASP、JSP 风格的 PHP 代码如下。

```
<!DOCTYPE html >
<html >
<head >
<meta charset = "UTF - 8" >
<title >例1:嵌入 PHP 代码的网页 </title >
</head >
<body style = "background: <? ='red'? >" >
<%
    echo" <h1 >";
    echo" <h1 style ='color:rgb(0,0,255)'>";
    echo"这是 PHP 代码输出的 H1 标题";
    echo" </h1 >";
%>
</body >
</html >
```

要使用 ASP 风格的格式,必须将 php. ini 中的 asp_tags 参数设置为 On。

5. 使用标准脚本格式

使用 < script language ='php'> 和 < script > 作为 PHP 程序代码的开始和结束标识,这种方式为标准脚本格式。将代码 test1. php 修改为标准脚本格式的 PHP 代码如下。

```
<!DOCTYPE html >
<html >
<head >
<meta charset = "UTF - 8" >
<title >例1:嵌入 PHP 代码的网页 </title >
</head >
<body style = "background: <? ='red'? >" >
  < script language ='php'>
      echo" <h1 style ='color:rgb(0,0,255)'>";
      echo"这是 PHP 代码输出的 HI 标题";
      echo" <hl/> ";
</script >
</body >
</html >
```

标准脚本格式嵌入的 PHP 代码不受 php. ini 中 short_open_tag 和 asp_tgas 参数设置的影响。事实上,short_open_tag 和 asp_tgas 参数设置为 On 时,上述 5 种方式都可同时使用。

三、PHP 注释

PHP 代码支持 3 种风格的注释,下面分别进行介绍。

格式 1:∥单行注释

格式 2:#单行注释

格式 3:/ * 多行注释 * /

单行注释独占一行或放在 PHP 语句末尾;多行注释将以"/ * "符号开始,"/ * "符号结束,之间的全部内容作为 PHP 注释。

使用 PHP 注释,test2. php 代码如下。

```
<!DOCTYPE html>
<html>
    <head>
        <meta charset = "UTF - 8">
        <title></title>
    </head>
    <body>
    <?php
    /*这里开始多行注释
    *下面的 PHP 代码中使用 date 函数输出日期
    *中国地区内应将 php.ini 中的 date.timezone 设置为 PRC,才能正确使用日期函数多行
注释结束*/
        date_default_timezone_set("Asia/Shanghai");
        echo"你好! 这是我用 PHP 代码输出的信息。<br/>";/* php 输出内容中包含了 HTML 标
记实现换行*/
        echo"当前日期:".date("Y-m-d");#使用日期函数输出当前日期
    ?>
    <!-- 这里是 HTML 代码的注释 -->
    </body>
</html>
```

上述代码在 IE 浏览器中的显示结果如图 2 - 2 所示。

图 2 - 2 PHP 注释

PHP 解释器会忽略代码中的所有注释,而 HTML 注释则不受 PHP 解释器影响。HTML 注释被浏览器忽略,不显示给用户,但在浏览器中查看网页源代码时,看不到 PHP 注释,但可看到 HTML 注释。在 IE 中查看时,选择 IE 的"工具/查看 源"代码命令,可查看 PHP 解释器的输

出结果。

四、PHP 文件包含

PHP 代码可以放在独立的 PHP 文件中,使用时用 include 或 require 包含到当前代码中即可。文件包含有两种基本格式,下面分别进行介绍。

- include("文件名");
- require("文件名");

代码 test3. php 使用了 PHP 文件包含。被包含的 data. php 文件中只定义了一个变量,代码如下。

```php
<?php
    $data = "包含文件 data.php 中定义的变量";
?>
```

被包含的 proc. php 文件中用 echo 输出一个字符串,代码如下。

```php
<?php
    echo"包含文件 proc.php 中的代码输出!";
?>
```

提示:在纯 PHP 代码文件中,可以没有 PHP 代码结束标识"?>"。

主文件 test3. php 包含了 data. php 和 proc. php,代码如下。

```php
<!DOCTYPE html>
<html>
<head>
<meta charset = "UTF-8">
<title>例3:使用 PHP 文件包含</title>
</head>
<body>
<?php
    echo"使用 PHP 文件包含:"."<br>";
    include("data.php");
    echo $data;
    echo"<br>";
    include("proc.php");
?>
</body>
</html>
```

test3. php 在 IE 浏览器中的显示结果如图 2 - 3 所示。

include 和 require 的区别在于,当所包含的文件出错时,include 只产生一个警告,后继代码继续执行;require 则产生一个致命错误,后继代码不再执行。例如,将前面的 test3. php 中的使用PHP文件包含：
包含文件data.php中定义的变量
包含文件proc.php中的代码输出！

图 2 – 3　使用 include 包含文件

第一个 include 语句 include("data. php")；修改为 include("data2. php")；，data2. php 是一个不存在的文件，在 IE 浏览器中打开修改后的 test3. php. 显示结果如图 2 – 4 所示。

使用PHP文件包含：

Warning: include(data2.php): failed to open stream: No such file or directory in **D:\XAMPP2\htdocs\chapter2\test3.php** on line **10**

Warning: include(): Failed opening 'data2.php' for inclusion (include_path='D:\XAMPP2\php\PEAR') in **D:\XAMPP2\htdocs\chapter2\test3.php** on line **10**

Notice: Undefined variable: data in **D:\XAMPP2\htdocs\chapter2\test3.php** on line **11**

包含文件proc.php中的代码输出！

图 2 – 4　使用 include 包含不存在文件

从图 2 – 4 中可以看出，在出错的"include("data2. php")；"语句前后的代码均执行了。如果将"include("data2. php")；"语句修改为 require("data2. php")；在 IE 浏览器中打开修改后的 test3. php，显示结果如图 2 – 5 所示。

使用PHP文件包含：

Warning: require(data2.php): failed to open stream: No such file or directory in **D:\XAMPP2\htdocs\chapter2\test3.php** on line **10**

Fatal error: require(): Failed opening required 'data2.php' (include_path='D:\XAMPP2\php\PEAR') in **D:\XAMPP2\htdocs\chapter2\test3.php** on line **10**

图 2 – 5　使用 require 包含不存在文件

从图 2 – 5 中可以看出，在出错的"require("data2. php")；"语句前的代码执行了，而后面的代码没有执行。

提示：当"pbp. ini"文件中的"display_errors"参数设置"On"时，才会在浏览器中输出错误信息，将其设置为"Off"时则不显示。

提示：多次包含相同文件可能会出现变量或函数重复定义之类的错误。可使用 include_once 或 require_once 来包含文件，与 include 或 require 的区别在于，前者会检测是否已包含相同文件，已经包含的文件将不再重复包含。

任务二　认识 PHP 常量

常量指值不变的量。常量一经定义，在脚本的其他任何地方都不允许被修改。常量命名时，可使用英文字母、下划线、汉字或数字，数字不能作为首字母。

一、常量的定义与使用

常量定义使用 define0 函数，其基本格式如下。

```
define($name, $value, $case_insensitive);
```

下面对各参数分别进行介绍。

(1) $name:表示常量名称的字符串。

(2) $value:常量值,可以是字符串、整数或浮点数。

(3) $case_insensitive:值为 TRUE 或 FALSE,TRUE 为默认值。TRUE 表示该常量名称在使用时不区分大小写,FALSE 表示要区分大小写。

常量定义后,可使用常量名称来获得值,也可使用 constant( )函数来获得常量值。constant( )函数格式如下。

(1) constant(参数):该参数是一个包含常量名称的字符串,或者是个存储常量名称的变量。defined( )函数可用于测试常量是否已经定义。

(2) defined("常量名称"):若常量已经被定义,函数返回 TRUE,否则返回 FALSE。在网页中,TRUE 显示为1,FALSE 显示为空白。

定义和使用 PHP 常量代码如下。

```php
<?php
 define("str_name",false,true);//定义常量,不区分大小写
 echo"输出常量 str_name 的值:"str_name;
 echo" <br/>输出常量 Str_Name 的值:".str_name;
 echo" <br/>常量 str_name 是否定义:".defined("str_name");
 echo" <br>常量 Str_Name 是否定义:".defined("Str_Name");
 $var = "str_name";//在变量中保存常量名称
 echo" <br/>用 constant 函数输出常量 str_name 的值:";
 echo constant($var),constant("str_name");
 define("UID","Administrator",false);//定义常量,区分大小写
 echo" <p/>输出常量 UID 的值:",UID;
 echo" <br/>输出常量 uid 的值:".uid;
 echo" <br/>常量 UID 是否定义:".defined("UID");
 echo" <br/>常量 uid 是否定义:".defined("uid");
?>
```

代码在 IE 浏览器中的显示结果如图 2-6 所示。

图 2-6 PHP 常量的使用

二、预定义变量

PHP 中的常用预定义常量见表 2-1。

表 2 – 1 PHP 中的常用预定义常量

常量名	功能
__FILE__	默认常量,PHP 程序文件名
__LINE__	默认常量,PHP 程序行数
PHP_VERSION	内建常量,PHP 程序的版本,如"3.0.8_dev"
PHP_OS	内建常量,执行 PHP 解析器的操作系统名称,如"Windows"
TRUE	这个常量是一个真值(True)
FALSE	这个常量是一个假值(False)
NULL	一个 null 值
E_ERROR	这个常量指到最近的错误处
E_WARNING	这个常量指到最近的警告处
E_PARSE	这个常量指解析语法有潜在问题处
E_NOTICE	这个常量为发生不寻常,但不一定是错误处

使用 PHP 预定义常量代码如下。

```php
<?php
    echo"输出常用预定义常量的值:"."<br>";
    echo"__FILE__值:".__FILE__."<br>";
    echo"__LINE__值:".__LINE__."<br>";
    echo"__DIR__值:".__DIR__."<br>";
    echo"PHP_VERSION 值:".PHP_VERSION."<br>";
    echo"PH_OS 值:".PHP_OS."<br>";
?>
```

代码在 IE 浏览器中的显示结果如图 2 – 7 所示。

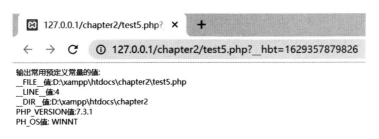

图 2 – 7 输出常用预定义常量

三、PHP 变量

变量是指在程序运行过程中可以改变变量的值。PHP 是一种"弱类型"语言,当你为变量赋值时,值的数据类型决定变量的数据类型。给变量赋不同类型的数据,也意味着变量的数据类型发生了改变。PHP 允许不经定义直接使用一个变量。变量可以理解为内存单元的名称，给变量赋值意味着将数据存入内存。

1. 变量的命名规则

在 PHP 中，变量的命名规则如下。

（1）变量名称的首字母必须是 $符号（即美元符号）。

（2）变量名称中可以包含下划线、字母和数字，但数字不能作为 $符号之后的第一个字符。

（3）变量名称区分大小写，所以 $ab 和 $Ab 是两个不同的变量。

2. 变量的赋值和使用

变量赋值有传值、传地址、改变变量名称 3 种形式，下面分别进行介绍。

（1）传值赋值是指直接将数据或变量的值复制放到变量内存中，示例如下。

```php
<?php
$x = 25;//将 25 存入变量 $x
$y = $x;//将变量 $x 的值即 25 存入变量 $y
?>
```

（2）传地址赋值也称引用赋值，是指将变量的地址传递给另一个变量，使两个变量具有相同的内存地址。因为两个变量的内存地址相同，所以这两个变量相当于同一个内存的不同名字。给一个变量赋值时，另一个变量的值也会发生变化。

在变量名称之前使用 & 符号，即可获得变量的地址代码如下。

```php
<?php
    $x = 25;//将 25 存入变量 $x
    $y = & $x;//将变量 Sx 地址传递给变量 $y
    echo $y;//输出的值为 25
    $y = 'abcd';//将字符串"abcd"存入变量 $y
    echo" <br >";
    echo $x;//输出的值为 abcd
?>
```

（3）PHP 中有一种特殊用法可以改变变量的名称：在变量名称之前加一个" $"符号，即可得变量的值作为变成名称。代码如下。

```php
<?php
    $abc = 100;
    $xy = 200;
    $xname = " $abc";
    echo $xname;
    $xname = " $xy";
    echo" <br >";
    echo $xname;
?>
```

四、变量数据类型

PHP 尽管是"弱类型"语言，但仍定义了数据类型。PHP 有 8 种数据类型：boolean（布尔型）、integer（整型）、float（浮点型）、srting（字符串）、array（数组）、object（对象）、resource（资源）和 NULL。

（1）boolean（布尔型）用于表示逻辑值。TRUE（不区分大小写）表示逻辑真，FALSE（不区分大小写）表示逻辑假。将 boolean 值用于算术运算或转换为数值时，TRUE 转换为 1，FALSE 转换为 0；将 boolean 值转换为字符串时，TRUE 转换为字符串'1'，FALSE 转换为空字符串；将其他类型数据转换为 boolean 值时，数值 0、0.0、空白字符串、只包含数字 0 的字符串（'0'和"0"）、没有成员的数组、NULL 等均转换为 FLASE，其他值转换为 TRUE。

（2）integer（整型）用于存放整数。PHP 中整数可以表示为常用的十进制，也可表示为八进制或十六进制。以数字 0 开始的整数为八进制，八进制中只允许使用字符 0~7。以 0x 开始的整数为十六进制，十六进制中可以使用的字符有 0~9、大写字母 A~Z、小写字母 a~z，如 123、0123、0x123 都是合法的整数。

（3）float（浮点型）用于存放带小数点的数。PHP 支持科学计数法表示小数，如 1.23、1.2e3、5E6 等都是合法的浮点数。

提示：PHP 中，浮点型数也称双精度数 double 或实数 real。浮点数的精度取决于系统，PHP 通常使用 IEEE 754 双精度格式存储浮点数。

（4）string（字符串）使用单引号、双引号和定界符 3 种方式表示。

①单引号字符串是用单引号括起来的字符串，被原样输出。在单引号字符串中，如果要输出单引号，可使用"\'"。该符号通常在双引号字符串中作为转义字符，PHP 单引号字符串只支持转义单引号，其他转义字符都被原样输出。如'123'、'4.5'、'abe'、'mike\'s name'都是合法的单引号字符串。

②双引号字符串中的变量被 PHP 解析为变量值，即字符串中的变量在输出时，输出变量的值，而不是变量名称。双引号字符串中可以使用各种转义字符。

代码举例如下。

```php
<?php
    $name = "Tome";
    echo"His name is $name";
?>
//输出:His name is Tome
```

③定界符字符串指使用定界符"<<<"来定义字符串，其基本格式如下。

```
$变量 = <<<标识符
字符串内容
...
字符串内容
标识符;
```

" <<< 标识符"表示下一行为字符串开始,标识符后面不能有任何字符。"标识符;"表示字符串结束,注意末尾的分号。字符串结束符号必须单独放在一行,"标识符;"前后不允许其他任何字符,举例如下。

```php
<?php
    $name = <<<ccc
春眠不觉晓
处处闻啼鸟
夜来风雨声
花落知多少
ccc;
echo $name;//输出时,浏览器中的换行应加入<br>标记
?>
```

(5)数组。PHP 中的数组比其他高级程序设计语言更复杂,也更灵活。PHP 数组的每个数组元素拥有一个"键"和"值"。键名作为索引,用于访问数组元素。数组元素可以存储整型、浮点型、字符串型、布尔型或数组等类型的数据。在 PHP 中,array( )函数用于创建数组。array( )函数基本格式如下。

```
$var = array(key1 => value1,key2 => value2,key3 => value3,… );
```

其中,$var 为保存数组的变量,key1、key2、key3 等为键,可以使用整数组成字符串作为键。创建数组后,可使用 print_r( )函数输出数组,查看数组的键值。代码如下。

```php
<?php
    $a = array("one","two","three");
    print_r($a);//输出 Array([0] => one[1] => two[2] => three)
    echo $a[1];//输出第2个数组元素值 two
    $array("one","b" =>"two","three");
    print_r(Sa);//输出 Array([0] =>one [b] =>two[1] =>three)
    echo $a[1];//输出第2个数组元素值 three
    $a = array("name" =>"Mike","sex" =>"男","age" =>25);
    print_r($a);//输出 Array[name] =>Mike [sex] => 男[agc] =>25)
    echo $a["name"];//输出第1个数组元素值 Mike
?>
```

提示:在创建数组时,如果省略了键名,则默认键名依次为 0、1、2、…。若只为个别元素指定了字符串作为键名,则剩余未指定键名的数组元素的键名仍依次为 0、1、2、…。若用整数作为数组元素键名,则其后数组元素默认键名从该整数起依次加1,例如,$a = array("one",5 => "two",three);第三个元素的键名为 6。比较特殊的情况是指定的键名比前面元素的键名小,则其后元素的默认键名为前面值最大的键名加1,例如,$a = array(7 => "one",3 => "two","three");,第三个元素的键名为 8。

(6)object(对象)类型用于保存类的实例(即对象),代码举例如下。

```php
<?php
    class student{          //定义类
    var $name;
    function set_name($name){ $this =>name = $name;}
    }
    $one = new student();//创建类的实例对象存入
    $one -> set_name("mike");//访问类的方法
    echo $onc ->name;//访问类的成员
?>
```

（7）NULL 表示空值，即没有值。注意，NULL 并不表示 0、空格或空字符串。未赋值的变量为 NULL。

五、数据类型转换

数据类型转换是指将变量或值转换为另一种数据类型。PHP 中数据类型转换可分为自动数据类型转换和强制类型转换。

1. 自动数据类型转换

PHP 中变量的数据类型由存入变量的数据来决定，即在存入不同类型数据时，变量的数据类型就自动发生转换，或者在使用不同类型的数据进行运算时，所有数据自动转换为一种类型进行运算。

通常只有布尔型、字符串型、整型和浮点型数据之间可以自动转换数据类型。下面对自动数据类型转换规则分别进行介绍。

（1）布尔型值参与运算时，TRUE 转换为 1，FALSE 转换为 0。若是转换为字符串，则 TRUE 转换为"1"，FALSE 转换为空字符串。

（2）NULL 参与运算时，转换为数值 0。

（3）整型值和浮点型值同时参与运算时，整型转换为浮点型。

（4）字符串和数值（整型值或浮点型值）运算时，字符串转换为数值。通常，字符串开头的数值部分被转换。若字符串开头不包含数值，则转换为 0。例如，"1234xyz"转换为 1234，"12.34xyz"转换为 12.34，"xyz"转换为 0。

2. 强制类型转换

PHP 支持 3 种方式转换数据类型，分别为使用类型名、使用类型取值函数和设置变量类型转换，下面分别对 3 种类型转换进行介绍。

（1）使用类型名转换类型，基本格式为：

（类型名）变量或数据

在变量或数据之前使用括号指定要转换的目标数据类型，如（int）2.345。

PHP 支持下列类型名数据转换。

（int）、（integer）：转换为整型 integer。

（bool）、（boolean）：转换为布尔类型 boolean。

（float）、（double）、（real）：转换为浮点型 float。

（string）：转换为字符串 string。

（array）：转换为数组 array。

（object）：转换为对象 object。

（unset）：转换为 NULL。

（2）使用类型取值函数可以将变量或数据转换为对应类型。下面分别对 PHP 类型取值函数进行介绍。

intval（）：转换为整型，如 intval（$str）。

floatval（）：转换为浮点型，如 floatval（$str）。

strval（）：转换为字符串型，如 strval（$x）。

（4）settype（）函数用于直接设置变量的数据类型。例如：

```php
<?php
    $abc = "123.456";
    settype($abc,"integer");//变量 $abe 数据类型设置为整型,其值变为 123
    echo gettype($abc);//输出变量的数据类型名称
?>
```

3. 变量处理函数

除了前面介绍的函数外，PHP 还提供了其他函数用于处理变量。

is_array（）：检测变量是否是数组。

is_bool（）：检测变量是否是布尔型。

is_float（）、is_double（）、is_real（）：检测变量是否是浮点型。

is_int（）、is_integer（）、is_long（）：检测变量是否是整型。

is_null（）：检测变量是否为 NULL。

is_numeric（）：检测变量是否为数字或字符串。

is_object（）：检测变量是否是一个对象。

is_string（）：检测变量是否是字符串。

print_r（）：输出变量信息。string、integer 或 float 等简单类型输出变量值。

serialize（）：返回变量的序列化标识的字符串。

unserialize（）：从序列化字符串中反序列化，获得序列化之前的变量值（包括其数据类型）。

unset（）：从内存删除指定的变量。

var_dump（）：与 print_r（）类似，但包含了数据类型信息。

以下代码使用 PHP 变量：

```php
<?php
    //使用变量和变量传地址赋值
    $x = "25.67abc";//给变量赋值
    $y = & $x;//将变量 $x 的地址传递给 y
```

```
    echo" $x ='.$x.'    $y ='.$y";//  为空格
    echo" < br/>";
    echo"x 的数据类型为:".gettype($x);//输出变量数据类型
    echo" < br/>";//使用变量数据类型转换
    $n = $x +100;//这里 $x 会自动转换为浮点数,100 也转换为浮点数
    echo"n 其数据类型为:".gettype($n);
    echo" < br/>";//使用数组
    $a = array("one","two","three");
    echo"使用:array('one','two','three')建的数组为:";
    print_r($a);//输出数组信息
    echo" < br/>";
    $a = array("name" => "Mike","sex" => "男","age" =>25);
    echo"使用:array('name'=>'Mike','sex'=>'男','age'=>25)创建的数组为:";
    print_r($a);//输出数组信息
? >
```

代码在 IE 浏览器中的显示结果如图 2 - 8 所示。

图 2 - 8　PHP 变量

任务三　认识 PHP 运算符与表达式

运算符用于完成某种运算,包含运算符的式子称为表达式。参与运算的数据称为操作数。根据参与运算的操作数的个数,在运算过程中还将运算符分为算术运算符、位运算符、赋值运算符、比较运算符、逻辑运算符、错误控制运算符等,下面分别进行介绍。

一、算术运算符

算术运算符用于执行算术运算。表 2 - 2 列出了 PHP 的算术运算符。

表 2 - 2　PHP 的算术运算符

例子	名称	结果
+ $a	标识	根据情况将 $a 转化为 int 或 float
- $a	取反	$a 的负值
$a + $b	加法	$a 和 $b 的和

续表

例子	名称	结果
$a − $b	减法	$a 和 $b 的差
$a * $b	乘法	$a 和 $b 的积
$a/ $b	除法	$a 除以 $b 的商
$a% $b	取模	$a 除以 $b 的余数
$a ** $b	求幂	$a 的 $b 次方的值

除法运算通常获得浮点型运算结果。当两个整数相除,并且刚好被整除时,则获得整型运算结果。而取模运算的操作数必须是整数,若操作数不是整数,则先去掉小数部分,将其转换为整数。余数符号与第一个操作数的符号相同。以下代码使用了 PHP 加法、减法、乘法、除法、取余运算。

```php
<?php
    $x = -9;
    $y = 2;
    echo '$x = -9  $y = 2 <br>';
    echo '- $x ='. - $x." <br>";
    echo '$x + $y ='.($x + $y)." <br>";
    echo '$x - $y ='.($x - $y)." <br>";
    echo '$x * Sy ='.$x * $y." <br>";
    echo '$x/$y ='.$x/$y." <br>";
    echo '$x% $y ='.$x% $y." <br>";
?>
```

代码在 IE 浏览器中的显示结果如图 2-9 所示。

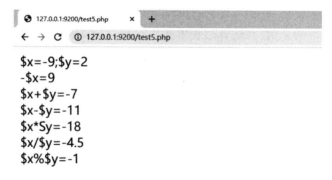

图 2-9 PHP 运算符

位运算向左移位时,最低位总是补 0,最高位移出丢弃,即符号位不保留;向右移位时,最高位(符号位)保持移出之前的值,即不改变符号。如果两个操作数都是字符串,则按字符的 ASCII 码执行位运算。以下代码使用了 PHP 位运算。

```php
<?php
    $x = -9;
    $y = 2;
    echo '$x = -9 $y =2'."<br>";
    echo " -9 的二进制:1110111 <br>";
    echo " +2 的二进制:0000 0010 <br>";
    echo '~ $x ='. ~ $x."<br>";
    echo '$x& $y ='.($x& $y)."<br>";
    echo '$x|$y ='.($x|$y)."<br>";
    echo '$x^$y ='.($x^$y)."<br>";
    echo '$x << $y ='.($x << $y)."<br>";
    echo '$x >> $y'.($x >> $y)."<br>";
?>
```

代码在 IE 浏览器中的显示结果如图 2 – 10 所示。

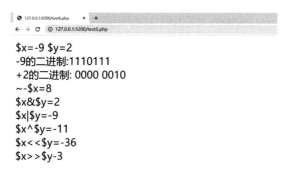

图 2 – 10   PHP 位运算符

二、赋值运算符

最简单的赋值运算是使用" = "将一个表达式的值赋给一个变量。例如, $x = 12;PHP 还支持等号与运算符结合的组合赋值运算符,见表 2 – 3。

表 2 – 3   赋值运算符

例子	名称	结果
$a += $b	$a = $a + $b	加法
$a -= $b	$a = $a – $b	减法
$a *= $b	$a = $a * $b	乘法
$a/= $b	$a = $a/$b	除法
$a%= $b	$a = $a%$b	取模
$a ** = $b	$a = $a ** $b	指数

点号(.)是字符串连接符号,将两个字符串连接在一起。赋值运算作为表达式使用时,表达式的值就是所赋的值。例如,$x = ($y = 10) + 5;//y 的值为 10, $x 的值为 15。

三、比较运算符

比较运算符用于将两个操作数做比较,比较结果为布尔值。如果操作数为数值,则数值比较大小;如果操作数是字符串,则按对应字符的 ASCII 大小进行比较。表 2 - 4 列出了 PHP 的比较运算符。

表 2 - 4　PHP 的比较运算符

例子	名称	结果
$a == $b	等于	true,如果类型转换后 $a 等于 $b
$a === $b	全等	true,如果 $a 等于 $b,并且它们的类型也相同
$a! = $b	不等	true,如果类型转换后 $a 不等于 $b
$a <> $b	不等	true,如果类型转换后 $a 不等于 $b
$a! == $b	不全等	true,如果 $a 不等于 $b,或者它们的类型不同
$a < $b	小于	true,如果 $a 严格小于 $b
$a > $b	大于	true,如果 $a 严格大于 $b
$a <= $b	小于等于	true,如果 $a 小于或者等于 $b
$a >= $b	大于等于	true,如果 $a 大于或者等于 $b
$a <=> $b	太空船运算符 (组合比较符)	当 $a 小于、等于、大于 $b 时,分别返回一个小于、等于、大于 0 的 int 值

四、逻辑运算符

逻辑运算符用于两个布尔型操作数之间的运算,运算结果为布尔值。表 2 - 5 列出了 PHP 的逻辑运算符。

表 2 - 5　PHP 的逻辑运算符

例子	名称	结果
$a and $b	And(逻辑与)	true,如果 $a 和 $b 都为 true
$a or $b	Or(逻辑或)	true,如果 $a 或 $b 任一为 true
$a xor $b	Xor(逻辑异或)	true,如果 $a 或 $b 任一为 true,但不同时是
! $a	Not(逻辑非)	true,如果 $a 不为 true
$a && $b	And(逻辑与)	true,如果 $a 和 $b 都为 true
$a || $b	Or(逻辑或)	true,如果 $a 或 $b 任一为 true

五、错误控制运算符

PHP 允许在表达式之前使用@符号来屏蔽表达式中的错误。例如:

```
echo @ (9/0);
```

表达式 9/0 表示除数为 0 时将显示出错。因为使用了@符号,PHP 忽略该表达式,不会输出任何信息。

提示:若用 set_error_handler( )设定了自定义的错误处理函数,即使使用了@符号,表达式出错时,仍会调用自定义的错误处理函数进行处理。若 php. ini 中 track_errors 设置为 on,表达式错误信息会存放在变量 $php_errormsg 中。

提示:若"@"符号屏蔽了会导致脚本终止的严重错误,则 PHP 脚本可能没有任何提示信息就消散。所以建议最好不要使用错误控制运算符。

六、执行运算符

执行运算符是指 PHP 允许使用反引号(')来执行操作命令,并返回命令执行结果。例如:

```
<?php
    header("content-type:text/html;charset=gb2312");/*设置字符编码,以便正常
显示汉字*/
    $x='ping 127.0.0.1';//执行 IP 地址测试命令
    echo"<pre>$x<pre>";//按命令结果原始格式输出
?>
```

该例在 PHP 代码中执行 ping 命令测试 IE,在 IE 浏览器中的显示结果如图 2-11 所示。

```
127.0.0.1:9200/test6.php    ×   +
←  →  C   ①  127.0.0.1:9200/test6.php

正在 Ping 127.0.0.1 具有 32 字节的数据:
来自 127.0.0.1 的回复: 字节=32 时间<1ms TTL=128
来自 127.0.0.1 的回复: 字节=32 时间<1ms TTL=128
来自 127.0.0.1 的回复: 字节=32 时间<1ms TTL=128
来自 127.0.0.1 的回复: 字节=32 时间<1ms TTL=128

127.0.0.1 的 Ping 统计信息:
    数据包: 已发送 = 4, 已接收 = 4, 丢失 = 0 (0% 丢失),
往返行程的估计时间(以毫秒为单位):
    最短 = 0ms, 最长 = 0ms, 平均 = 0ms
```

图 2-11　执行运算符

七、条件运算符

条件运算符类似于 if 语句,其基本格式为:

```
(表达式1)? (表达式2):(表达式3)
```

若表达式 1 的值为 TRUE,则返回表达式 2 的值,否则返回表达式 3 的值。例如:

```php
<?php
$x = (is_numeric($y))? (floattval($y)):("输入错误!");
echo $x;
?>
```

八、运算符的优先级

当表达式中包含多种运算时,将按运算符的优先顺序进行计算。表 2 - 6 按照优先级从高低的顺序列出了 PHP 中的运算符。

表 2 - 6　运算符的优先级

结合方向	运算符	附加信息
不适用	clone new	clone 和 new
右	**	算术运算符
不适用	+-++--~ (int) (float) (string) (array) (object) (bool) @	算术(一元 + 和 -),递增/递减,按位,类型转换和错误控制
左	instanceof	类型
不适用	!	逻辑运算符
左	* 、/ 、%	算术运算符
左	+ 、- 、.	算数(二元 + 和 -),array 和 string(PHP 8.0.0 前可用)
左	<< 、>>	位运算符
左	.	string(PHP 8.0.0 起可用)
无	<<= 、>> =	比较运算符
无	== 、! == 、= = ! 、= = <> 、<=>	比较运算符
左	&	位运算符和引用
左	^	位运算符
左	|	位运算符
左	&&	逻辑运算符
左	||	逻辑运算符
右	??	null 合并运算符
无关联	?:	三元运算符(PHP 8.0.0 之前左联)
右	= 、+ = 、- = 、* = 、* * = 、/= 、. = 、% = 、& = 、| = 、^= 、< < = 、> > = 、?? =	赋值运算符

续表

结合方向	运算符	附加信息
不适用	yield from	yield from
不适用	yield	yield
不适用	print	print
左	and	逻辑运算符
左	xor	逻辑运算符
左	or	逻辑运算符

任务四 PHP 程序流程控制

PHP 程序流程控制包括 if 语句、switch 语句、for 语句、foreach 语句、while 语句、do…while 语句以及特殊流程控制语句等。

一、if 语句

if 语句根据条件执行不同分支。if 语句可分为简单 if 语句、if…else 语句和 if…else…if 语句。

1. 简单 if 语句

简单 if 语句的基本格式如下。

```
if(表达式)
  {
    语句组;
  }
```

表达式的值为 TRUE 时,执行大括号中的语句组。如果只有一条语句,则可省略大括号。将两个变量中的数按大小排序,代码如下。

```
if($x > $y)
{
$t = $x;
$x = $y;
$y = $t;
}
```

2. if…else 语句

if…else 语句的基本格式如下。

```
if(表达式){
  语句组1;
}
else{
  语句组2:
}
```

表达式的值为 true 时,执行语句组 1,否则执行语句组 2。下面的代码用于判断变量 $x 中的数是否为闰年。

```
if((($x% 4)==0 and $x% 100 <>0)or $x % 400 =0)
    echo" $x 是闰年!",
else
    echo" $x 不是闰年!";
```

3. if…else…if 语句

if…else…if 语句基本格式如下。

```
if(表达式1){
    语句组1;
  }
elseif(表达式2){
    语句组2:
  }
else if(表达式n
    语句组n;
  }
else{
    语句组n+1;
  }
```

执行时,按顺序计算各个表达式的值。若表达式的值为 TRUE,则执行对应的语句组,执行完后,if 语句结束。若所有表达式的值都为 FALSE,则执行 else 部分的语句组 n+1。

下面的代码用于根据分数输出评语。

```
if($x >90)
    echo"优秀";
else if($x >75)
    echo"中等";
else if($x =60)
    echo"及格";
else
echo"不及格":
```

产生 3 个 100 以内的随机正整数,按照从小到大的顺序输出,代码如下。

```php
<?php
//随机产生 3 个 0~100 范围内的整数,按从小到大的顺序输出
$x = rand(0,100);
$y = rand(0,100);
$z = rand(0,100);
echo"排序前:$x $y $z <br>";
if($x > $y){ //$x > $y,交换 $x、$y 的值
    $t = $x;
    $x = $y;
    $y = $t;
    if($y > $z){
        //$y > $z,交换 $y、$z 的值,交换后 $z 为最大值
        $t = $y;
        $y = $z;
        $z = $t;
    }
    if($x > $y) //因为 $y 和 $z 可能发生交换,所以再次比较 $x 和 $y
    { //$x > $y,交换 $x、$y 的值,交换后 $x、$y、$z 的值从小到大排列
        $t = $x;
        $x = $y;
        $y = $t;
    }
} else { //$x < $y,进一步比较
    if($y > $z) $t = $y;
    $y = $z;
    $z = $t;
}
if($x > $y){
    $t = $x;
    $y = $t;
}
echo"排序后:$x $y $t";
?>
```

上述代码在 IE 浏览器中的显示结果如图 2-12 所示。

排序前:73574
排序后:774

图 2-12 输出随机数

提示:rand($min, $max) 函数返回一个 [$min, $max] 范围内的随机整数。自 PHP 4. 2. 0 开始,系统自动设置随机数种子,不需要调用 $rand( ) 和 mt_rand( ) 函数进行设置。

二、switch 语句

switch 语句类似于 if…else…if,用于实现多分支选择结构,其基本格式为

```
switch(表达式)
{
   case 值1:
   语句组1;
     break;
    case 值2:
   语句组2;
     break;
   case 值n:
   语句组n;
     break;
     default:
   语句组 n +1;
}
```

在执行 switch 语句时,首先计算表达式的值,然后按顺序测试表达式的值与 case 后执行的值是否匹配。如果匹配,则执行对应的语句组。语句组执行完后,遇到 break 则结束 switch 语句。如果没有 break 语句,则继续执行后继 case 块中的代码,直到遇到 break 或 switch 语句结束。如果没有值与表达式的值匹配,则执行 default 部分的语句组。default 部分可以省路。以下代码产生了一个 [1,7] 范围内的随机正整数,输出对应是星期几。

```php
<?php
    $n = rand(1,7);
    switch($n)
    {
    case 1:   $c = "星期一";
    break;
    case 2:   $c = "星期二";
    break;
    case 3:   $c = "星期三";
    break;
    case 4:   $c = "星期四";
    break;
    case 5:   $c = "星期五";
    break;
```

```
        case 6: $c = "星期六";
        break;
        default: $c = "星期日";
        break;
    }
    echo $n. "". $c;
? >
```

代码在 IE 浏览器中的显示结果如图 2 - 13 所示。

2 星期二

图 2 - 13　case 语句

三、for 循环

for 循环基本格式如下：

```
for(表达式1;表达式2;表达式3)
{
语句组;
}
```

语句组也称循环体。若只有一条语句,可省略大括号。表达式 1 中通常为循环控制变量赋初始值。

for 循环执行过程如下。

①计算表达式 1。

②计算表达式 2,若结果为 TRUE,则进行第③步操作,否则循环结束。

③执行语句组。

④计算表达式 4,转第②步。

计算 1 + 2 + 3 + … + 100,代码如下。

```
<?php
$s = 0;
for($i = 1; $i <= 100; $i ++ )
    $s + = $i;
echo"1 + 2 + 3 + ... + 100 = $s";
? >
```

代码在 IE 浏览器中的显示结果如图 2 - 14 所示。

1+2+3+....+100=5050

图 2 - 14　for 循环使用

四、foreach 循环

foreach 循环用于数组或对象,遍历其成员。

foreach 循环基本格式为:

```
foreach($a as $var){
    语句组;
}
```

变量 $var 依次取数组 $a 中的每个值。例如:

```
$a = array("one","two","three","four");
foreach($a as $v)
    echo" $v";//依次检出"one","two","three","four"
```

foreach 也可以这样写:

```
foreach($a as $key =>$val){
    语句组;
}
```

变量 $key 依次取数组 $a 中的每一个键名,变量 $val 则取键名对应的值。例如:

```
$a = $array("one","two","three","four");
foreach($aas $k > $v)
echo" $a[$k] = $v";//输出 $a[0] = one $a[1] = two $a[2] = three $a[3] = four
```

五、while 循环

while 循环的基本格式为:

```
while(表达式){
语句组;
}
```

或者

```
while(表达式){
    语句组;
    }
    endwhile
```

while 循环执行时,首先计算表达式的值,若结果为 TURE,则执行语句组,否则循环结束。语句组执行完后,重新计算表达式的值,判断是否循环。

下面的代码使用 while 循环计算 1 + 2 + 3 + … + 100,例如:

```
$s = 0; $i = 1;
while($i <= 100)
    {
        $s += $i;
        $i ++ ;
    }
echo"1 + 2 + 3... + 100 = $s";
```

六、do…while 循环

do…while 循环基本格式如下。

```
do{
    语句组;
}while(表达式);
```

可以看出 do…while 循环与 while 循环的区别在于,do…while 循环首先执行循环体中的语句,然后计算表达式的值,判断是否循环。例如:

```
do{
    $s = 0;
    $i = 1;
    $s += $i;
    $i ++ ;
}while($i <= 100);
```

七、特殊流程控制语句

PHP 提供了几个特殊语句用于控制程序流程,分别为 continue、break、exit 和 die,下面分别进行介绍。

(1)continue 语句用于 for、while、do…while 等循环中,其作用是结束本轮循环,开始下一次循环,continue 之后的循环语句不再执行。下面的循环计算[1,100]范围内不能被 3 整除的数之和,代码如下:

```
$s = 0;
for($i = 1; $i <= 100; $i ++ )
{
    if($i%3 = 0)
        continue;    //$i 能被 3 整除时,后面的 $s += $i;不会执行
    $s += $i;
```

```
}
echo $s;
```

该程序等价于:

```
$s = 0;
for($i = 1; $i <= 100; $i ++ )
        if($i% 3 < 0)
                $s += $i;   //$i 不能被整除时,执行累加
echo $s;
```

通过对比,显然第 2 种程序更容易理解,所以除非必要,尽量少用 continue 等特殊流程控制语句。在多重循环中,可以为 continue 指定一个参数来决定开始外面的第几重循环。

(2)break 语句用在循环中,可以跳出当前循环,例如:

```
$i = 1;
$s = 0;
do{
  $s += $i;
  $i ++;
  if($i >100)
        break;
}while(true);
```

在多重循环中,同样可以为 break 指定一个参数来决定跳出几重循环。

(3)exit 语句用于输出一个消息并结束当前脚本,例如:

```
if($n = 5143)
        exit("达到设置条件,脚本提前结束!")
```

(4)die 语句等同于 exit 语句,例如:

```
if($n = 5143)
        die("达到设置条件,脚本提前结束!");
```

项目实现　设计日期计算器

设计思路

使用 HBuilder 创建项目 calculator,在项目里创建 index. php、date_logic. php 和 calculate. php 文件。index. php 为主页面,显示日期计算器;date_logic. php 是用来处理日期计算器中的计算方法;calculate. php 处理 index. php 页面的请求。

1. 布局日期计算器网页

在 index. php 文件中布局"日期计算器"网页。

（1）添加 3 个 < input > 输入框（年 year、月 month、日 day）。

（2）添加"计算"按钮（button）。

（3）添加表单 form，设置 action 属性为请求 calculate. php 文件。

页面布局如图 2 - 15 所示。

日期计算器

年 [　　　　　]
月 [　　　　　]
日 [　　　　　]
[计算]

图 2 - 15　日期计算器界面

2. 编写日期处理函数

在 date_logic. php 文件中编写日期处理函数。

（1）判断日期是否为闰年的函数：isLeap($year)。

公历闰年规则为：能被 4 整除而不能被 100 整除，或被 400 整除。

如果是闰年，则返回 true，否则返回 false。

（2）检查日期有效性的函数：checkMD($year, $month, $day)。

使用 if 条件语句验证输入的日期是否存在。

使用数组函数 array( ) 创建数组 $days，将 1 ~ 12 月每月的天数存入数组对应下标的元素中，2 月默认存入 28。

（3）调用 isLeap($year) 函数验证是否为闰年，如果为闰年，则将 $days[2] 的值设为 29。

（4）计算天数的函数：countTotalDay($year, $month, $day)。

使用 for 循环，计算从一月份到输入月份上一个月的天数总和；使用 switch 语句判断各个月份的天数；月份之和加上输入的天数，即为从该年元旦到这一天一共经过的天数。程序流程如图 2 - 16 所示。

（5）在 calculate. php 文件中从 $_POST 中获取用户输入的年、月、日，并调用 date_logic. php 文件中的函数，检查日期有效性，判断平年或闰年，以及该天是当年的第几天，并将结果输出。

项目设计流程如图 2 - 17 所示。

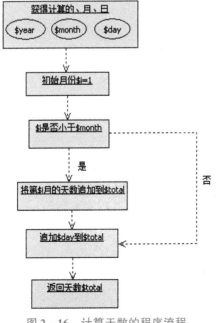

图 2 - 16　计算天数的程序流程

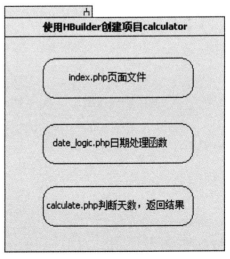

图 2 - 17　项目设计流程

步骤一:编写主页

(1)创建 index. php 文件。

(2)使用输入框 < input type = "text" / > 获得用户输入的年、月、日。

(3)添加"计算"按钮 < input type = "submit"/ > 。

(4)添加 form 表单,提交到请求处理文件(calculate. php),方法为 post。

代码如下:

```html
<html >
<head >
    <meta charset = "utf - 8" >
    <title >日期计算器 </title >
</head >
<body >
    <header >
        <h1 >日期计算器 </h1 >
    </header >
    <article >
        <form action = "calculate.php" method = "post" >
            <table >
                <tr >
                    <td ><label >年 </label ><input name = "year" type =
"text" ></td >
                </tr >
                <tr >
                    <td ><label >月 </label ><input name = "month" type =
"text" ></td >
                </tr >
                <tr >
                    <td ><label >日 </label ><input name = "day" type =
"text" ></td >
                </tr >
                <tr >
                    <td ><input type = "submit" name = "calculate" value =
"计算" ></td >
                </tr >
            </table >
        </form >
    </article >
</body >
</html >
```

步骤二:判断闰年

调用 isLeap() 函数,判断某年是否为闰年。

公历闰年算法为:能被 4 整除,而不能被 100 整除。

```php
function isLeap($year){
    if(($year % 4 ==0 && $year % 100 !=0)||($year % 100 ==0 && $year % 400 ==0)){
        return true;
    } else {
        return false;
    }
}
```

步骤三:验证日期

创建 date_logic. php 文件,编写日期计算的相关函数。

调用 checkMD() 函数,验证日期。

使用 if 条件语句,判断输入的 $month 的值是否为 1 ~ 12, $day 的值是否为 1 ~ 31,若超过了,则返回 false。

定义 $day 数组,定义每月的总天数,下标 0 不使用,将其设置为 0,使用下标 1 ~ 12 存储相应月份的天数,下标为 2 的值为 28。

调用 isLeap() 函数,判断当前年份是否为闰年,如果为闰年,则将 $days[2] 的值设置为 29。

调用 if 条件语句,判断天数是否超过对应月份的总天数,如果超过,则返回 false,否则,返回 true。

```php
function countTotalDay($year, $month, $day){
    $total =0;
    for($i =1; $i < $month; $i ++){
        switch($i){
        ...
        }
    }
}
```

步骤四:计算天数

调用 countTotalDay() 函数,用来计算日期总天数。

使用 for 循环计算从该年元旦到输入的日期这一天一共经过了多少天。

```php
<?php
function checkMD($year, $month, $day){
```

```
    //验证月份是否为 1 – 12,日期是否为 1 – 31
    if($month < 1 || $month > 12 || $day > 31 || $day < 1){
          return false;
    }
//定义数组,存放每个月的天数,数组索引号与月份对应,下标为 0 的不使用并将其设置为 0
    $days = array(0,31,28,31,30,31,30,31,31,30,31,30,31);

    //判断当前年份是否为闰年,如果为闰年,则将 $days 数组下标为 2 的值设置 29
    if(isLeap($year)){
         $days[2] = 29;
    }
    //判断天数是否超过了当月的最大天数
    if($day > $days[$month]){
         return false;
    }
    return true;
}
? >
```

使用 switch 语句判断每个月的总天数。

```
switch($i){
    case 1:
    case 3:
    case 5:
    case 7:
    case 8:
    case 10:
    case 12:
         $month_day = 31;
         break;
    case 4:
    case 6:
    case 9:
    case 11:
         $month_day = 30;
         break;
    case 2:
         if(isLeap($year)){
              $month_day = 29;
         }else{
```

```
                    $month_day = 28;
                }
            break;
        default:
            break;
    }
}
```

使用 for 循环语句计算输入月份之前的索引月份天数之和,然后加上输入的天数,结果即为从该年元旦到输入的日期这一天一共经过的天数。

```
function countTotalDay($year, $month, $day){
    $total = 0;
    for($i = 1; $i < $month; $i ++){
        switch($i){
        ...
        }
        $total += $month_day;
    }
    $total = $total + $day;
    return $total;
}
```

步骤五:处理请求

创建 calculate. php 文件,计算日期天数,并输出结果。

使用 include_once 导入 date_logic. php 文件。

使用 $_SERVER 判断当前请求的方法。

从 $_POST 中获取年、月、日。

调用 checkMD( )函数判断日期天数是否正确,调用 isLeap( )函数判断当前年份是否为闰年。

调用 countTotalDay( )函数,计算当前日期是这一年的第几天。

```
<?php
include_once"date_logic.php";
//获得请求数据
if($_SERVER["REQUEST_METHOD"] == "POST"){
    $year = $_POST['year'];
    $month = $_POST['month'];
    $day = $_POST['day'];
    $date = $year . " - " . $month . " - " . $day;
    if(checkMD($year, $month, $day)){
```

```
if(isLeap($year)){
    echo $date ."是闰年。<br/>";
} else {
    echo $date ."是平年。<br/>";
}
$total = countTotalDay($year, $month, $day);
echo "从" . $year ."-1-1到" . $date ."共经过" . $total ."天。<br />";
    } else {
        echo "日期不存在。<br/>";
    }
}
?>
```

步骤六:运行测试

(1)在浏览器地址栏中输入 http://localhost/calculator/index. php,显示主页。

(2)在"年""月""日"输入框中分别输入 2019、8、2,单击"计算"按钮。此时输入的日期为正确的日期,结果如图 2 – 18 所示。

(a) (b)

图 2 – 18　测试:输入正确的日期

(a)输入日期;(b)计算结果

(3)在"年""月""日"输入框中分别输入 2019、2、29,单击"计算"按钮。此时输入的日期为错误的日期,结果如图 2 – 19 所示。

(a) (b)

图 2 – 19　测试:输入错误的日期

(a)输入日期;(b)输出结果

巩固练习

1. 选择题

(1) 下列说法正确的是(　　　)。

A. PHP 代码只能嵌入 HTML 代码中

B. 在 HTML 代码中只能在开始标识"<？php"和结束标识"？>"之间嵌入 PHP 程序代的

C. PHP 单行注释必须独占一行

D. 在纯 PHP 代码中,可以没有 PHP 代码结束标识

(2) 下列 4 个选项中,可作为 PHP 常量名的是(　　　)。

A. $_abe
B. $123

C. 123
D. _123

(3) 执行下面的代码后,输出结果为(　　　)。

```php
<?php
    $x = 10;
    $y = &$x;
    $y = "$ab";
    echo = $x + 10;
?>
```

A. 10
B. 15

C. "5ab10"
D. 代码出错

(4) 执行下面的代码后,输出结果为(　　　)。

```php
<?php
    $x = 10;
    $x++;
    echo $x++;
?>
```

A. 10
B. 11
C. 12
D. 13

(5) 下列关于全等运算符"==="的说法,正确的是(　　　)。

A. 只有当两个变量的数据类型相同时才能比较

B. 两个变量数据类型不同时,将转换为相同数据类型再比较

C. 字符串和数值之间不能使用全等运算符进行比较

D. 只有当两个变量的值和数据类型都相同时,结果才为 TRUE

2. 简答题

(1) 简述可用哪些方式在 HTML 中插入 PHP 代码。

(2) 简述 include 和 require 的区别。

(3) 简述 PHP 变量命名规则。

3. 编程题

斐波那契数列的定义为 $f(0)=0, f(1)=1, f(n)=f(n-1)+f(n-2)(n>=2)$，创建一个 PHP 文件，在网页中输出斐波那契数列的前 10 项，如图 2-20 所示。

0 1 1 2 3 5 8 13 21 34

图 2-20 输出结果

项 目 三

输出随机数——PHP数组和字符串

知识目标:

- 了解 PHP 数组的定义
- 了解 PHP 数组遍历和输出
- 了解 PHP 数组函数
- 了解 PHP 字符串以及字符串函数

技能目标:

- 掌握 PHP 一维数组的创建
- 掌握 PHP 二维数组的创建
- 掌握 PHP 数组的遍历和输出
- 掌握 PHP 函数及应用
- 掌握 PHP 字符串的定义
- 掌握 PHP 字符串处理函数及应用

素质目标:

- 具有较强的思想政治素质,科学的人生观、价值观、道德观和法治观
- 具有较强的团队协作开发能力
- 培养严谨精细的 Web 前端开发工作态度
- 培养发现问题、解决问题的能力

项目描述

　　实习已经几周了,小张也逐渐融入 PHP 前端项目小组,对 PHP 基础知识也有了进一步了解。项目开发中会经常使用到数组和字符串。小张在学校学习了 PHP 数组和字符串,但还没有应用到实际 PHP 项目,这里正好实践一下 PHP 项目,为后面网站项目打好基础。

项目分析

　　网站项目开始了,根据项目内容和项目规划,首先认识数组的定义和类型,了解一维数组和二维数组的创建、遍历和输出,重点掌握数组函数的应用,包括创建数组函数、数组统计函数、数组指针函数、数组排序函数以及数组集合函数的使用。了解字符串的操作和字符串的处理函数,掌握字符串在项目中的应用。通过掌握数组和字符串的语法知识,使用 PHP 编辑器

完成一个随机数排列数据的输出。

本项目综合使用数组和字符串知识,创建一个 5×5 的二维数组,二维数组元素为 1~1 000 随机数,以字符串形式输出矩阵,对其矩阵,查找数组中是否存在在行中最小、在列中最大的数。

任务一　认识数组

数组提供了一种快速、方便的管理一组相关数据的方法,是 PHP 程序设计中的重要内容。通过数组可以对大量性质相同的数据进行存储、排序、插入及删除等操作,从而可以有效提高程序开发效率以及改善程序的编写方式。本任务将对 PHP 的数组操作进行系统、详细的讲解,也为后面 PHP 的学习打下基础。

一、什么是数组

数组是一组数据的集合,将数据按照一定的规则组织起来,形成一个可操作的整体。数组是对大量数据进行组织和管理的手段之一。数组的本质是存储、管理和操作一组变量。变量中保存单个数据,而数组中则保存的是多个变量的集合。使用数组的目的就是将多个相互关联的数据组织在一起形成一个整体,作为一个单元使用。

数组中的每个实体都包含两项:键和值。其中键可以是数字、字符串或者数字和字符串的组合,用于标识数组中对应的值,而值是数组中的元素,可以定义为任意数据类型,甚至是复合类型。如图 3-1 所示。

图 3-1　数组的定义

二、数组的类型

PHP 中将数组分为一维数组、二维数组和多维数组,但是无论一维还是多维,可以统一将数组分为两种:数字索引数组(indexed array)和关联数组(associative array)。

1. 数字索引数组

数字索引数组,下标(键名)由数字组成,默认从 0 开始。下面创建一个数字索引数组实例,$arr_int 就是一个数字索引数组。

```
$arr_int = array(0 => "PHP 入门与实战",1 => "C#入门与实战",2 => "VB 入门与实战");
```

2. 关联数组

关联数组的键名可以是数字和字符串混合的形式,下面例子中 $arr_string 就是一个关联数组。

```
$arr_string = array("PHP" => "PHP 入门与实战","Java" => "Java 入门与实战","C#" => "C#
入门与实战");
```

三、创建一维数组

1. 通过数组标识符"[ ]"创建数组

PHP 中的一种比较灵活的数组声明方式是通过数组标识符"[ ]"直接为数组元素赋值。

```
$arr[key] = value;
$arr[] = value;
```

其中,key 可以是整型或者字符串型数据;value 可以是任何值。

2. 使用 array( ) 函数创建数组

```
array array([mixed ...]);
```

```php
<?php
$arr_string = array('one'=>'php','two'=>'java');      //以字符串作为数组索引,指定关键字
print_r($arr_string);                    //通过 print_r() 函数输出数组
echo" <br/>";
echo $arr_string['one']." <br/>";       //输出数组中的索引为 one 的元素
$arr_int = array('php','java');        //以数字作为数组索引,从 0 开始,没有指定关键字
print_r($arr_int);                  //输出整个数组
echo" <br/>";
echo $arr_int['0']." <br/>";             //输出数组中的第 1 个元素
$arr_key = array(0 =>'PHP 入门与实战',1 =>'Java 入门与实战',1 =>'VB 入门与实战');
//指定相同的索引
print_r($arr_key);                  //输出整个数组,发现只有两个元素
?>
```

提示:如果数组中已存在相同下标的元素,则该元素的值被修改;否则,在数组末尾添加一个新的数组元素。在给数组元素赋值时,可省略下标。在省略下标时,PHP 总是在数组末尾添加新的数组元素,数组下标为最大键值加 1。若数组中还没有元素或现有元素键值均为字符串,则新添加的数组元素下标为 0。

四、创建二维数组

将数组保存到一维数组的元素中即可创建二维数组,通过类似操作可进一步创建多维数组。如下例直接创建二维数组。

```php
<?php
    $arr[1] = array("PHP 从入门到精通","PHP 典型模块","PHP 标准教程");/* 定义二维数
组元素 */
```

```
    $arr["Java 类图书"] = array("a" => "Java 范例手册","b" => "Java Web 范例宝典");
//定义二维数组元素
    print_r($arr);//输出数组
?>
```

除了直接创建二维数组,也可以使用 array( ) 函数创建二维数组,如下例。

```
<?php
    $str = array(
        "PHP 类图书" =>array("PHP 从入门到精通","PHP 典型模块","PHP 标准教程"),
        "JAVA 类图书" =>array("a" => "JAVA 范例手册","b" => "JAVA WEB 范例宝典"),
        "ASP 类图书" =>array("ASP 从入门到精通",2 => "ASP 范例宝典","ASP 典型模块")
    );                                 //声明数组
    print_r($str);              //输出数组元素
?>
```

任务二 遍历与输出数组

一、遍历数组

1. 使用 each( ) 函数遍历数组

each( )函数返回一个包含数组当前元素键/值对应的数组,并将数组指针指向下一个数组元素。each( )函数返回的数组包含 4 个元素,元素下标依次为 1、value、0 和 key。1 和 value 对应元素中原数组元素的值,0 和 key 对应元素中原数组元素的下标。如果数组指针指向了数组末尾(最后一个元素之后),则返回 FALSE。代码如下。

```
<?php
    $a = array("name" => "Mike","sex" => "男","age" =>30);//创建数组
    var_dump($a);
    echo" < br >";
    while($b = each($a){
        var_dump($b);
        echo" < br >";
    }
?>
```

代码中将赋值表达式"$b = each($a)"作为 while 循环条件。在 $a 的数组指针指向数组元素时,赋值表达式的值与变量 $b 相同——是一个数组,该数组转换为布尔值 TRUE,所以执行 while 循环。在 $a 的数组指针指向数组末尾时,each( )函数返回 FALSE,while 循环结束。

以上代码运行效果如图 3 - 2 所示。

```
array(3) { ["name"]=> string(4) "Mike" ["sex"]=> string(3) "男" ["age"]=> int(30) }
array(4) { [1]=> string(4) "Mike" ["value"]=> string(4) "Mike" [0]=> string(4) "name" ["key"]=> string(4) "name" }
array(4) { [1]=> string(3) "男" ["value"]=> string(3) "男" [0]=> string(3) "sex" ["key"]=> string(3) "sex" }
array(4) { [1]=> int(30) ["value"]=> int(30) [0]=> string(3) "age" ["key"]=> string(3) "age" }
```

图 3 - 2　数组的遍历

2. 使用 list( ) 函数遍历数组

list( ) 函数用于将数组中各个元素的值赋给指定的变量,其基本格式为:

list(变量 1,变量 2,变量 3,…) = 数组变量;

list( ) 函数依次将下标为 0、1、2、…的数组元素赋为指定的变量。如果数组中的元素没有这些下标,变量值为 NULL,PHP 会产生一个 Notice 错误信息。如以下代码所示。

```php
<?php
    //创建数组,使用默认下标 0、1、2
    $a = array("one","two","three");
    print_r($a);//输出数组信息
        list($x,$y,$z) = $a;/*将下标为 0、1、2 的元素值依次赋给变量 echo'<br > list
($x,$y,$z) = $a;//将下标为 0、1、2 的元素值依次赋给变量 <br >'*/
    echo"\$x = $x   \$y = $y   \$z = $z   <br><br>";
    //创建数组,使用指定下标 2、1、0
    $a = array(2 => "one",1 => "two",0 => "three");
    print_r($a);//输出数组信息
        list($x,$y,$z) = $a;/*将下标为 0、1、2 的元素值依次赋给变量 echo'<br > list
($x,$y,$z) = $a;//将下标为 0、1、2 的元素值依次赋给变量 <br >'*/
    echo"\$x = $x   \$y = $y    \$z = $z    <br><br>";
    //创建数组,为第 2 个元素指定字符串下标 $a = array("one",b =>"two","three","four");
    print_r($a);//输出数组信息
        list($x,$y,$z) = $a;/*将下标为 0、1、2 的元素值依次赋给变量 echo'<br > list($
x,$y,$z) = $a;//将下标为 0、1、2 的元素值依次赋给变量 <br >'*/
    echo"\$x = $x   \$y = $y    \$z = $z    <br><br>";
    /*创建数组,为第 3 个元素指定字符串下标 $a = array( "one","two",3 =>"three","
four");*/
    print_r($a);//输出数组信息
        list($x,$y,$z) = $a;   /*将下标为 0、1、2 的元素值依次赋给变量 echo'<br > list
($x,$y,$z) = $a;//将下标为 0、1、2 的元素值依次赋给变量 <br >'*/
    echo"\$x = $x   \$y = $y    \$z = $z    <br><br>";
    ?>
```

代码中最后一个"list($x, $y, $z) = $a;"语句执行时,因为数组 $a 中没有下标为 2 的元素,所以出错,对应变量 $z 的值为 NULL。运行结果如图 3 - 3 所示。

3. 使用 foreach( ) 函数遍历数组

在 PHP 中,遍历数组最常用的就是 foreach 语句。可以说,它是为数组量身定做的。在后面的章节也通常使用 foreach 遍历数组。以下为 foreach 遍历数组的例子。代码如下。

Array ([0] => one [1] => two [2] => three) $x=one $y=two $z=three

Array ([2] => one [1] => two [0] => three) $x=three $y=two $z=one

Array ([2] => one [1] => two [0] => three) $x=three $y=two $z=one

Array ([2] => one [1] => two [0] => three) $x=three $y=two $z=one

图 3 - 3   list( ) 遍历数组

```php
<?php
$str = array(
     "网络编程图书" => array("PHP 自学视频教程","C#自学视频教程","ASP 自学视频教程"),
     "历史图书" => array("1" => "春秋","2" => "战国","3" => "三国志"),
     "文学图书" => array("四世同堂",3 => "围城","笑傲江湖")
  );                            //声明二维数组
/*    应用 foreach 语句遍历二维数组中的数据                * /
  foreach($str as $key => $value){             //循环读取二维数组,返回值仍是数组
      foreach($value as $keys => $values){     //循环读取一维数组中的数据
      echo" \n";                          //输出空格
      echo $str[$key][$keys];             //输出数据
      echo" \n";                              //输出空格
   }
}
? >
```

运行结果如图 3 - 4 所示。

PHP自学视频教程 C#自学视频教程 ASP自学视频教程 春秋 战国 三国志 四世同堂 围城 笑傲江湖

图 3 - 4   foreach 遍历数组

二、输出数组

PHP 中对数组元素进行输出可以通过输出语句来实现,比如 echo 语句、print 语句等,但是这种方式只能对某一元素进行输出。通过 print_r( ) 和 var_dump( ) 函数可以将数组结构进行输出。

1. print_r( ) 函数

print_r( ) 函数的语法结构为:

```
bool print_r(mixed expression);
```

以下代码为通过 print_r( ) 函数输出数组结构的例子。

```php
<?php
   $array = array(1 => "PHP",2 => "PHP 编程",3 => "动态网站开发");
   print_r($array);
   ? >
```

以上代码运行结果如图 3 - 5 所示。

Array ([1] => PHP [2] => PHP编程 [3] => 动态网站开发)

图 3 - 5　print_r( ) 函数输出数组

2. var_dump( ) 函数

var_dump( )函数可以输出数组或对象、元素数量以及每个字符串的长度,还能以缩进方式输出数组或者对象的结构。

var_dump( )函数语法如下:

```
void var_dump(mixed expression [,mixed expression [,…]])
```

以下代码为通过 print_r( ) 函数输出数组结构的例子。

```php
<?php
$array = array("PHP 编程","PHP 网络编程教程","PHP 入门");
var_dump($array);
echo" <br >";
$arrays = array('first'=>" PHP 编程",'second'=>" PHP 网络编程教程",'third'=>" PHP 入门");
var_dump($arrays);
?>
```

以上代码运行结果如图 3 - 6 所示。

array(3) { [0]=> string(9) "PHP编程" [1]=> string(21) "PHP网络编程教程" [2]=> string(9) "PHP入门" }
array(3) { ["first"]=> string(10) " PHP编程" ["second"]=> string(22) " PHP网络编程教程" ["third"]=> string(10) " PHP入门" }

图 3 - 6　var_dump( ) 函数输出数组

任务三　数组函数及其应用

一、创建数组函数

range( )函数可以返回包含指定范围内数值或字符的数组,其基本格式为:

```
range($start, $end, $step);
```

其中,参数 $start 和 $end 为整数、浮点数或字符,用于指定参数范围。 $step 指定返回的数组元素之间的增量,默认为 1。若 $start 大于 $end,则按从小到大的顺序返回。例如以下代码。

```php
<?php
//创建数组,使用默认下标 0、1、2
$a = range(0,5);
print_r($a);//输出为 Array([0] =>0[1] =>1[2] =>2[3] =>3[4] =>4[5] =>5)
```

```
echo"<br/>";
$a = range(5,0);
print_r($a);//输出为 Array([0]=>5[1]=>4[2]=>3[3]=>2[4]=>1[5]=>0)
echo"<br/>";
$a = range(0.3,5);
print_r($a);//输出为 Array([0]=>0.3[1]=>1.3[2]=>2.3[3]=>3.3[4]=>4.3)
echo"<br/>";
$a = range(0,8,2);
print_r($a);//输出为 Array([0]=>1[1]=>3[2]=>5[3]=>7)
echo"<br/>";
$a = range('a','e');
print_r($a);//输出为 Array([0]=>a[1]=>b[2]=>c[3]=>d[4]→>e)
echo"<br/>";
$a = range('a','e',2);
        print_r($a);//输出为 Array([0]=>a[1]=>c[2]=>e)
?>
```

以上代码运行结果如图 3-7 所示。

```
Array ( [0] => 0 [1] => 1 [2] => 2 [3] => 3 [4] => 4 [5] => 5 )
Array ( [0] => 5 [1] => 4 [2] => 3 [3] => 2 [4] => 1 [5] => 0 )
Array ( [0] => 0.3 [1] => 1.3 [2] => 2.3 [3] => 3.3 [4] => 4.3 )
Array ( [0] => 0 [1] => 2 [2] => 4 [3] => 6 [4] => 8 )
Array ( [0] => a [1] => b [2] => c [3] => d [4] => e )
Array ( [0] => a [1] => c [2] => e )
```

图 3-7　range( )函数使用

二、数组统计函数

下面将对 PHP 中与统计有关的数组操作函数分别进行介绍。

（1）count($a,0/1)：返回数组 $a 包含的元素个数。第二个参数默认为 0,表示不统计多维数组。若为 1,则要统计多维数组中的元素。

（2）array_count_values($a)：返回一个数组,数组元素键名为数组 $a 中元素的值,元素值为数组 $a 中元素值出现的次数。

（3）array_unique($a)：返回数组 $a 中不重复的值组成的数组。

（4）array_rand($a, $n)：随机返回数组 $a 中的 $n 个元素的键名组成的数组。参数 $n 省略,只返回一个元素的键名。

（5）array_sum($a)：返回数组 $a 中所有值的和。

以下例子使用数组统计函数操作数组,代码如下。

```
<?php
$b[ ] = array('a','b');
$b[ ] = array('c','d');
```

```
echo '$b =';
print_r($b);//输出数组信息
echo '<br >count($b) ='.count($b);
echo '<br >count($b,1) ='.count($b,1);
$a = array(2,4,6,2,4,6,8,2,4,6,8,10);
echo '<br > $a =';
print_r($a);//输出数组信息
echo '<br >array_count_values($a)返回的数组为:';
print_r(array_count_values($a));
echo '<br >array_unique($a)返回的数组为:';
print_r(array_unique($a));
echo '<br >array_rand($a)返回的数组为:';
print_r(array_rand($a));
echo '<br >array_rand($a,3)返回的数组为:';
print_r(array_rand($a,3));
echo '<br >array_sum($a)返回的值为:';
echo array_sum($a);
? >
```

运行结果如图 3 - 8 所示。

```
$b=Array ( [0] => Array ( [0] => a [1] => b ) [1] => Array ( [0] => c [1] => d ) )
count($b)= 2
count($b,1)= 6
$a=Array ( [0] => 2 [1] => 4 [2] => 6 [3] => 2 [4] => 4 [5] => 6 [6] => 8 [7] => 2 [8] => 4 [9] => 6 [10] => 8 [11] => 10 )
array_count_values($a)返回的数组为: Array ( [2] => 3 [4] => 3 [6] => 3 [8] => 2 [10] => 1 )
array_unique($a)返回的数组为: Array ( [0] => 2 [1] => 4 [2] => 6 [6] => 8 [11] => 10 )
array_rand($a)返回的数组为:5
array_rand($a,3)返回的数组为:Array ( [0] => 5 [1] => 6 [2] => 8 )
array_sum($a)返回的值为: 62
```

图 3 - 8 数组统计函数使用

三、数组指针函数

PHP 提供广数组指针们关的函数来操作数组,下面分别进行介绍。

(1)next():使数组指针指向下一个元素。

(2)prev():使数组指针指向前一个元素。

(3)end():使数组指针指向最后一个元素。

(4)reset():使数组指针指向第一个元素。

(5)current():返回当前数组元素的值。

(6)key():返回当前数组元素的下标。

以下例子使用数组指针函数操作数组,代码如下。

```
<?pbp
    $a = array("one","two","three");
```

```
print_r($a);//输出数组信息
echo'<br>依次输出数组元素:;
do
{
echo'$a['.key($a).'] ='.current($a).'  ';
}while(next$a));//数组指针指向数组末尾时,循环结束
//前面循环结束后,数组指针指向数组末尾
echo'<br>执行 reset()函数后的当前元素:';
reset($a);
echo'$a[',key($a),] ='. curren($a);
echo'<br>反序输出数组元素:';
end($a);//使数组指针指向最后一个元素
do
{
echo'$a['.key($a).'] ='.curent($a);'  r;';
}while(prev($a));
?>
```

运行结果如图 3 - 9 所示。

依次输出数组元素:; do { echo '$a['.key($a).']= '.current($a).' '; }while(next$a));//数组指针指向数组末尾时, 循环蛄束 //前面循环结束后, 数组指针指向数组末尾 echo '
执行reset()函数后的当前元素: '; reset($a); echo '$a[',key($a),]= '. curren($a); echo '
反序输出数组元素: '; end($a);//使数组指针指向最后一个元素 do { echo '$a['.key($a).']= '.curent($a);' r; '; }while(prev($a)); ?>

图 3 - 9　数组指针函数使用

四、数组排序函数

PHP 提供了多种方法对数组进行排序。

1. 对数组元素值排序

下面分别对按数组元素值排序的函数进行介绍。

（1）sort($a,flag)：按数组元素值从小到大排序。参数 flag 默认为 SORT_REGULAR，表示自动按识别数组元素值的类型进行排序。flag 为 SORT_NUMERIC 时，表示按数值排序；为 SORT_STRING 时，表示按字符串排序；为 SORT_LOCALE_STRING 时，表示根据 locale 设置对数组元素值按字符串排序。sort( )函数排序后，数组元素原有下标丢失，排序后元素的下标按顺序为 0、1、2、…，所有排序函数排序成功返回 TRUE，否则返回 FALSE。

（2）rsort($2,flag)：与 sort( )函数类似，不同的只是 rsort($a,flag)的数按从大到小排序。

（3）asort($a)：按数组元素值从小到大排序，排序后数组元素保留下标。

（4）arsort($a)：按数组元素值从大到小排序，排序后数组元素保留下标。

2. 对数组元素下标排序

下面分别对按数组元素下标排序的函数进行介绍。

（1）ksort($a)：按数组元素下标从小到大排序。

（2）krsort（$a）：按数组元素下标从大到小排序。

3. 按自然顺序排序

（1）natsort（）函数按照"自然排序"算法对数组元素值进行排序，即将数组元素值作为字符串，按照从小到大的顺序排序。数组排序后，仍保留原来的键/值对关联。

（2）natcasesort（）函数与natsort（）函数类似，只是不区分字母大小写。

4. 使用自定义函数排序

下面分别对PHP允许使用的函数按照用户自定义规则排序进行介绍。

（1）usort（$s，"函数名"）：与sort（）函数类似，用指定的自定义函数排序。

（2）uasort（$s，"函数名"）：与asort（）函数类似，用指定的自定义函数排序。

（3）uksort（$a，"函数名"）：与ksort（）函数类似，用指定的自定义函数排序。

指定的排序函数必须有两个参数，依次传入数组的两个元素的比较项。排序函数应在第1个参数小于、等于或大于第2个参数时返回一个小于、等于或大于零的整数。

以下例子使用数组排序函数操作数组，代码如下。

```php
<?php
$a = array(5 => "Tome",2 => "abc",9 => "Mike",7 => "desk");
echo '原数组 $a 数据:';
print_r($a);//输出数组信息
echo '<br>sort($a)后 $a =';
sort($a);
print_r($a);//输出数组信息
$a = array(5 => "Tome",2 => "abc",9 => "Mike",7 => "desk");
echo '<br>rsort($a)后 $a =';
rsort($a);
print_r($a);//输出数组信息
$a = array(5 => "Tome",2 => "abc",9 => "Mike",7 => "desk");
echo '<br>asort($a)后 $a =';
asort($a);
print_r($a);//输出数组信息
$a = array(5 => "Tome",2 => "abc",9 => "Mike",7 => "desk");
echo '<br>arsort($a)后 $a =';
arsort($a);
print_r($a);//输出数组信息
$a = array(5 => "Tome",2 => "abc",9 => "Mike",7 => "desk","15","5",50,20);
echo '<br><br>原数组 $a 数据:';
print_r($a);//输出数组信息
echo '<br>natsort($a)后 $a =';
natsort($a);
print_r($a);//输出数组信息
```

```
$a = array(5 => "Tome",2 => "abc",9 => "Mike",7 => "desk","15","5",50,20);
echo '<br>natcasesort($a)后 $a =';
natcasesort($a);
print_r($a);//输出数组信息
$a = array(5 => "Tome",2 => "abc",9 => "Mike",7 => "desk","15","5",50,20);
echo '<br>usort($a)后 $a =';
usort($a,"sortByAscApacheum");
print_r($a);//输出数组信息
$a = array(5 => "Tome",2 => "abc",9 => "Mike",7 => "desk","15","5",50,20);
echo '<br>uasort($a)后 $a =';
uasort($a,"sortByAscApacheum");
print_r($a);//输出数组信息
function sortByAscApacheum($a, $b){
//按照字符串的 ASCII 码之和比较大小
$x = getAscApacheum($a);
$y = getAscApacheum($b);
if($x == $y)
return 0;
else
return $x > $y? 1: -1;
}
function getAscApacheum($a){
//获得字符串的 ASCII 码之和
if(! is_string($a))
$a = (string) $a;//如果不是字符串,则转换为字符串
$b = str_split($a);//将字符串分解为单个字符数组
$s = 0;
foreach($b as $val)
$s + = ord($val);//求 ASCII 码之和
return $s;
}
? >
```

运行结果如图 3 - 10 所示。

原数组$a数据: Array ([5] => Tome [2] => abc [9] => Mike [7] => desk)
sort($a)后$a=Array ([0] => Mike [1] => Tome [2] => abc [3] => desk)
rsort($a)后$a=Array ([0] => desk [1] => abc [2] => Tome [3] => Mike)
asort($a)后$a=Array ([9] => Mike [5] => Tome [2] => abc [7] => desk)
arsort($a)后$a=Array ([7] => desk [2] => abc [5] => Tome [9] => Mike)

原数组$a数据: Array ([5] => Tome [2] => abc [9] => Mike [7] => desk [10] => 15 [11] => 5 [12] => 50 [13] => 20)
natsort($a)后$a= Array ([11] => 5 [10] => 15 [13] => 20 [12] => 50 [9] => Mike [5] => Tome [2] => abc [7] => desk)
natcasesort($a)后$a= Array ([11] => 5 [10] => 15 [13] => 20 [12] => 50 [2] => abc [7] => desk [9] => Mike [5] => Tome)
usort($a)后$a=Array ([0] => 5 [1] => 20 [2] => 50 [3] => 15 [4] => abc [5] => Mike [6] => Tome [7] => desk)
uasort($a)后$a=Array ([11] => 5 [13] => 20 [12] => 50 [10] => 15 [2] => abc [9] => Mike [5] => Tome [7] => desk)

图 3 - 10　数组排序函数使用

五、数组集合函数

PHP 提供了系列函数用于对数组执行集合运算。

1. array_slice( )

array_slice( )函数返回连续多个数组元素组成的数组,其基本格式为

```
array_slice()($a, $offset, $length,TRUE/FALSE)
```

该函数返回数组 $a 中由 $offset 和 $length 确定的数组元素组成的数组。 $offset 为正数表示从数组的第 $offset + 1 个数组元素开始取, $offset 为负数表示从数组的倒数第 | $offset |(绝对值)个数组元素开始取。 $length 若省略,则取到数组末尾。 $length 为正数时,从指定位置开始取 $length 个数组元素,直到数组末尾。 $length 为负数时,从指定位置开始取到数组倒数第 | $length | + 1 个元素。第 4 个参数默认为 FALSE,表示不保留键名,为 TRUE 时表示保留键名。

2. array_splice( )

array_splice( )函数与 array_slice( )函数类似,在数组中选择一部分数组返回。区别在于: array_splice( )函数会从原数组中删除选中的部分,并用指定的参数替代。原数组和返回的数组下标均为默认的 0、1、2、…。

array_splice( )函数基本格式为:

```
array_splice($a, $offset, $lenght, $replace)
```

参数 $a、$offset 和 $length 与 array_slice( )函数中一致。 $replace 用于在数组 $a 中替换被删除的部分,可以是数值、字符串或一个数组。 $length 和 $replace 均可省略。

3. array_combine( )

array_combine( )函数指用两个数组创建一个新的数组,基本格式为:

```
array_combine($a, $b)
```

数组 $a 和 $b 个数必须一致,其元素值分别作为新数组元素的键和值。若数组 $a 和 $b 个数不一致,则函数返回 FALSE。

4. array_merge( )

array_merge( )函数可将多个数组连接成一个新数组,基本格式为:

```
array_merge($a, $b, $c,....);
```

如果存在重复的下标,则保留最后一个下标对应元素;如果数组元素下标为数字,则会按连续数字重新分配下标;如果只指定一个数组参数,则返回的数组包含原数组的全部值,数组下标从 0 开始重新分配。

5. array_intersect( )

array_intersect( )函数用于求数组集合的交集,即返回多个数组中包含相同值的元素,元素下标保持不变。array_intersect( )函数基本格式为:

```
array_ intersect($a, $b, $c....);
```

6. array_diff( )

array_diff( )函数用于求数组集合的差集,即返回第 1 个数组中元素值从未在其他数组中出现过的元素,元素下标保持不变。array_diff( )函数基本格式为

```
array_diff($a, $b, $c....);
```

以下例子使用数组排序函数操作数组,代码如下。

```php
<?php
$a = array("one","two","three","four","five");
echo '数组 $a 为:';
print_r($a);
echo '<br >array_slice($a,1,2)得到:';
print_r(array_slice($a,1,2));
echo '<br >array_slice($a,1,2,true)得到:';
print_r(array_slice($a, -1,2,true));
echo '<br >array_slice($a,1, -2)得到:';
print_r(array_slice($a,1, -2));
echo '<br >array_slice($a, -1, -2)得到:';
print_r(array_slice($a, -1, -2));
$a = array(5 => "one","two","three","four","five");
echo '<br ><br >数组 $a 为:';
print_r($a);
echo '<br >array_splice($a,1,2)得到:';
print_r(array_splice($a,1,2));
echo '<br >数组 $a 变为:';
print_r($a);
$a = array(5 => "one","two","three","four","five");
echo '<br ><br >数组 $a 为:';
print_r($a);
echo '<br >array_splice($a,1,2,"abcd")得到:';
print_r(array_splice($a,1,2,"abcd"));
echo '<br >数组 $a 变为:';
print_r($a);
$a = array(5 => "one","two","three","four","five");
echo '<br ><br >数组 $a 为:';
print_r($a);
echo '<br >array_splice($a,1,2,array("a","b"))得到:';
print_r(array_splice($a,1,2,array("a","b",10)));
echo '<br >数组 $a 变为:';
```

```
print_r($a);
 $a = array("one",5 => "two","three");
 $b = array(10,"a" =>20,30);
echo '<br><br>数组 $a 为:';
print_r($a);
echo '<br>数组 $a 为:';
print_r($b);
echo '<br>array_combine($a, $b)得到:';
print_r(array_combine($a, $b));
echo '<br>array_merge($a, $b)得到:';
print_r(array_merge($a, $b));
 $a = array("one",5 => "two","three",10);
 $b = array(10,"a" =>20,"two","four");
echo '<br><br>数组 $a 为:';
print_r($a);
echo '<br>数组 $b 为:';
print_r($b);
echo '<br>array_intersect($a, $b)得到:';
print_r(array_intersect($a, $b));
echo '<br>array_diff($a, $b)得到:';
print_r(array_diff($a, $b));
?>
```

运行结果如图 3 – 11 所示。

数组$a为:Array ([0] => one [1] => two [2] => three [3] => four [4] => five)
array_slice($a,1,2)得到: Array ([0] => two [1] => three)
array_slice($a,1,2,true)得到: Array ([4] => five)
array_slice($a,1,-2) 得到:Array ([0] => two [1] => three)
array_slice($a,-1,-2) 得到:Array ( )

数组$a为: Array ([5] => one [6] => two [7] => three [8] => four [9] => five)
array_splice($a,1,2) 得到: Array ([0] => two [1] => three)
数组$a变为: Array ([0] => one [1] => four [2] => five)

数组$a为: Array ([5] => one [6] => two [7] => three [8] => four [9] => five)
array_splice($a,1,2, "abcd") 得到:Array ([0] => two [1] => three)
数组$a变为: Array ([0] => one [1] => abcd [2] => four [3] => five)

数组$a为: Array ([5] => one [6] => two [7] => three [8] => four [9] => five)
array_splice($a,1,2,array("a","b")) 得到: Array ([0] => two [1] => three)
数组$a变为: Array ([0] => one [1] => a [2] => b [3] => 10 [4] => four [5] => five)

数组$a为: Array ([0] => one [5] => two [6] => three)
数组$a为: Array ([0] => 10 [a] => 20 [1] => 30)
array_combine($a,$b)得到: Array ([one] => 10 [two] => 20 [three] => 30)
array_merge($a,$b)得到: Array ([0] => one [1] => two [2] => three [3] => 10 [a] => 20 [4] => 30)

数组$a为:Array ([0] => one [5] => two [6] => three [7] => 10)
数组$b为: Array ([0] => 10 [a] => 20 [1] => two [2] => four)
array_intersect($a,$b)得到:Array ([5] => two [7] => 10)
array_diff($a,$b)得到:Array ([0] => one [6] => three)

图 3 – 11   数组集合函数使用

六、自定义数组函数

PHP 允许使用自定义函数来处理数组。下面对自定义函数分别进行介绍。

1. array_filter($s,"函数名")

用自定义函数筛选数组,返回符合条件的数组元素构成的新数组,自定义函数接收传入的数组元素值作参数,若返回 TRUE,则表示对应元素包含在返回的数组中。

2. array_walk($a,"函数名", $var)

依次调用自定义函数处理数组 $a 中的每个元素。自定义函数至少应有两个参数,第 1 个参数接收数组元素的值,第 2 个参数接收数组元素的键名。若自定义函数有第 3 个参数,则应在 array_walk( )函数中指定第 3 个参数。全部处理成功,array_walk( )函数返回 TRUE,否则返回 FALSE。

3. array_map("函数名", $a,…)

array_walk( )函数一次只能处理一个数组,而 array_map( )函数则可同时处理多个数组。array_map( )函数将多个数组相同位置元素的值作为参数传递给自定义的数,自定义函数的返回值作为新数组中元素的值。如果用 NULL 作为自定义的数名,则用指定的多个数组构造一个二维数组,而且第二维数组包含原来的多个数组相同位置元素的值。

下面代码使用自定义函数处理数组,代码如下。

```php
<?php
$a = range(1,10);
$a["a"] = 12;
    function mfilter($va){
    if($va% 3 == 0)
    return true;//如果是 3 的倍数,则返回 true
}
    echo '数组 $a 为:';
print_r($a);
    echo '<br>array_filter($a,"mflter")得到:';
print_r(array_filter($a,"mfilter"));

    function dowalk(& $val, $key){
    if(is_int($key)and $key% 4 ==0)
        $val = "DELETED";//如果键名为整数,且是 4 的倍数,则将元素值设置为"DELETED"
}
    echo '<br>array_walk($a,"dowalk")得到:';
 print_r(array_walk($a,"dowalk"));
echo '<br>数组 $a 变为:';
print_r($a);
    function domap($a, $b){
```

```php
//若两个参数均为整数,则执行算术加法运算,否则执行字符串连接
if(is_int($a)and is_int($b))
    return $a + $b;
else
    return $a.$b;
}
    $a1 = array(1,3,5);
 $a2 = array(2,"4",6);
    echo '<br >数组 $a1 为:';
print_r($a1);
    echo '<br >数组 $a2 为:';
print_r($a2);
    echo '<br >array_map("domap", $a1, $a2)得到:';
print_r(array_map("domap", $a1, $a2));
    echo '<br >array_map(NULL, $a1, $a2)得到:';
print_r(array_map(NULL, $a1, $a2));
? >
```

运行结果如图 3 – 12 所示。

数组$a为:Array ([0] => 1 [1] => 2 [2] => 3 [3] => 4 [4] => 5 [5] => 6 [6] => 7 [7] => 8 [8] => 9 [9] => 10 [a] => 12)
array_filter($a,"mflter")得到:Array ([2] => 3 [5] => 6 [8] => 9 [a] => 12)
array_walk($a,"dowalk")得到:1
数组$a变为:Array ([0] => DELETED [1] => 2 [2] => 3 [3] => 4 [4] => DELETED [5] => 6 [6] => 7 [7] => 8 [8] => DELETED [9] => 10 [a] => 12)
数组$al为: Array ([0] => 1 [1] => 3 [2] => 5)
数组$a2为: Array ([0] => 2 [1] => 4 [2] => 6)
array_map("domap",$a1,$a2)得到: Array ([0] => 3 [1] => 34 [2] => 11)
array_map(NULL,$al,$a2)得到: Array ([0] => Array ([0] => 1 [1] => 2) [1] => Array ([0] => 3 [1] => 4) [2] => Array ([0] => 5 [1] => 6))

图 3 – 12　自定义数组函数

任务四　认识字符串

一、字符串的操作

PHP 将字符串作为 string 类进行处理,字符串中每个字符占一个字节,所以 PHP 只支持 256 字符集,不支持 Unicode 字符集。

1. 将字符串作为数组访问

PHP 允许将字符串当作数组进行访问。例如:

```php
<?php
    $a = "12345";
    echo $a.'<br >';   //输出 12345
    echo $a[2].'<br >';//输出 3
    $a[2] = "ab";   //字符串的第 3 个字符修改为 a,只用了字符串"ab"中的第一个字符
    echo $a;     //输出 12a45
? >
```

2. 字符串输出

echo( )和print( )函数用于输出字符串。echo( )和print( )并不是真正的函数,所以在使用时可以不需要括号。echo( )可输出多个字符串,print( )只输出一个字符串,其基本格式为:

```
echo $var1, $var2,…;
print $var1.$var2. …;
```

输出的多个变量之间用逗号分开。输出的变量如果不是字符串类型,则会自动转换为字符串输出。因为 print( )只能输出一个字符串,所以可使用点号运算符将多个变量连接成一个字符串再输出。例如:

```
echo"asdf",123,"book";
print"asdf".123."book";
```

3. 字符串格式化输出

printf( )函数可以按照格式化字符串处理变量然后输出,其基本格式为:

```
printf("格式字符串" $var1, $var2,…);
```

printf( )函数第 1 个参数是格式字符串,其后是要输出的多个变量。格式字符串中,用%表示转换格式,一个转换格式对应一个输出变量。

格式字符中的格式符号意义见表 3 - 1。

表 3 - 1　格式字符中的格式符号意义

格式符号	意义
%	转换格式符的开始。%%表示输出一个百分号
%b	将输出变量当作整数,输出二进制数
%c	将输出变量当作字符的 ASCII 码,输出对应的字符
%d	将输出变量当作有符号十进制数输出
%e、%E	将输出变量当作浮点数,并按照科学记数法格式输出,用 e 表示指数部分
%.2e	小数点后保留两位有效数字,如 65 可格式化为 6.50e +2
%f、%F	输出浮点数
%g、%G	%e 和%f 的短格式
%o	将输出变量当作整数,输出八进制数
%s	将输出变量当作字符串输出
%u	输出无符号十进制数
%x	将输出变量当作整数,输出十六进制数,字母使用 a ~ z
%X	将输出变量当作整数,输出十六进制数,字母使用 A ~ X

在格式化输出二进制、八进制、十进制和十六进制时,可指定输出的字符串长度,并用 0 占位。例如%08b 表示输出至少占 8 位,如果位数不足,则用 0 占位,长度超出 8 位则原样输出。

sprint( )函数与 printf( )函数类似,用于将变量转换为格式化的字符串,其基本格式为

```
$a = sprintf( "格式字符串", $var);
```

以下例子为格式化字符串函数的使用,代码如下。

```php
<?php
printf("%08b",65);
 echo'<br>';
printf("%08d",65);
 echo'<br>';
printf("%08o",65);
 echo'<br>';
printf("%08x",75);
 echo'<br>';
printf("%08X",75);
 echo'<br>';
printf("%c",65);
 echo'<br>';
printf("%.2e",65);
 echo'<br>';
printf("%.2E",65);
 echo'<br>';
printf("%.2e",0.006564536);
 echo'<br>';
   printf("%.2E",0.006564536);
 echo'<br>';
 printf("%.2g",0.006564536);
 echo'<br>';
 printf("%.2G",0.006564536);
 echo'<br>';
 printf("%.3f",0.006564536);
 echo'<br>';
 echo sprintf("%08b",15);
?>
```

运行结果如图 3 – 13 所示。

```
01000001
00000065
00000101
0000004b
0000004B
A
6.50e+1
6.50E+1
6.56e-3
6.56E-3
0.0066
0.0066
0.007
00001111
```

图 3 - 13　格式化字符串函数的使用

二、字符串处理函数

1. 字符串转换函数

前面学习了字符串格式化输入的方法,下面分别对字符串转换的函数进行介绍。

chr($ascii):将 ASCII 码转换为字符。

ord($str):返回字符中第 1 个字符的 ASCII 码。

ltrim($st):删除字符串开头的空格及特殊转义字符(" \O"" \t"" \n"和" \r")。

rtrim($str):删除字符串末尾的空格及特殊转义字符(" \O"" \t"" \n"和" \r")。

trim($st):删除字符串开头和末尾的空格及特殊转义字符(" \O"" \t"" \n"和" \r")。

strolower($st):将字符串中的字母全部转换为小写字母。

stroupper($t):将字符串中的字母全部转换为大写字母。

ucfirst($str):将字符串第 1 个字符转换为大写字母。

ucwords($str):将字符串中的每个单词的首字母转换为大写字母。

strrev($str):以相反的顺序返回字符串。

str_pad($ste, $pad_str, $pad_type):在 $sar 字符串开头或末尾用 $pad_str 中的字符串进行填充,使 $str 长度为 $len, $len 为负数、小于或等于 $str 长度,则不填充。 $pad_type 可以取值 STR_PAD_RIGHT(右侧填充)、STR_PAD_LEFT(左侧填充)或 STR_PAD_BOTH(两侧都填充),默认值为 STR_PAD_RIGHT。

number_format($number, $dec, $point, $sep):以千分位分隔方式格式化数字为字符串。参数可以是 1、2 或 4 个。 $number 为要转换的数字, $dec 指定要保留的小数位数, $point 指定小数点的替换显示字符, $sep 指定千分位分隔符。

md5($str,TRUE/FALSE):返回字符中 $str 的 MD5 散列值。第 2 个参数可省略,默认为 FALSE,表示返回 32 字符十六进制数组形式的散列值;第 2 个参数为 TRUE 时,返回 16 个字节长度的原始二进制形式的散列值。

字符串转换函数的使用代码如下。

```php
<?php
echo 'chr(65) =',chr(65);
echo '<br>ord("Abc") ='.ord("Abc")."#";
```

```
echo'<br>ltrim("Abc") ='.ltrim("Abc")."#";
echo'<br>rtrim(" Abc") ='.rtrim("Abc")."#";
echo'<br>trim(" Abc") ='.trim("Abc")."#";
echo'<br>strtolower("Abc") ='.strtolower("Abc");
echo'<br>strtoupper("Abc") ='.strtoupper("Abc");
echo'<br>ucfirst("php book") ='.ucfirst("php book");
echo'<br>ucwords("php book") ='.ucwords("php book");
echo'<br>strrev("php book") ='.strrev("php book");
echo'<br>str_pad("php",15,"*_*") ='.str_pad("php",15,"*_*");
echo'<br>str_pad("php",15,"*_*",STR_PAD_LEFT) =';
echo    str_pad("php",15,"*_*",STR_PAD_LEFT);
echo'<br>str_pad("php",15,"*_*",STR_PAD_BOTH) =';
echo    str_pad("php",15,"*_*",STR_PAD_BOTH);
echo'<br>number_format(12345.6789) ='.number_format(12345.6789);
echo'<br>number_format(12345.6789,2) ='.number_format(12345.6789,2);
echo'<br>number_format(12345.6789.2,"@",";") =';
echo number_format(12345.6789,2,"@",";");
echo'<br>md5("php book") ='.md5("php book");
echo'<br>md5("php book",true) ='.md5("php book",true);
?>
```

代码在 IE 中的显示结果如图 3 - 14 所示。

```
chr(65)=A
ord("Abc")=65#
ltrim("Abc")=Abc #
rtrim(" Abc ")= Abc#
trim(" Abc ")=Abc#
strtolower("Abc")=abc
strtoupper("Abc")=ABC
ucfirst("php book")=Php book
ucwords("php book")=Php Book
strrev("php book")=koob php
str_pad("php",15,"*_*")= php*_** _** _** _*
str_pad("php",15,"*_*",STR_PAD_LEFT)= *_** _** _*php
str_pad("php",15,"*_*",STR_PAD_BOTH)= *_**_*php*_*_*
number_format(12345.6789)= 12,346
number_format(12345.6789,2)= 12,345.68
number_format(12345.6789.2,"@", ";")=12;345@68
md5("php book")=dda77871e7ac05ac42d3fdd7555a1c27
md5("php book",true)=♀xq◆◆◆B◆◆◆UZ◆'
```

图 3 - 14 字符串转换函数的使用

2. 与 HTML 有关的字符串函数

下面分别对 PHP 中常用的与 HTML 有关的字符串处理函数进行介绍。

（1）nl2br($atr)：将字符串中的换行转义符"\n"转换为 HTML 标记
。

（2）htmlspecialchars($str)：将字符串中的 HTML 特殊符号转换为 HTML 实体，从而在浏览器中显示 HTML 标记。HTML 特殊符号分别如下：

&:转换为"&amp";

":双引号转换为"&quot";

':单引号转换为"&#039";

<:转换为"&lt";

>:转换为"&gt"。

(3)strip_tags($str"保留标记"):删除字符串中的 HTML 和 PHP 标记。

下面的例子是 HTML 有关的字符串函数的使用,代码如下。

```php
<?php
$a = "php book \nc ++ book";
echo $a;
echo '<br>'.nl2br($a);
$b ='<p>PHP 教程</p><? php echo"PHP echo 输出";?><a href = "#">超级链接</a>';
echo '<br>'.$b;
echo '<br>';
echo htmlspecialchars($b);
echo '<br>'.strip_tags($b);
echo '<br>'.strip_tags($b,"<a>");
?>
```

代码在 IE 中的显示结果如图 3 - 15 所示。

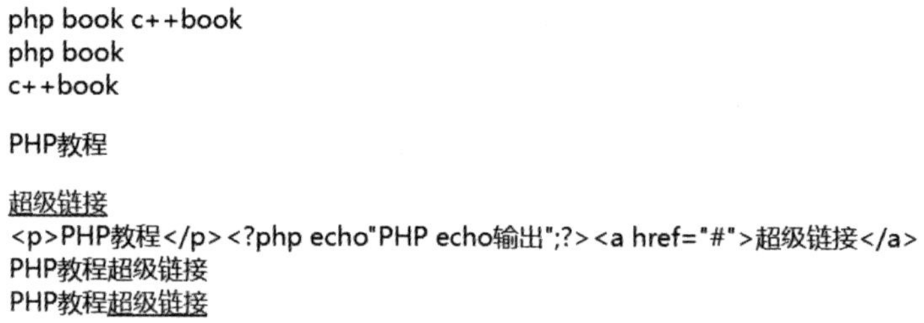

php book c++book
php book
c++book

PHP教程

超级链接
<p>PHP教程</p><?php echo"PHP echo输出";?><a href="#">超级链接</a>
PHP教程超级链接
PHP教程超级链接

图 3 - 15 HTML 有关的字符串函数的使用

3. 其他常用字符串函数

前面已对字符中的函数进行了了解,下面分别对其他常用字符串函数进行介绍。

(1)strlen($str):返回字符串长度。空字符长度为 0。

(2)substr($str, $start, $len):从字符串 $str 中的 $start 位置开始取 $len 个字符。$start 为正数表示从字符串的第 $start + 1 个字符开始取, $start 为负数表示从字符串的倒数第 | $start|(绝对值)个字符开始取。$len 若省略,则取字符串末尾。$len 为正数时,从指定位置开始取 $len 个字符。$len 为负数时,从指定位置开始取到字符串倒数第| $len| +1 个字符。

(3)explode($sep, $str, $n):用 $sep 中指定的字符将字符用 $str 分解为字符串数组。返回的数组中最多包含 $n 个元素。$n 可省略。

(4)strtok($str, $tok):用 $tok 中包含的标记将字符串分解为多个子字符串,并返回第 1 个子字符串。再次调用时,strtok($tok)可获得第 2 个子字符串,依此类推。要使用新的分限符分解字符串,可再次调用 strtok($str, $tok)。若 $tok 中包含多个字符,其中的每个字符均作为字符串分解符。

(5)str_replace($a, $b, $str):将字符串 $str 中包含的字符串 $a 用字符串 $b 替换。

其他常用字符串函数的使用代码如下。

```php
<?php
    $a = "php book \nc ++ book";
    echo '$a = "'.$a.'" <br> $a 长度为:'.strlen($a);
    echo '<br > substr($a,2,5)得到:'.substr($a,2,5);
    echo '<br > explode($a,"b")得到:';
    print_r(explode("", $a));
    echo '<br > str_replacc("book","story", $a)得到:';
    print_r(str_replace("book","story", $a));
    echo '<br > strtok($a." \n")得到:'.strtok($a," \n");
    echo '<br > strtok(" \n")得到:'.strtok(" \n");
    echo '<br > strtok($a," \n")得到:'.strtok($a," \n");
    echo '<br > strtok(" \n")得到:'.strtok(" \n");
?>
```

本例运行效果如图 3 – 16 所示。

$a="php book c++book"
$a长度为:17
substr($a,2,5)得到: p boo
explode($a,"b")得到: Array ([0] => php [1] => book [2] => c++book)
str_replacc("book","story",$a)得到:php story c++story
strtok($a."\n")得到: php book
strtok("\n")得到: c++book
strtok($a,"\n")得到: php book
strtok("\n")得到: c++book

图 3 – 16　其他常用字符串函数的使用

项目实现　输出随机数排列数据

设计思路

(1)每个产生随机数可使用函数 rand(1,1000)。

(2)产生的随机数用一个 5 行 5 列的数组保存。可先创建一个一维数组,其每个元素保存一个只有一个元素的数组。然后通过赋值扩展第二维。

(3)在输出矩阵时,因为数字位数不统一。为了对齐,可将数转换为字符串,然后用 str_pad()函数填充空格。连续空格在浏览器只显示一个,所以应将空格处理为 HTML 实体" "。str_replace()函数可将字符串中的空格替换为" "。

(4)在找"在行中最小,在列中最大"的数时,可先找出在一行中最小的数,再进一步判断其是否为该列中最大。

程序代码如下。

```php
<?php
$a = array();//array of columns
for($i = 0; $i < 5; $i ++){
    $a[$i] = array();//array of cells for column $c
    for($j = 0; $j < 5; $j ++){
      $a[$i][$j] = rand(1,1000);
    }
}
//输出矩阵
  for($i = 0; $i < 5; $i ++)
     {
    for($j = 0; $j < 5; $j ++)
        {
            $b = "".$a[$i][$j];//转换为字符串
            $b = str_pad($b,7,"");//用空格填充字符串,使字符串最多5个字符
            $b = str_replace("","  ", $b);//将字符串中的空格转换为 HTML 实体
            echo $b;
        }
     echo'< br >';//每行输出完便换行
}
//找出在行中最小,在列中最大的数
$have = "";//保存找到的数组元素
for($i = 0; $i < 5; $i ++)
{
$r = $i;//保存满足条件的数的行号
$c = 0;//保存满足条件的数的列号
$find = false;
for($j = 0; $j < 5; $j ++)//找本行中的最小值
if($a[$r][$c] > $a[$i][$j])
{
    $r = $i;
    $c = $j;
}
for($j = 0; $j < 5; $j ++)//判断 $a[$r][$c]是否为本列中的最大值
if($j <> $r and $a[$r][$c] < $a[$j][$c])
      break;
if($j ==5) $have = $have."\$a[$r][$c] = ".$a[$r][$c].'< br >';
}
if($have == "")
    echo '矩阵中没有在行中最小,在列中最大的数';
else
echo '矩阵中在行中最小,在列中最大的数如下: < br >'.$have;
?>
```

运行程序,结果如图 3 - 17 所示。

```
298   433   674   855   851
347   899   594   773   182
940   713   476   766   916
391   335   202   190   116
45    388   926   342   987
矩阵中没有在行中最小,在列中最大的数
```

图 3 - 17   输出结果

巩固练习

1. 选择题

(1)关于赋值语句"$4[ ] =5",下列说法正确的是(   )。

A. 当前元素值被修改为 5

B. 创建一个有 5 个元素的数组

C. 将数组最后一个元素的值修改为 5

D. 在数组末尾添加一个数组元素,其值为 5

(2)要得到字符串中字符的个数,可使用(   )函数。

A. strlen( )   B. count( )   C. len( )   D. str_count( )

(3)执行下面的代码后,输出结果为(   )。

```
$x = array(array(1,2),array("ab","cd"));
echo count($x,1);
```

A. 2   B. 4   C. 6   D. 8

(4)执行下面的代码后,输出结果为(   )。

```
$x = array(1,2,3,4);
echo array_pop($x);
```

A. 1   B. 2   C. 3   D. 4

(5)substr("abedef",2,2)函数返回值为(   )。

A. "ab"   B. "bc"   C. "cd"   D. "de"

2. 编程题

(1)将字符串"This isa PHP programming book"中的单词按从小到大的顺序排列。

(2)随机产生 200 个小写英文字母,统计每个字母出现的次数。

(3)随机产生 10 个 100 以内互不相同的正整数,按照从小到大的顺序输出。

项目四

购物车系统——PHP与
Web页面交互

知识目标:

- 了解表单数据提交的两种方式
- 了解获取表单数据的全局变量
- 了解表单及表单控件的创建方法

技能目标:

- 掌握 PHP 表单数据的提交方法
- 掌握 PHP 表单及表单控件的创建方法
- 掌握 PHP 获取表单数据的全局变量的应用
- 掌握 PHP 文件上传处理过程
- 实现一个购物车系统

素质目标:

- 通过 PHP 与 Web 页面交互的学习,树立 Web 前端开发岗位职业道德
- 通过 PHP 与 Web 页面交互的学习,培养学生追求卓越的精神和刻苦务实的工作态度
- 具有理论联系实际、实事求是的工作作风

项目描述

软件公司在节假日通常会给员工发一些福利,比如一些饮料、米、面、油等,每位员工的选择也会有所不同。以前会采用纸质的方式对每位员工进行统计,这样不仅费时费力,效率低,而且出错率高。公司网站现在需要开发一个购物车系统,通过系统可以统计每位员工的福利名称以及数量,还有员工配送地址,这样不仅方便、高效,还能实现福利的多样化需求,满足员工需求,提高员工对公司的满意度。小张所在的项目组在了解 PHP 与 Web 页面的交互后,认为实现一个购物车系统可行。

项目分析

了解项目基本内容后,小张所在的项目组对项目进行了实施规划。本项目首先认识表单数据的两种提交方式:GET 和 POST,以及两种提交方式的区别,了解两种提交方式对应的全局变量 $_GET[ ] 和 $_POST[ ] 的使用,掌握表单的创建,并掌握表单数据的提交,以及表单中文件上传的处理过程,最后实现一个购物车系统。

任务一　表单数据的提交方式

PHP 与 Web 页面交互式学习是 PHP 语言编程的基础。PHP 中提供了两种与 Web 页面交互的方法：一种是通过 Web 表单提交数据，另一种是通过 URL 参数传递。本任务详细介绍 PHP 与 Web 页面交互的相关知识，为学习 PHP 语言编程打下基础。

客户端浏览器的数据通常使用 GET 方式和 POST 方式提交到服务器，下面分别对这两种操作方法进行介绍。

一、GET 方法提交表单

GET 方法指直接在 URL 中提供上传数据或者通过表单采用 GET 方法上传。对于使用 GET 方法上传的数据，用户可以在浏览器地址栏中看到，所以，涉及用户名、密码等私密数据时，使用 GET 方式并不合适。将表单的 method 属性设置为 get 时，表单各个数据也将附加到 URL 中上传。

直接在 URL 中上传数据的基本格式如下。

```
URL?参数名 1 = 参数值 1&参数名 2 = 参数值 2&......
```

URL 之后用问号给出"参数名/参数值"，等号前后分别为参数名和参数值。"参数名/参数值"值之间用"&"符号分隔。可以同时上传多个参数，URL 加参数的总长度受浏览器限制。例如 http://localhost/chapter7/testl.php? name = admin&password = 123&sub = % E6% 8F% 90% E4% BA% A4，也可以在浏览器地址栏中直接输入该 URL，或作为超级链接目标地址，均可将其提交给服务器。表单 GET 提交可允许用户在网页中输入数据提交，POST 表单基本格式如下。

```
<!DOCTYPE html >
<html >
    <head >
        <meta charset = "UTF - 8" >
        <title ></title >
    </head >
<body >
        <form action = "test.php" method = "get" >
                用户名:<input type = "text" name = "name" value = "" size = "
10"/><br >
                密码:< input type = "password" name = "password" value = ""
size = "10"/><br >
        <input type = "submit" value = "提交" name = "sub"/>
        <input type = "reset" value = "重置" name = "res"/>
        </form >
</body >
</html >
```

表单中各个控件的 name 属性值将作为上传的参数名,用户输入的数据作为参数值。在用户名文本框中输入"admin",在密码框中输入"123",该表单在 IE 浏览器中的显示结果如图 4 – 1 所示。

图 4 – 1　用户登录表单

二、POST 方法提交表单

将表单的 method 属性设置为 post 时,浏览器采用 POST 方法向服务器提交数据。表单数据和 URL 中的相同,仍为"参数名/参数值",参数之间用"&"符号分隔。POST 方式下,表单数据对用户不可见,也不会出现在 URL 中,数据封装在 POST 请求的 HTTP 消息主题之中。

POST 表单基本格式如下。

```
<!DOCTYPE html >
<html >
    <head >
        <meta charset = "UTF - 8" >
        <title ></title >
    </head >
<body >
        <form action = "test1.php" method = "post" >
                用户名:<input type = "text" name = "name" value = "" size = "
10"/><br >
                密码:<input type = "password" name = "password" value = ""
size = "10"/><br >
        <input type = "submit" value = "提交" name = "sub"/>
        <input type = "reset" value = "重置" name = "res"/>
        </form >
</body >
</html >
```

提示:可使用 GET 和 POST 方法提交数据。在表单的 action 属性请求的 URL 中包含参数,如 action = "test1. php? name = admin&password = 123"。

三、POST 方法与 GET 方法的区别

GET 方法是在访问 URL 时使用浏览器地址栏传递值,另外,GET 方法不支持 ASCII 字符之外的任何字符。POST 方法发送变量数据时,对任何人都是不可见的(不会显示在浏览器的地址栏),安全性要好得多,而且使用 POST 方法向 Web 服务器发送数据的大小不受限制,同

时,相对于_GET 方式安全性略高。

提示:默认情况下,POST 方法发送信息的量最大值为 8 MB(可通过设置 php. ini 文件中的 post_max_size 进行更改)。

任务二　应用全局变量获取表单数据

一、$_GET[ ]全局变量

GET 方法提交的数据通常保存在 PHP 的全局变量 $_GET[ ]中,每个参数名和参数值对应一个数组元素,参数名作为数组元素下标,参数值对应数组元素值。用 $_GET['参数名']即可获得参数值。test. php 用于接收数据,代码如下。

```php
<?php
    echo '$_GET 数据:';
    echo" <br>". $_GET["name"];
    echo" <br>". $_GET["password"];
?>
```

单击“提交”按钮提交,生成的 URL 和前面的例子相同,test. php 处理结果如图 4 – 2 所示。

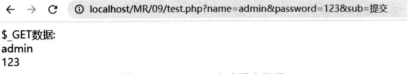

图 4 – 2　$_GET 方式提交数据

二、$_POST[ ]全局变量

POST 方式提交的数据保存在 PHP 全局变量 $_POST[ ]中,每个参数名和参数值对应一个数组元素,参数名作为数组元素下标,参数值对应数组元素值。用 $_POST['参数名']即可获得参数值。在用户名文本框中输入“admin”,在密码框中输入“123”,该表单在 IE 浏览器中的显示结果如图 4 – 3 所示。

图 4 – 3　$_POST 方式提交数据

三、$_REQUEST[ ]全局变量

全局变量 $_REQUEST 默认情况下包含了 $_GET[ ]、$_POST[ ]和 $_COOKIE[ ](后面的

任务会介绍）之中的数据。不管是用 GET 还是 POST,两种方式提交的参数均可用 $_REQUEST["参数"]获得参数值。$_REQUEST["参数"]具有 $_POST["参数"]与 $_GET["参数"]的功能,只不过 $_REQUEST["参数"]会比较慢。

提示:PHP 可以应用 $_POST[ ]或 $_GET[ ]全局变量来获取表单元素的值。但值得注意的是,获取的表单元素名称区分字母大小写。如果在编写 Web 程序时忽略字母大小写,那么在程序运行时将获取不到表单元素的值或弹出错误提示信息。

任务三 使用 Form 表单

Form 表单是通过各种表单控件与用户交互、接收数据。Web 表单的功能是让浏览者和网站互动,Web 表单主要用来在网页中发送数据到服务器,通常在网页上进行注册信息时就需要使用表单,在表单上填写信息,然后执行提交操作,将表单中的数据从客户端(浏览器)传送到服务器端,在服务器端经过 PHP 程序进行处理后,再将提交的信息传递到客户端(浏览器),从而获得用户信息,实现 PHP 与 Web 表单进行页面交互。下面对表单的相关知识进行介绍。

一、创建表单

创建表单需要使用 < form > 标签,在 < form ></form > 标记之间插入表单控件,就可以创建一个表单,表单结构如下。

```
< form name = "form_name" method = "post" action = "" enctype = "value" target =
"target_win" id = "id" >
    …
< /form >
```

< form >控件属性见表 4 – 1,target 属性值见表 4 – 2。

表 4 – 1　< form >控件属性

< form >控件属性	说明
name	表单的名称
method	设置表单的提交方式,GET 或者 POST 方法
action	指向处理该表单页面的 URL(相对地址或者绝对地址)如果为空,表示在当前页面处理
enctype	设置表单内容的编码方式
target	设置返回信息的显示方式
id	表单的 ID 号

表 4-2 target 属性值

属性值	说明
_blank	将返回信息显示在新窗口中
_parent	将返回信息显示在父级窗口中
_self	将返回信息显示在当前窗口中
_top	将返回信息显示在顶级窗口中

例如,创建一个表单,以 POST 方式提交到数据处理页 check_ok. php,则表单可以这样表示:

```
< form name = "form_name" method = "post" action = "check_ok.php" >
…
</form >
```

提示:使用 < form > 表单时,必须指定表单的 action 属性,它是指定表单提交数据的处理页。GET 方法是将表单内容附加在 URL 地址后面;POST 方法是将表单中的信息作为一个数据块发送到服务器上的处理程序中,在浏览器的地址栏不显示提交的信息。method 属性默认为 GET 方法。

二、表单控件

以下将简单介绍各种表单控件,包括 Text 文本框、Pasword 密码输入框、Hidden 隐藏控件、TextArea 文本域等。

(1)Text 文本框接收用户输入,其常用属性有 type、name、value 和 size 等。例如:

```
< inputtype = "text"name = "data3"value = ""size = "10"/>
```

(2)Password 密码输入框与文本框类似,区别在于密码文本框的输入被隐藏,用"★"代替显示。使用示例如下:

```
< inputtype = "password"name = "password"value = "123"size = "10"/>
```

(3)Hidden 隐藏控件不会在浏览器中,它用于向服务器提交隐藏的数据。例如:

```
< inputtype = "hidden"name = "chile"value = "noorder"/>
```

(4)TextArea 文本域也称多行文本框,其 rows 属性设置显示的行数,cols 设置显示的列数。例如:

```
textareaname = "brief"rows = "5"cols = "20" >初始值</textarea >
```

(5)Radio 单选按钮用于从多个选项中选择一个。通常 name 属性相同的单选按钮组成一个组,一组中的多个选项只能选择一个,选中后该单选项的值被提交。checked 属性设置为"checked"的选项默认选中。例如:

```
< inputtype = "radio"name = "sex"value = "男" checked = "checked" />
< inputtype = "radio"name = "sex"value = "女" />
```

(6) CheckBox 复选框用于实现多选。被选中的复选框的值被提交,未选中的被忽略。

```
< input type = "checkbox"namne = "book"value = "读书" />
< input type = "checkbox"name = "ball" value = "篮球" checked = "checked" >
```

(7) Select 下拉列表包含组选项,选中项的值被上传。默认情况下,该下拉列表各个选项的 value 属性值即为显示的值。如果需要提交与显示不同的值,可在 value 属性中设置。使用示例如下。

```
< select name = "work" >
< option value = "C ++ " >C ++ 程序员 < /option >
< option >PHP 程序员 < /option >
< option >教师 < /option >
< option >摄影师 < /option >
< /sclect >
```

第 1 个选项显示的值为"C ++ 程序员",提交的值为"C ++ "。

(8) Button 按钮通常用于在 onclick 事件中调用客户端脚本中定义的函数。该按钮的值不会被提交。例如:

```
< inputtype = "button"value = "检查数据" name = "checkdata"onclick = "docheck()"  />
```

(9) Hidden 隐藏控件不会在浏览器中,它用于向服务器提交隐藏的数据。例如:

```
< inputtype = "hidden"name = "check"value = "noorder"  />
```

(10) Submit 提交按钮可将表单数据提交给表单 action 属性指定的 URL。若设置了 name 属性,则其 value 值也会提交。若不想提交 value 值,只需不设置 name 属性即可。例如:

```
< inputtype = "submit"value = "提交" />
```

(11) Reset 重置按钮用于将表单中各个控件恢复到初始状态。例如:

```
< inputtype = "reset"value = "重置" />
```

提示:大多数表单控件都有 name 和 value 属性。在对应的全局数组($_GET[ ]、$_POST[ ] 和 $_REQUEST[ ])中,name 属性值作为数组元素值,value 属性值作为元素值。如果未设置 name 属性,控件值不会被提交。

三、使用数组提交表单数据

在一个网页中,如果不知道某个表单的具体个数,比如复选框控件,选择时并不能确定要选择哪几项,这时就需要使用数组的命名方式来解决这个问题。使用数组的命名方式就是在表单控件的 name 属性值后面加上方括号"[ ]",当提交表单数据时,相同 name 属性的表单元素就会以数组的方式向 Web 服务器提交多个数据。

以下例子就是对表单中的多个复选框和多个文件域使用数组的方式命名,代码如下。

```html
<!DOCTYPE html>
<html>
    <head>
        <meta charset="UTF-8">
        <title></title>
    </head>
    <body>
        <form name="myform" method="post" action="">
            <input name="interest[]" type="checkbox" value="sports">体育
            <input name="interest[]" type="checkbox" value="music">音乐
            <input name="interest[]" type="checkbox" value="read">阅读
            <input name="interest[]" type="checkbox" value="film">影视</br>
            <input name="fil[]" type="file"></br>
            <input name="fil[]" type="file"></br>
            <input name="fil[]" type="file">
        </from>
    </body>
</html>
```

表单运行结果如图 4-4 所示。

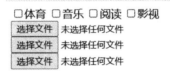

图 4-4　表单运行结果

四、表单设计与综合应用

表单控件综合实例通过设计一个用户注册页面综合实例来说明表单控件的使用。

综合使用表单控件设计用户注册页面 form. html,代码如下。

```html
<!DOCTYPE html>
<html>
    <head>
        <meta charset="UTF-8">
        <title>注册表单</title>
    </head>
```

```
<style type = "text/css">
<!--
body,td,th {
    font - size:12px;
    padding:5px;
}
-->
</style>
</head>


<body>
<form id = "form1" name = "form1" method = "post" action = "post.php">
    <table width = "503" border = "0" align = "center" cellspacing = "1" bgcolor = "#BBBBBB">
        <tr>
        <td height = "46" colspan = "2" bgcolor = "#DDDDDD"><font color = "#333333" size = " +2">请输入你的个人信息</font></td>
        </tr>
        <tr>
        <td width = "82" height = "20" align = "right" bgcolor = "#DDDDDD">姓名:</td>
        <td width = "414" height = "20" bgcolor = "#DDDDDD"><input type = "text" name = "name" /></td>
        </tr>
        <tr>
        <td height = "20" align = "right" bgcolor = "#DDDDDD">性别:</td>
        <td height = "20" bgcolor = "#DDDDDD"><input type = "radio" name = "sex" value = "男" />男
          <input type = "radio" name = "sex" value = "女" />女</td>
        </tr>
        <tr>
        <td height = "20" align = "right" bgcolor = "#DDDDDD">出生年月:</td>
        <td height = "20" bgcolor = "#DDDDDD"><select name = "year">
            <option value = "1988">1988</option>
            <option value = "1989">1989</option>
            <option value = "1999">1999</option>
            <option value = "2000">2000</option>
            <option value = "2001">2001</option>
            <option value = "2002">2002</option>
```

```
      </select >
        < select name = "month" >
           < option value = "1 月" >1 月 </option >
           < option value = "2 月" >2 月 </option >

        </select >< /td >
      </tr >
      <tr >
        <td height = "20" align = "right" bgcolor = "#DDDDDD" >爱好: </td >
        <td height = "20" bgcolor = "#DDDDDD" >< input type = "checkbox" name = "
interest[ ]" value = "看电影" />看电影
        < input type = "checkbox" name = "interest[ ]" value = "听音乐" />听音乐
        < input type = "checkbox" name = "interest[ ]" value = "演奏乐器" />演奏乐器
        < input type = "checkbox" name = "interest[ ]" value = "打篮球" />打篮球
        < input type = "checkbox" name = "interest[ ]" value = "看书" />看书
        < input type = "checkbox" name = "interest[ ]" value = "上网" />上网 < /td >
      </tr >
      <tr >
        <td height = "20" align = "right" bgcolor = "#DDDDDD" >地址: </td >
        <td height = "20" bgcolor = "#DDDDDD" >< input type = "text" name = "
address" />< /td >
      </tr >
      <tr >
        <td height = "20" align = "right" bgcolor = "#DDDDDD" >电话: </td >
        <td height = "20" bgcolor = "#DDDDDD" >< input type = "text" name = "tel" />
< /td >
      </tr >
      <tr >
        <td height = "20" align = "right" bgcolor = "#DDDDDD" >qq: </td >
        <td height = "20" bgcolor = "#DDDDDD" >< input type = "text" name = "qq" />
< /td >
      </tr >
      <tr >
        <td align = "right" valign = "top" bgcolor = "#DDDDDD" >自我评价: </td >
        <td bgcolor = "#DDDDDD" >< textarea name = "comment" cols = "30" rows = "5"
>< /textarea >< /td >
      </tr >
      <tr >
        <td bgcolor = "#DDDDDD" >  < /td >
```

```
    < td bgcolor = "#DDDDDD" >< input type = "submit" name = "Submit" value = "提
交" />
        < input type = "reset" name = "Submit2" value = "重置" />< /td >
    < /tr >
  < /table >
< /form >
< /body >
< /html >
```

表单效果如图 4 - 5 所示。

图 4 - 5　用户注册表单

本例中,表单处理为脚本文件 post. php。在页面中提交数据后,页面下方显示输入的数据,提交后运行效果如图 4 - 6 所示。post. php 代码如下。

```
< !DOCTYPE html >
    < head >
    < meta charset = "UTF - 8" >
    < title >输出个人信息 < /title >
< style type = "text/css" >
< ! --
body,td,th {
    font - size:12px;
    padding:5px;
}

-->
< /style >
```

```
</head>

<body>
<table width = "501" border = "0" align = "center" cellspacing = "1" bgcolor = "#
BBBBBB" >
    <tr>
        <td height = "43" colspan = "2" bgcolor = "#DDDDDD" ><font color = "#333333"
size = " +2" >您输入的个人资料信息</font></td>
    </tr>
    <tr>
        <td width = "104" height = "20" align = "right" bgcolor = "#DDDDDD" >姓名:</td>
        <td width = "390" height = "20" bgcolor = "#DDDDDD" ><? php echo $_POST
['name'];?></td>
    </tr>
    <tr>
        <td height = "20" align = "right" bgcolor = "#DDDDDD" >性别:</td>
        <td height = "20" bgcolor = "#DDDDDD" ><? php echo $_POST['sex'];?></td>
    </tr>
    <tr>
        <td height = "20" align = "right" bgcolor = "#DDDDDD" >出生年月:</td>
        <td height = "20" bgcolor = "#DDDDDD" ><? php echo $_POST['year']."年".$_
POST['month'];?></td>
    </tr>
    <tr>
        <td height = "20" align = "right" bgcolor = "#DDDDDD" >爱好:</td>
        <td height = "20" bgcolor = "#DDDDDD" >
        <?php
            for($i = 0; $i < count($_POST['interest']); $i ++){
                echo $_POST['interest'][$i]." ";
            }
        ?></td>
    </tr>
    <tr>
        <td height = "20" align = "right" bgcolor = "#DDDDDD" >地址:</td>
        <td height = "20" bgcolor = "#DDDDDD" ><? php echo $_POST['address'];?></td>
    </tr>
    <tr>
        <td height = "20" align = "right" bgcolor = "#DDDDDD" >电话:</td>
        <td height = "20" bgcolor = "#DDDDDD" ><? php echo $_POST['tel'];?></td>
```

```
    </tr>
    <tr>
       <td height = "20" align = "right" bgcolor = "#DDDDDD" >qq: </td >
       <td height = "20" bgcolor = "#DDDDDD" ><? php echo $_POST['qq'];?></td >
    </tr>
    <tr>
       <td height = "96" align = "right" valign = "top" bgcolor = "#DDDDDD" >自我评
价: </td >
       <td height = "96" bgcolor = "#DDDDDD" valign = "top" ><? php echo $_POST
['comment'];? ></td >
    </tr>
  </table>
  </body>
  </html>
```

图 4 - 6　用户注册数据提交页面

任务四　文件上传

一、文件上传设置

　　文件上传主要涉及文件上传设置、编写文件上传表单、编写 PHP 上传处理脚本等操作。要保证上传成功,首先要进行正确的设置,包括表单字符编码方式设置、客户端文件大小设置和 php. ini 中的有关文件上传设置。下面分别进行介绍。

　　1. 表单字符编码方式设置

　　在文件上传客户端表单后,应将表单编码方式设置为 mulitpart/from - data,否则无法上传

文件,例如:

```
< form enctype = "multipart/form - data" …>
```

2. 客户端文件大小设置

在文件上传客户表单后,通常添加一个隐藏字段来设置文件大小限制。例如:

```
< input type = "hidden" name = "MAX_FILE_SIZE" value = "83886080"
```

超过大小限制的文件将不会被上传。

3. php. ini 中的有关文件上传设置

在 PHP 配置文件 php. ini 中,应正确设置对应的选项,下面对这些选项分别进行介绍。

(1)upload_max_filesize:上传文件最大值,默认为 2 MB。客户端设置的 MAX_FILE_SIZE 值不能超过该值。

(2)post_max_size:允许客户端 POST 请求发送的最大数据量。

(3)max_input_time:脚本接收输入的最大时间,包括文件上传。默认值为 60 s。

(4)file_upload = On:开启文件上传,若设置为 Off,则禁止上传文件。

(5)upload_tmp_dir:设置临时保存上传文件的目录,默认为操作系统临时目录。

(6)max_file_uploads:允许同时上传的最大文件数,默认为 20。

二、文件上传表单

典型的文件上传表单如下:

```
< form enctype = "multipart/form - data" action = "getUpload.php" method = "POST" >
    < input type = "hidden" name = "MAX_FILE_SIZE" value = "8388608" >
上传文件: < inputname = "myfile"type = - "file"/>
< input type = "submit" value = "上传" >
< /form >
```

表单的 action 属性中指定用于处理上传文件的 PHP 脚本。文件选择输入字段" < input name = "myfle" type = "file"/ > "的 name 属性值"myfile"将被 PHP 使用。

三、文件上传处理

通过客户端表单上传的文件保存在 PHP 临时目录的临时文件中,临时文件扩展名为 . tmp。临时文件在表单处理脚本(action 属性中指定)执行期间存在,表单处理结束,临时文件将被自动删除。所以,通常将临时文件名修改为上传文件的原始名称,以保存上传的文件。PHP 会在全局数组 \$_FILES 中创建一个数组元素(\$_FILEST['myfle']),以保存上传文件的信息数组。 \$_FILES['myfile']数组包含下列元素。

[name] => :上传文件的文件名。

[type] => :文件的类型,如 text/plain、image/jpeg 等。

[tmp_name] => :上传文件的临时文件名。

[error] => :错误信息代码。错误代码为 0 表示未发生错误,文件上传操作完成;1 表示文件超过了 php. ini 中的 upload_max_filesize 设置;2 表示文件超过了表单中的 MAX_FILE_SIZE 设置;3 表示文件部分上传;4 表示文件没有上传;6 表示没有找到临时文件夹;7 表示文件写入失败。

[size] => :上传文件的大小。在脚本中,通常可使用 rename( ) 函数,或者 move_uploaded_fie( ) 函数来修改临时文件名称。

提示:默认情况下,rename( ) 和 move_uploaded_file( ) 会覆盖同名的文件,所以使用前应检测是否已存在同名文件,并将其避免覆盖原有文件。本项目综合实例中介绍了如何重命名上传文件。

以下例子实现文件上传,表单代码如下。

```html
<html >
<head >
<title >上传文件</title >
<meta charset = "UTF - 8" >
<meta name = "viewport" content = "width = devie - width,initial - scale1.0" >
</head >
<body >
<! -- 必须指明 enctype = "multipart/form - data",否则无法上传 -->
< form entype == "multipart/form - data" action = "getUpload.php" method = "POST" >
<! -- 必须包含隐藏字段 MAX_FILE_SIZE 8M -->
< input type = "hidden" name = "MAX_FILE_SIZE" value = "83886808"/>
<! -- 字段名 myfile 将作为 PHP 全局数组 $_FILES 下标,保存上传文件信息数组 -->
上传文件: < input type = "file" name = "upfile"/>
       < input type = "submit" value = "上传"/>
</form >
</body >
</html >
```

运行结果如图 4 - 7 所示。

上传文件: 选择文件 未选择任何文件

图 4 - 7 文件上传页面

getUpload. php 为上传文件处理脚本,代码如下。

```php
<?php
    if(!empty($_FILES['upfile']['name']))
    {
        $fileinfo = $_FILES['upfile'];
        if($fileinfo['size'] < 2097152 && $fileinfo['size'] > 0){
            $path = "upfile/".$_FILES["upfile"]["name"];
```

```
                move_uploaded_file($fileinfo['tmp_name'], $path);
                echo"文件上传成功";
        }else{
                echo'文件上传失败';
        }
    }
? >
```

实现文件上传的显示结果如图 4 - 8 所示,同时,upload 文件目录新增上传文件。

文件上传成功
图 4 - 8　文件上传成功界面

提示:在上传文件名为中文的文件时,由于 PHP 默认为 UTF - 8 编码,所以会出现乱码。此时可使用 iconv('UTF -','gb2312', $uploadfile) 转换中文文件名的编码为 gb2312,即可正确显示中文。

项目实现　购物车系统

项目思路

本项目使用 PHP 实现一个购物车系统,在页面 index. php 中显示商品列表,每个商品列表后面购物车栏有一个" + "按钮,单击" + "按钮,可以向"我的购物车"中添加一个商品。在商品列表后面有一个"我的购物车"超链接,单击该超链接可以进入购物车页(cart. php),如图 4 - 9所示。

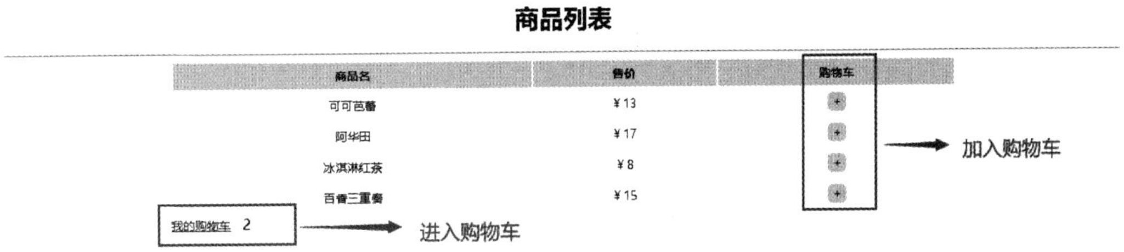

图 4 - 9　商品列表页面

单击 index. php 商品列表页面的"我的购物车"超链接,进入"购物车"页面(cart. php),如图 4 - 10 所示。在"购物车"页面中可以更改购买数量,单击"结算"按钮,请求 updCart. php 计算购物车内的商品总价,进入"确认订单"页面(order. php)。

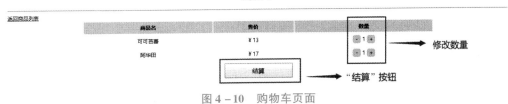

图 4 - 10　购物车页面

在"确认订单"页面(order.php)中,显示各商品的单价和数量,以及商品总量和总价,如图 4-11 所示。在地址输入框中填写订单地址,单击"提交"按钮,进入"订单"页面(done.php),如图 4-12 所示。

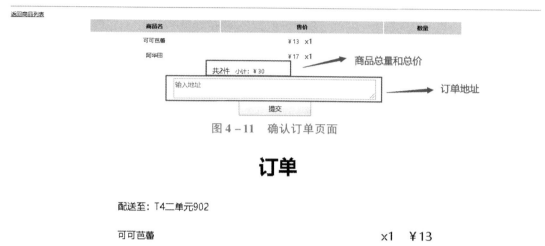

图 4-11 确认订单页面

订单

配送至:T4二单元902

可可芭蕾   ×1   ¥13

阿华田   ×1   ¥17

共2件

合计:¥30

图 4-12 订单页面

在"订单"页面(done.php)中,显示地址信息和所购买的商品信息。

根据上述描述,首先创建项目 shopping_cart,然后进行文件设计。本项目文件设计见表 4-3。

表 4-3 项目文件设计列表

类型	文件	说明
php 文件	index.php	商品列表页面
	cart.php	购物车页面
	order.php	确认订单页面
	done.php	订单页面
	addCart.php	添加购物车请求处理文件
	updCart.php	修改购物车请求处理文件
css 文件	style.css	全部样式

在商品列表页面(index.php),单个商品包含 id、name、price 3 个字段,1 个商品列表使用 array 数组保存,多个商品列表使用二维数组保存。使用 foreach 遍历数组,将商品信息以表格

形式显示。单击"＋"按钮,进行加入购物车操作,使用 addCart. php 来获得超链接传递过来的商品信息,使用 empty() 判断 Session 变量是否为空,若为空,则执行以下操作。

将商品信息连同数量"num"存入数组 $order_item。将 $order_item 使用 array_push() 添加进购物车数组 $order。创建 Session 变量 $_SESSION['cart'],将 $order 存入 Session。若不为空,则再判断 Session 变量中是否已有该商品——没有就存入数组,已有就使该商品数量加 1。

单击"进入购物车"超链接,调用 header() 函数将页面跳转到购物车(cart. php)页面。获取 S_SESSION['cart']购物车信息,单击"－"按钮或"＋"按钮更改购物车内的商品数量,更新 $_SESSION['cart']。使用 array_column 返回 $order 中的"num"列,使用 array_sum 对"num"列中的所有值求和,得到购物车内的商品总量,存入变量 $_SESSION['num']中。计算购物车内的商品总价,存入变量 $_SESSION['sum']中。单击"结算"按钮,进入"确认订单"页面(order. php)。获取 $_SESSION['carf'],以列表形式显示购物车内的商品单价、数量、总量和总价。在地址输入框内填写地址后,单击"提交"按钮,进入订单页面(done. php)。使用 $_POST 获取表单提交的地址信息,显示在页面中。显示购物车内的商品单价、数量、总量和总价。项目设计流程如图 4－13 所示。

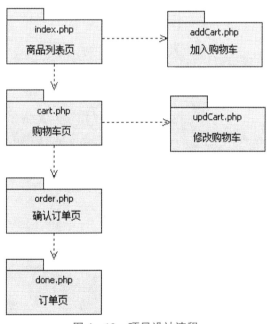

图 4－13　项目设计流程

步骤一:制作商品列表页面

创建 css/style. css 文件,style. css 文件的代码如下。

```
h1,p {
    text-align:center;
```

```
}

table {
    width:70% ;
    text - align:center;
    margin:0 auto;
}

th {
    background:#dddddd;
}

th,td {
    padding:5px;
}

div {
    width:70% ;
    margin:0 auto;
}

a.btn {
    display:inline - block;
    width:1.5em;
    height:1.5em;
    background:#dddddd;
    text - decoration:none;
    color:black;
    border - radius:5px;
}

input {
    width:150px;
    padding:5px 0;
}

span {
    font - size:14px;
    padding:0 8px;
```

```
}

ul{
    width:400px;
    margin:0 auto;
    padding:0;
    list - style:none;
}

li {
    line - height:35px;
}

li span {
    float:right;
}

.address,.address input {
    display:block;
    text - align:center;
    margin:0 auto;
}
```

创建商品列表页面(index. php),在页面头部定义商品列表信息,index. php 代码如下。

```php
<?php
//商品信息
$products = array(
    array("id" => "1" ,"name" => "可可芭蕾" ,"price" =>13.00),
    array("id" => "2" ,"name" => "阿华田" ,"price" =>17.00),
    array("id" => "3" ,"name" => "冰激凌红茶" ,"price" =>8.00),
    array("id" => "4" ,"name" => "百香三重奏" ,"price" =>15.00)
);
```

初始化 Session,统计购物车内的商品数量。

```php
session_start();//初始化 Session

$num = 0;
if(!empty($_SESSION['cart'])){
    $order = $_SESSION['cart'];
    $sum = array_sum(array_column($order,"num"));//统计购物车内的商品数量
}
?>
```

显示商品信息,以及购物车内的商品总量。

```
<!DOCTYPE html >
<html >
<head >
    <meta charset = "utf -8" >
    <link rel = "stylesheet" type = "text/css" href = "css/style.css" >
    <title >PHP 购物 </title >
</head >
<body >
    <div >
        <h1 >商品列表 </h1 >
        <hr >
        <table >
            <tr >
                <th >商品名 </th >
                <th >售价 </th >
                <th >购物车 </th >
            </tr >
            <!-- 遍历商品数组,显示商品信息 -->
            <?php foreach( $products as $key => $value):?>
            <tr >
                <td ><? php echo $value['name']? ></td >
                <!-- 商品名 -->
                <td > ¥ <?php echo $value['price']? ></td >
                <!-- 售价 -->
                <td ><a class = "btn" href = "addCart.php? upd = add&id =<?
php echo $value['id'];?> &name =<?php echo $value['name'];? >&price =<?php echo $
value['price'];?>" > + </a></td >
            </tr >
            <?php endforeach;?>
        </table >
        <!-- 显示购物车内的总商品数 -->
        <div >
            <a href = "cart.php? upd = cart" >我的购物车 </a ><span ><?php
echo $sum;? ></span >
        </div >
    </div >
</body >
</html >
```

步骤二:将商品加入购物车

创建 addCart. php 文件,实现商品添加功能。启动会话,从 $_GET 中获得商品的信息及操作码。

```php
<?php
session_start();              //初始化 Session
$id = $_GET['id'];            //获取商品 id
$name = $_GET['name'];              //获取商品名
$price = $_GET['price'];//获取商品单价
$upd = $_GET['upd'];              //获取操作码
```

操作码为 add 时,将商品加入购物车。判断 $_SESSION 中是否包含 cart 变量,若不包含,则将商品信息存入数组,创建 Session 变量。若 Session 存在,则判断购物车中是否已有该商品。

```php
if($upd == "add"){
    //Session 中 cart 变量不存在,直接存入数组
    if(empty($_SESSION['cart'])){
        $order = array();
        $order_item = array(
            'id' => $id,
            'name' => $name,
            'price' => $price,
            'num' =>1
        );
        array_push($order, $order_item);
        $_SESSION['cart'] = $order;
    } else {
        //Session 存在,判断购物车中是否已有该商品
        $order = $_SESSION['cart'];
        if(in_array($id,array_column($order,'id'))){
            $key = array_search($id,array_column($order,'id'));
            $order[$key]['num'] + =1;//已有,该商品数量加 1
        } else {
            //没有,存入数组
            $order_item = array(
                'id' => $id,
                'name' => $name,
                'price' => $price,
                'num' =>1
```

```
                );
            array_push($order, $order_item);
        }
        $_SESSION['cart'] = $order;
    }
    header('Location:index.php');
}
```

当操作码为 cart 时,如果 $_SESSION['cart']变量不为空,则离开商品页面,进入"购物车"页面。

```
if($upd == "cart"){
    if(!empty($_SESSION['cart'])){
        header('Location:cart.php');
    } else {
        header('Location:index.php');
    }
}
```

页面效果如图 4 – 14 所示。

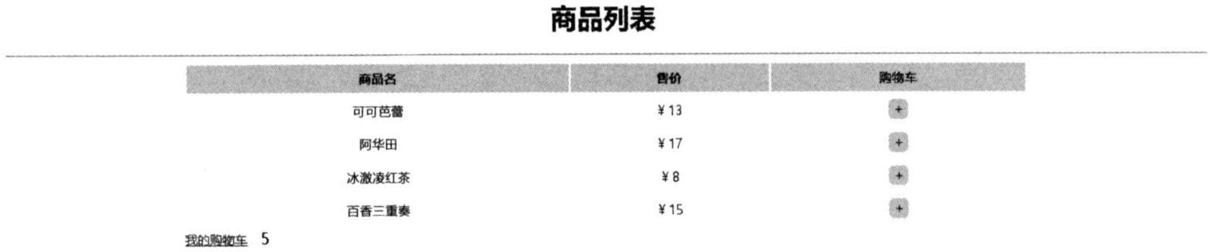

商品列表

商品名	售价	购物车
可可芭蕾	￥13	+
阿华田	￥17	+
冰激凌红茶	￥8	+
百香三重奏	￥15	+

我的购物车 5

图 4 – 14   商品列表

步骤三:制作购物车页面

创建购物车页面(cart. php)。初始化 Session,获取购物车内的商品信息和操作码。
显示购物车内的商品信息。购物车页面(cart. php)代码如下。

```
<!DOCTYPE html>
<?php
session_start();
$order = $_SESSION['cart'];
$num = 0;?>
<html>
<head>
    <meta charset = "utf - 8">
    <link rel = "stylesheet" type = "text/css" href = "css/style.css">
    <title>PHP 购物</title>
```

```html
</head>
<body>
    <div>
        <h1>购物车</h1>
        <hr>
        <a href="index.php">返回商品列表</a>
        <table>
            <tr>
                <th>商品名</th>
                <th>售价</th>
                <th>数量</th>
            </tr>
            <!-- 遍历商品数组,显示商品信息 -->
            <?php foreach($order as $key => $value):?>
            <tr>
                <td><?php echo $value['name']?></td>
                <!-- 商品名 -->
                <td>¥<?php echo $value['price']?></td>
                <!-- 售价 -->
                <td>
                    <a class="btn" href="addCart.php?upd=0&id=<?php echo $value['id'];?>">-</a>
                    <?php echo $value['num'];?>
                    <!-- 商品数量 -->
                    <a class="btn" href="addCart.php?upd=1&id=<?php echo $value['id'];?>">+</a>
                </td>
            </tr>
            <?php endforeach;?>
            <tr>
                <td colspan="4">
                    <form action="updCart.php" method="get">
                        <input type="submit" value="结算">
                    </form>
                </td>
            </tr>
        </table>
    </div>
</body>
</html>
```

步骤四:改变购物车内的商品数量

创建 updCart. php 文件,实现购物车的修改请求。更改商品数量,计算商品总价,跳转到确认订单页面。updCart. php 文件代码如下。

```php
<?php
session_start();    //初始化 Session
$upd = $_GET['upd']; //获取操作码
$id = $_GET['id'];  //获取商品 id
$order = $_SESSION['cart'];
foreach($order as $key => $value){
    if($value['id'] == $id){
        switch($upd){                              //更改购物车内的商品数量
            case 0:
                if($value['num'] > 1){
                    $order[$key]['num'] -=1;   //数量减 1
                } else {
                    unset($order[$key]);        //数量为 0 的情况下移除该数组
                }
                break;
            case 1:
                $order[$key]['num'] +=1;        //数量加 1
                break;
            default:
                break;
        }
        header("location:cart.php");
    }
    if($upd == ""){
        $sum += $value['price'] * $value['num'];   //计算购物车内的商品总价
        header("location:order.php");               //跳转到确认订单页面
    }
}
$_SESSION['num'] = array_sum(array_column($order,"num"));   //购物车内的商品总量
$_SESSION['sum'] = $sum;                                    //购物车内的商品总价
$_SESSION['cart'] = $order;                                 //购物车内的商品信息
```

updCart. php 页面效果如图 4 – 15 所示。

步骤五:制作确认订单页面

创建确认订单页面(order. php)。初始化 Session,获取购物车内的商品信息、商品总量和商品总价,显示商品信息。确认订单页面(order. php)代码如下。

购物车

图 4 – 15　购物车页面

```php
<!DOCTYPE html >
<?php
session_start();
$order = $_SESSION['cart'];        //购物车内的商品信息
$sum = $_SESSION['sum'];           //购物车内的商品总价
$num = $_SESSION['num'];           //购物车内的商品总量
?>
<html >
<head >
    <meta charset = "utf - 8" >
    <link rel = "stylesheet" type = "text/css" href = "css/style.css" >
    <title >PHP 购物 </title >
</head >
<body >
    <div >
        <h1 >确认订单 </h1 >
        <hr >
        <a href = "index.php" >返回商品列表 </a >
        <table >
            <tr >
                <th >商品名 </th >
                <th >售价 </th >
                <th >数量 </th >
            </tr >
            <!-- 遍历商品数组,显示商品信息 -->
            <?php foreach($order as  $key => $value):? >
            <tr >
                <td ><?php echo $value['name']? ></td >
                <!-- 商品名 -->
                <td >¥ <?php echo $value['price']? ><!-- 商品单价 --><span >
x<?php echo $value['num'];? ></span >
```

```
                    <!-- 商品数量 -->
                </td>
            </tr>
            <?php endforeach;?>
            <!-- 显示商品总量和商品总价 -->
        </table>
        <!-- 订单地址 -->
    </div>
</body>
</html>
```

显示商品总量和商品总价。

```
<tr>
    <td colspan = "2">
        <span>共 <?php echo $num;?>件</span><!-- 商品总量 -->
        小计:¥<?php echo $sum;?><!-- 商品总价 -->
    </td>
    </tr>
```

订单地址输入框如下。

```
<!-- 订单地址 -->
<form action = "done.php" method = "post" class = "address">
    <textarea name = "address" placeholder = "输入地址" cols = "60" required>
</textarea>
    <input type = "submit" name = "提交订单">
    </form>
```

确认订单页面(order. php)效果如图 4-16 所示。

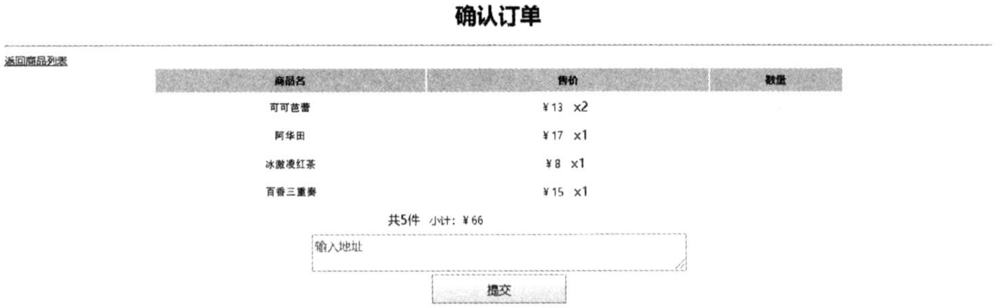

确认订单

返回商品列表

商品名	售价	数量
可可芭蕾	¥13	x2
阿华田	¥17	x1
冰酸凌红茶	¥8	x1
百香三重奏	¥15	x1

共5件 小计:¥66

输入地址

提交

图 4-16 确认订单页面

步骤六:制作订单页面

创建订单页面(done. php)。初始化 Session,获取购物车内的商品信息、商品总量和商品总价,获取并显示在"确认订单"页面中输入的订单地址。订单页面(done. php)代码如下。

```php
<! DOCTYPE html >
<?php
session_start();
$order = $_SESSION['cart'];        //购物车内的商品信息
$sum = $_SESSION['sum'];           //购物车内的商品总价
$num = $_SESSION['num'];           //购物车内的商品总量
?>
<html >
<head >
    <meta charset = "utf - 8" >
    <link rel = "stylesheet" type = "text/css" href = "css/style.css" >
    <title >PHP 购物 </title >
</head >
<body >
    <div >
        <h1 >订单 </h1 >
        <ul >
            <li >配送至:<?php echo $_POST['address'];?></li >
            <! -- 显示商品信息、商品总量和商品总价 -->
        </ul >
    </div >
</body >
</html >
```

显示商品信息、商品总量和商品总价。

```php
<?php foreach($order as $key => $value):?>
    <li >
        <?php echo $value['name'];?><! -- 商品名 -->
        <span > ¥ <?php echo $value['price'];?></span ><! -- 商品单价 -->
        <span >x<?php echo $value['num'];?></span ><! -- 商品数量 -->
    </li >
<?php endforeach;?>
<li >共 <?php echo $num;?>件 </li ><! -- 商品总量 -->
    <li >合计:¥ <?php echo $sum;?></li ><! -- 商品总价 -->
```

订单页面(done. php)效果如图 4 - 17 所示。

步骤七:运行测试

将 shopping_cart 文件夹放到 PHP 运行环境根目录下。在浏览器地址栏中输入 http://localhost/shopping_cart /index. php,显示商品列表页,如图 4 - 18 所示。

订单

配送至：T4二单元902

可可芭蕾	×2	￥13
阿华田	×1	￥17
冰激凌红茶	×1	￥8
百香三重奏	×1	￥15

共5件

合计：￥66

图 4-17　订单页面效果

◎ localhost/shopping_carts/index.php

商品列表

商品名	售价	购物车
可可芭蕾	￥13	+
阿华田	￥17	+
冰激凌红茶	￥8	+
百香三重奏	￥15	+

我的购物车　0

图 4-18　商品列表

单击"＋"按钮,将商品加入购物车,单击"我的购物车",进入"购物车"页面,如图 4-19 所示。

↑ localhost/shopping_carts/cart.php?upd=cart

购物车

返回商品列表

商品名	售价	数量
可可芭蕾	￥13	- 1 +

结算

图 4-19　购物车页面

单击"结算"按钮,进入"确认订单"页面,如图 4-20 所示。

localhost/shopping_carts/order.php

确认订单

返回商品列表

商品名	售价	数量
可可芭蕾	￥13 ×1	

共1件　小计：￥13

福州职业技术学院

提交

图 4-20　添加地址

输入地址,单击"提交"按钮,跳转到订单页面,如图 4-21 所示。

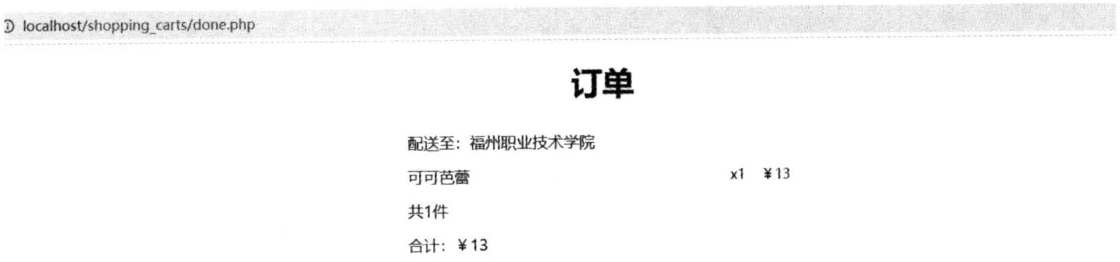

localhost/shopping_carts/done.php

订单

配送至：福州职业技术学院

可可芭蕾　　　　　　　　　　　　　　　x1　¥13

共1件

合计：¥13

图 4－21　订单提交

巩固练习

1. 选择题

（1）下列说法不正确的是（　　　）。

A. GET 方式向服务器提交的数据保存在 $_GET 中

B. POST 方式向服务器提交的数据保存在 $_POST 中

C. Cookie 方式向服务器提交的数据保存在 $_COOKIE 中

D. $_REQUEST 包含了 $_GET、$_POST 和 $_COOKIE 中的数据

（2）在浏览器地址栏中输入带参数的 URL 的数据提交方法是（　　　）。

A. get　　　　　　　　B. post　　　　　　　　C. cookie　　　　　　　　D. session

（3）下列说法正确的是（　　　）。

A. GET 方式是指在浏览器地址栏中输入数据

B. POST 方式是指通过 HTML 表单提交数据的方式

C. 在表单中可同时使用 GET 和 POST 方式提交数据

D. 上述说明均不正确

（4）下列说法正确的是（　　　）。

A. Cookie 在客户端创建并保存在客户端 Cookie 文件中

B. Session 在服务器端创建并保存在服务器端 Session 文件中

C. Cookie 若未设置过期时间,则可永久有效

D. Session 和 Cookie 作用类似,可以替换使用

2. 编程题

（1）设计一个 PHP 文件。实现在浏览器中输出 URL 方式时,可以输出 URL 中包含的多个参数值,输出时每个参数值占一行。

（2）设计一个 HTML 表单。要求使用文本框、单选按钮、复选框等控件。提交表单时,提交的数据直接显示在表单下方。

项目五

文件上传——文件与函数

知识目标：

- 了解文件和函数定义
- 了解函数和文件使用
- 了解函数和文件的操作

技能目标：

- 掌握函数的操作
- 掌握文件和目录的操作
- 掌握使用 PHP 实现文件上传
- 实现一个文件上传系统

素质目标：

- 具有较强的思想政治素质，科学的人生观、价值观、道德观和法治观
- 具有较强的团队协作开发能力
- 培养严谨精细的 Web 前端开发工作态度
- 培养发现问题、解决问题的能力

项目描述

软件公司经常需要处理一些文件，纸质文件在保存上需要大量的纸张和空间，公司网站如果设计一个文件上传系统，可以将一些文档或者扫描文件上传到公司网站的指定目录，这样可以统一公司文件的管理。小张所在的项目组在了解了 PHP 的函数和文件的操作后，认为实现一个文件上传系统可行。

项目分析

了解项目基本内容后，小张所在的项目组对项目进行了实施规划。本项目首先认识函数的定义以及调用、函数的操作以及函数参数的传递、递归函数的使用；了解 PHP 文件的操作，文件的读写，文件目录的操作、遍历、创建和删除。通过以上知识的掌握，同时结合前面项目文件表单中文件上传的案例，实现一个文件上传系统。

任务一 认识函数

一、自定义函数

一般来说,在需要频繁使用一段代码或重复执行某种操作时,可将其定义为函数,从而避免重复编写代码,提高代码使用率。把一段可以实现指定功能的代码封装在函数内,直接调用函数即可实现指定的功能。

函数定义的基本格式为

```
function 函数名(参数1,参数2,…;参数n=默认值){
  函数体;
return 返回值;
}
```

其中,function 为 PHP 关键字,表示函数定义的开始。函数名应该是合法的 PHP 标识符,与变量名的区别是函数名前面不能使用 $ 符号,函数名不区分大小写。PHP 函数定义中可以不指定参数,也可以有多个参数,可以为参数指定默认值,带默认值的参数必须放在其他参数的后面。

在函数体中,可在任意位置使用 return 从函数返回。return 将返回值传递给调用函数的程序。若 return 不带参数,则函数没有返回值。例如:

```php
<?php
    /* 声明自定义函数 */
    function example($num){
  return" $num * $num = ".$num * $num;
    }
    echo example(10);
?>
```

以上程序自定义函数 example,返回一个数的平方。

二、函数的调用

函数通过函数名来调用并获得返回值。如果函数有带默认值的参数,则可省略该参数。省略的参数取其默认值。例如:

```php
echo power(3);//调用函数,省略了默认参数,将函数值输出
echo power(2,3);//调用函数,同时指定了默认参数的值,将函数值输出
power(5);//调用函数,未使用函数值
```

函数的调用和定义可以在同一个 PHP 文件中,也可分别放在不同的文件中。在同一个 PHP 文件中,函数的调用和定义出现的先后顺序没有关系。一般情况是将函数定义放在函数调用之前。如果函数定义放在其他的 PHP 文件中,则应在调用函数之前,使用 include、

include_once、require 或 require_once 包含该文件。

在 5 – 2. php 中定义了一个字符串运算函数 strpower( ),代码如下。

```php
<?php
  function strpower($n, $p =2){
  //自定义函数 strpower(返回字符串 $n 连接 $p 次构成的新字符串)
    $s ='';
    for($i =1; $i <= $p; $i ++ ){
      $s. = $n;
      return $s;
    }
  }
?>
```

主文件 5 – 3. php 中定义了算术运算函数 power( ),并调用 power( )和 strpower( )函数,代码如下。

```php
<?php
function power($n, $p =2){
//自定义函数 power 返回 $n 的 $p 次方
  $s =1;
for($i =1; $i <= $p; $i ++ ){
    $s * = $n;
    return $s;
}
}
include_once'5 –2.php';
echo power(3).'<br >';
echo power(2,3).'<br >';
echo strpower(3).'<br >';
echo strpower(2,3).'<br >';;
echo strpower("abc").'<br >';
echo strpower("abc",3).'<br >';
?>
```

运行 5 – 3. php 代码,在 IE 浏览器中的显示结果如图 5 – 1 所示。

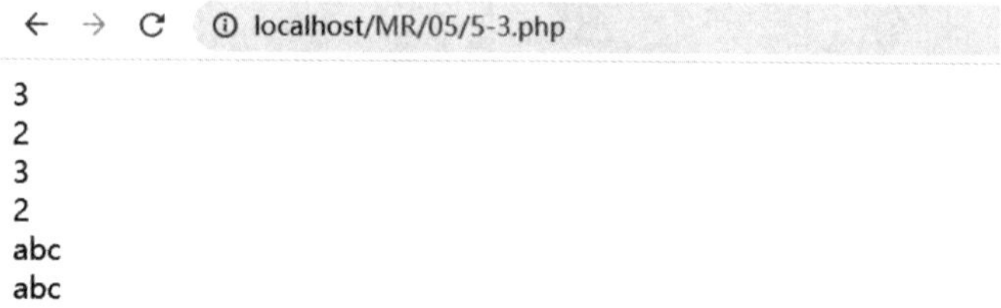

```
← → C  ⓘ localhost/MR/05/5-3.php

3
2
3
2
abc
abc
```

图 5 – 1　函数的调用

静态成员相当于存储在类中的全局变量和全局函数,可在任何位置访问。静态成员和常规成员不同,静态成员属于类,而不属于类的实例对象。在类外部,静态成员使用"类名::静态成员名"格式来访问,例如:

```
echo test::$var;
test::func();
```

静态属性不能通过对象访问,静态方法可以通过对象访问,例如:

```
$a = new test();
echo $a -> $var;    //错误,不能通过对象访问静态属性
$a -> func();       //正确,可以通过对象访问静态方法
```

提示:在类的内部,使用 "self::静态成员名"格式访问静态成员。注意,在静态方法内部,不能使用 $this 变量。

任务二 函数操作

一、函数与变量作用范围

变量的作用范围受其声明方式和声明位置影响。PHP 中的变量根据其作用范围,可分为局部变量和全局变量。根据变量的生命周期,又可分为静态变量和动态变量。

通常,函数内部的变量为局部变量,其作用范围只能在函数内部。函数参数也是局部变量。函数之外的变量可称为全局变量,其作用范围为当前 PHP 文件。例如:

```php
<?php
$var = 100;//声明一个全局变量 $var
function test(){
echo $var,//引用一个本地变量 $var
}
test();
?>
```

以上 test( )函数中用 echo 输出变量 $var 的值。在调用 test( )函数时,会输出 100 吗?答案是否定的。声明的代码在运行时会产生一个 Notice 错误,提示变量 $var 没有定义。因为函数体外的全局变量,不能直接在函数内部使用,函数内部的同名局部变量会屏蔽外部的全局变量。所以,在 test( )函数内部引用变量 $var 时,该变量还未定义,所以出错。要使用函数外部的全局变量,可在函数中使用 global 关键字声明,修改以上代码如下:

```php
<?php
$var = 100;//声明一个全局变量 $var
function test(){
global $var;//声明 $var 是一个全局变量
```

```
echo $var;//引用一个本地变量 $var
}
test();
?>
```

修改后的代码在运行时,调用 test( )函数会输出全局变量 $var 的值 100。以上代码运行结果如图 5-2 所示。

100

图 5-2　函数中使用 global 关键字

二、静态变量与变量生命周期

变量生命周期指该变量在内存中的存在时间。一般的局部变量和全局变量都是动态变量。动态变量的生命周期是指包含变量的代码运行的时间。函数内部的局部变量在函数调用时被创建,函数调用结束后变量则被释放。全局变量在 PHP 文件执行时存在,执行结束后被释放。静态变量是特殊的局部变量,用 static 关键字进行声明。静态变量在第一次调用函数时被创建,函数调用结束时仍保留在内存中,下次调用函数时继续使用。

```
<?php
function test(){
    static $a = 0;    //声明一个静态变量,赋初值为 0
    $a ++ ;
    echo '第 $a 次调用 test()函数'.'<br>';
}
test();
test();
test();
test();
?>
```

运行结果如图 5-3 所示。

第$a次调用test()函数
第$a次调用test()函数
第$a次调用test()函数
第$a次调用test()函数

图 5-3　静态变量与变量生命周期

三、函数参数传递

函数参数传递涉及参数的传值和传地址、参数个数变量、变量函数、回调函数、数组作参数等主要内容,下面分别进行介绍。

1. 参数的传值与传地址

在定义函数时指明的参数可称为形式参数(简标形参),在调用函数时给定的参数称为实际参数(简称实参)。在调用函数时,实参和形参之间发生参数传递。

在定义函数参数时,参数变量名之前使用"&"符号可声明参数进行引用传递,即将地址传递给形参。未使用"&"符号,则声明的参数将获得实参的值。对引用传速,调用函数时,只能用变量作为实参。如果实参和形参之间是传地址,即访问同一内存单元,则可在函数调用结束后,通过实参获得函数中形参变量的值。

```php
<?php
function test($a,& $b){
    $b = $a * $a;
    return;
}
$n = 2;
$p = 3;
echo '调用函数前: <br > $n ='.$n;
echo '<br > $p ='.$p;
test($n, $p);
echo '<br >调用函数后: <br > $n ='.$n;
echo '<br > $p ='.$p;
?>
```

运行结果如图 5-4 所示。

调用函数前:
$n=2
$p=3
调用函数后:
$n=2
$p=4

图 5-4 参数的传值与传地址

2. 参数个数为变量

在使用默认参数时,调用函数时默认参数可以省略。但默认参数只能在调用函数时省略,函数中参数的个数是固定不变的。PHP 允许向函数传递个数不固定的参数,此时函数不声明参数,即可在函数中使用 PHP 内部函数 func_get_args( )获得传入的多个参数。func_get_args( )函数返回一个包含传入参数的数组。如以下例子:

```php
<?php
function test(){
    $a = func_get_args();
    $b = count($a);
    echo '函数 test()接收到 $b 个参数: <br >';
    for($i = 0; $i < $b; $i ++){
```

```
        var_dump($a[$i]);
        echo'<br>';
    }
    return;
}
test(1,2.5,"ab","cd");
?>
```

运行结果如图 5-5 所示。

函数test()接收到$b个参数:
int(1)
float(2.5)
string(2) "ab"
string(2) "cd"

图 5-5　参数个数为变量

3. 变量函数

变量函数指在变量中保存函数的名字并通过变量来调用函数,这样,在变量的值变化时,可调用不同的函数。

```php
<?php
    function test1($a){
    return $a+10;
}
    function test2($a){
    return $a+20;
}
    function test3($a){
    return $a+30;
}
    $var="test1";
    echo"调用 $var():".$var(5);
    echo'<br>';
    $var="test2";
    echo"调用 $var():".$var(5);
    echo'<br>';
    $var="test3";
    echo"调用 $var():".$var(5);
    echo'<br>';
?>
```

运行结果如图 5-6 所示。

4. 回调函数

PHP 允许将函数作为参数传递给另一个函数,作为参数的函数称为回调函数。PHP 提供了两个内置函数用于调用回调函数,下面分别进行介绍。

```
call_user_func(函数名,回调函数参数1,回调函数参数2,…);
```

调用test1(): 15
调用test2(): 25
调用test3(): 35

图 5 – 6　变量函数

第 1 个参数作为回调函数名称,可以用字符串或变量指定函数名称;而第 2 个参数指依次传递给回调函数的参数。多出的参数会被忽略。

call_user_func_array("函数名",参数数组)与 call_user_func 函数的区别在于,回调函数的参数必须放在一个数组中,作为第二个参数。数组中多出的参数会被忽略。

```php
<?php
function test1($a, $b){
return $a + $b(10);
}
function test2($a){
return $a * 10;
}
function test3($a, $b){
return $a + $b;
}
echo 'test1(5,"test2") =';
echo test1(5,"test2");//直接调用自定义函数
echo '<br>echo call_user_func("test1",5,"test2") =';
echo call_user_func("test1",5,"test2");//用内置函数调用自定义函数
echo '<br>test3(10,20) =';
echo test3(10,20);
echo '<br>call_user_func("test3",10,20) =';
echo call_user_func("test3",10,20);//用内置函数调用自定义函数
echo '<br>call_user_func_array("tes3", $c) =';
echo call_user_func_array("test3",array(10,20));//用内置函数调用自定义函数
?>
```

运行结果如图 5 – 7 所示。

test1(5, "test2")=105
echo call_user_func("test1",5,"test2")=105
test3(10,20)=30
call_user_func("test3",10,20)=30
call_user_func_array("tes3",$c)=30

图 5 – 7　函数作为参数

5. 数组作参数

PHP 运行时将数组作为函数参数。数组作为参数时,也分传值和传地址两种方式。在函数参数名前用“&”符号可以传递数组变量地址。

```php
<?php
  function sum($a){
   if(is_array($a)){
     //求数组元素之和
     $s = 0;
    for($i = 0; $i < count($a); $i ++) $s + = $a[$i];
    return $s;
} else{
  return $a;
}
}

 function test(& $a){
  if(is_array($a)){
  //将数组元素值扩大10倍
  for($i = 0; $i < count($a); $i ++)
    $a[$i] = $a[$i] * 10;
}else{
  return $a;
}
}

  $a = range(1,5);
  echo '数组 $a =';
  print_r($a);
  echo '< br >数组 $a 元素和为:'.sum($a);
  test($a);
  echo '< br >执行 test($a)后,数组 $a 为:';
  print_r($a);
?>
```

运行结果如图 5 - 8 所示。

数组$a=Array ([0] => 1 [1] => 2 [2] => 3 [3] => 4 [4] => 5)
数组$a元素和为:15
执行test($a)后，数组$a为:Array ([0] => 10 [1] => 20 [2] => 30 [3] => 40 [4] => 50)

图 5 - 8 数组作为函数参数

四、递归函数

递归函数指在函数内部调用函数本身,例如:

```php
<?php
  function func($n){
   if($n == 1)
```

```
        return 1;
    else
        return $n * func($n -1);
}
    echo func(5); //调用递归函数,计算5!
?>
```

运行结果如图 5 - 9 所示。

120

图 5 - 9　输出 5 的阶乘

例如,在网页中输出 10 个[10,500]范围内互不相同的随机素数,五个一行,输出两行。使用 rand(10,500)获得 10 个[10,500]范围内的随机整数。自定义一个判断函数检查生成的随机数是否为素数,函数返回值 TRUE 表示是素数、FALSE 表示不是素数。使用函数 in_array( )可检测数组生成的素数是否已出现,将已产生的素数放在数组中。

```
<?php
    function isprime($x){
    for($i =2; $i < $x; $i ++)
    if($x% $i ==0)
    break;
    if($i < $x)
    return false;
    else
    return true;
    }
    $k =0; //$k 保存已产生的素数个数
    do{
      $n = rand(10,500);
      if(isprime($n)){
        if($k ==0){
                $p[] = $n; //第 1 个素数直接放入数组
                $k ++;
        }else{ //不是第 1 个素数,检查是否重复
      if(! in_array($n, $p)){
                $p[] = $n; //不重复,加入数组
                $k ++;
      }
      }
```

```
        }
      }while($k<10);
      //输出产生的随机素数,每行5个
    for($i=0;$i<count($p);$i++){
        //每个数组元素转换为字符串,用空格填充6个字符,便于输出对齐
        $a=".".$p[$i].".";
        $a=str_pad($a,6,'');
        $a=str_replace('',' ',$a);
        echo $a;
        if($i==4){
        echo"<br>";//输出5个换行
        }
      }
    ?>
```

运行结果如图 5-10 所示。

```
.181..197..239..227..67.
.17..359..311..83..19.
```

图 5-10 输出 10 个随机素数

任务三 文件操作

文件操作主要包含获取文件属性、打开文件、读写文件、删除文件等。下面分别进行介绍。

一、文件属性

程序中有时需要使用文件的一些属性,如文件类型、文件大小、文件时间、文件权限等。下面分别对 PHP 提供的常用文件属性的数进行介绍。

(1)filetype($file):返回文件类型。Windows 系统中文件类型为 file、dir 或 Unknown。

(2)filesize($file):返回文件大小,单位为字节。

(3)filectime($file):返回文件创建时间的时间戳(一个整数),通常需格式化为日期时间进行显示。

(4)fileatime($file):返回文件上次访问时间。

(5)filemtime($file):返回文件上次修改时间。

(6)fileperms($file):返回文件权限,整数。该整数通常包含了文件是否可读写以及其他的信息。

(7)is_writable($file):返回文件是否可写。

(8)s_readable($file):返回文件是否可读。

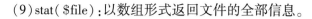

（9）stat($file)：以数组形式返回文件的全部信息。

```php
<?php
    $fn ='D:\\xampp';
    echo 'D:\\xampp <br >';
    echo '文件类型:'.filetype($fn);
    echo '<br >文件创建时间:';
    date_default_timezone_set("Asia/Shanghai");
    echo date("Y-m-d G:i:s",filectime($fn)).'<br ><br >';
    $fn = "D:\\xampp\php\11.txt";
    echo $fn.'<br >';
if(is_readable($fn))
    echo '文件可读。<br >';
    else
    echo '文件不可读。<br >';
if(is_writable($fn))
    echo '文件可写。<br >';
else
    echo '文件不可写。<br >';
    echo '文件类型:'.filetype($fn);
    echo '<br >文件大小:';
    echo filesize($fn).'字节';
    echo '<br >文件创建时间:';
    echo date("Y-m-d G:i:s".filectime($fn));
    echo '<br >文件上次访问时间:';
    echo date("Y-m-d G:i:s".fileatime($fn));
    echo '<br >文件上次修改时间:';
    echo date("Y-m-d G:i:s".filemtime($fn));
    echo '<br >文件权限:';
    echo print("% o".fileperms($fn));
    echo 'stat()函数返回的文件属性数组:<br >';
    $a = stat($fn);//获取包含文件信息的数组
    $n = 0;
    echo '<table
border =0width =100% ><colwidth =20%/><colwidth =20%/>'.'<colwidth =20% ><colwidth =20%/>';
    foreach($a as $k => $v){
    $n ++;      //$n用于控制每行输出5个数据
    if($n ==1)
    echo '<tr >';
```

```
    echo" < td > stat[ $k] = $v < /td > ";
    if( $n == 5){
    echo'< /tr >';
    $n = 0;
  }
}
echo'< /table >';
? >
```

运行结果如图 5 – 11 所示。

D:\xampp
文件类型: dir
文件创建时间:2022-03-28 17:39:21

D:\xampp\php .txt
文件不可读。
文件不可写。

图 5 – 11 PHP 文件操作

二、文件打开和关闭

在读写文件时,通常需要先打开文件。Fopen( )函数用于打开文件,返回指向打开文件的文件指针,其基本格式如下:

$handle = fopen($fname, $mode);

其中, $handle 变量保存返回的文件指针,其数据类型为 resource。$fname 为文件名。可以是本地文件,也可以是远程文件的 URL。$mode 为文件打开模式,指定文件读写方式。可使用下列文件打开模式。

(1)r:只读方式打开,将文件指针指向文件头。

(2)r + :读写方式打开,将文件指针指向文件头。

(3)w:只写入方式打开,将文件指针指向文件头,文件原有内容被删除。若文件不存在,则用指定文件名创建文件再打开。应注意,只要用 w 方式打开文件,即使没有向原文件写入任何内容,原文件内容都将被删除。

(4)w + :读写方式打开,其他行为与 w 相同。

(5)a:只写入方式打开,将文件指针指向文件末尾,始终在文件末尾写入数据。若文件不存在,则用指定文件名创建文件再打开。

(6)a + :读写方式打开,其他行为与 a 相同。

(7)x:创建新文件并以只写入方式打开,将文件指针指向文件头。若文件已存在,打开失败,函数返回 FALSE,并生成一条 E_WARNING 级别的错误信息。

(8)x + :创建新文件并以读写方式打开,其他行为与 x 相同。

(9)c:只写入方式打开,将文件指针指向文件头,文件原有内容保留。若文件不存在,则用指定文件名创建文件再打开。

(10)c+:读写方式打开,其他行为与c相同。

```php
<?php
    $fn ='D:\\xampp';
    echo 'D:\\xampp <br >';
    echo '文件类型:'.filetype($fn);
    echo '<br >文件创建时间:';
    date_default_timezone_set("Asia/Shanghai");
    echo date("Y-m-d G:i:s",filectime($fn)).'<br ><br >';
    $fn = "D:\\xampp\php\11.txt";
    echo $fn.'<br >';
if(is_readable($fn))
    echo '文件可读。<br >';
    else
    echo '文件不可读。<br >';
if(is_writable($fn))
    echo '文件可写。<br >';
else
    echo '文件不可写。<br >';
    echo '文件类型:'.filetype($fn);
    echo '<br >文件大小:';
    echo filesize($fn).'字节';
    echo '<br >文件创建时间:';
    echo date("Y-m-d G:i:s".filectime($fn));
    echo '<br >文件上次访问时间:';
    echo date("Y-m-d G:i:s".fileatime($fn));
    echo '<br >文件上次修改时间:';
    echo date("Y-m-d G:i:s".filemtime($fn));
    echo '<br >文件权限:';
    echo print("% o".fileperms($fn));
    echo 'stat()函数返回的文件属性数组:<br >';
    $a = stat($fn);//获取包含文件信息的数组
    $n = 0;
    echo '< table border = 0 width = 100% ><colwidth = 20% /><colwidth = 20%/>'.'
<colwidth =20% ><colwidth =20%/>';
foreach($a as $k => $v){
    $n ++;//$n用于控制每行输出 5 个数据
    if($n ==1)
    echo '<tr >';
```

```
    echo" <td >stat[$k] = $v < /td >";
    if($n ==5){
    echo'< /tr >';
    $n = 0;
  }
  }
  echo'< /table >';
? >
```

运行结果如图 5 – 12 所示。

提示:文件读写都在文件指针位置进行,读出或写入 n 个字节时,文件指针向后移动 n 个字节。文件使用结束后,应及时使用 fclose( )函数将其关闭。fclose( )函数基本格式为 fclose ($handle);,其中, $handle 为已打开的文件指针。

例如:下面的代码分别用于打开不同的文件,然后将其关闭。

```
    $handle = fopen('d:/temp/data.txt','r');   //只读方式打开,使用 UNIX 风格路径分隔符
    fclose($handle);   //关闭文件
    $handle = fopen('d:\\temp\\data.txt','w');   /* 只写入方式打开,使用 Windows 风格路
径分隔符 * /
    fclose($handle);   //关闭文件
    $handle = fopen('http://localhost/chapter6/tt.php','r');   /* 只读方式打开远程文
件 * /
    fclose($handle);   //关闭文件
```

test_inc. php 中实现了 __autoload( )方法,加载需要的类,代码如下。

```
< ? php
function __autoload($class_name){
    include_once" $class_name.php";
}
? >
```

运行结果和前面一致。

三、文件的读写

1. 写文件

fwrite( )函数返回向文件写入数据,其基本格式为:

```
fwrite($handle, $data, $len);
```

其中, $handle 为打开的文件指针; $data 为要写入的字符串; $len 指定写入的字符串长度。若 $data 长度超过 $len,多余的字符不会被写入文件。 $len 可以省略,省略时, $data 全部写入文件。

fwrite( )函数返回写入的字符串数,写入出错则返回 FALSE。

新建一个空的 txt 文件 test. txt,如下代码所示。

```php
<?php
  $fname ='test.txt';
  $mode ='w';
  $handle = fopen( $fname, $mode);
  $n = fwrite( $handle,'PHP book');
  echo '写入 $n 个字符 <br >';
  fwrite( $handle," \n");
  $n = fwrite( $handle,123);
  echo '写入 $n 个字符 <br >';
  fwrite( $handle," \n");
  $n = fwrite( $handle,12.34);
  echo '写入 $n 个字符 <br >';
  fwrite( $handle," \n");
  $n = fwrite( $handle,TRUE);
  echo '写入 $n 个字符 <br >';
  fwrite( $handle," \n");
  $n = fwrite( $handle,serialize(array(1,'ab')));
  echo '写入 $n 个字符 <br >';
  fclose( $handle);
  echo '文件操作结束';
?>
```

运行以上脚本后,往 test. txt 写入文件,如图 5 – 12 所示。

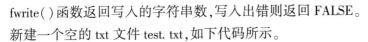

图 5 – 12   运行脚本后的 test. txt 文件内容

提示:数组和对象等复杂类型的数据,需要使用 serialize( )函数进行序列化转换之后才能使用 fwrite( )函数写入文件。fopen( )函数中指定的文件如果没有指定路径,则默认和当前 PHP 文件路径相同。

2. 读文件

当了解写入数据的方法后,即可对读取文件数据的 3 个函数分别进行介绍。fgetc($handle):读一个字符。

(1)fget($handle, $len):省略 $len 时,读一行。若指定了 $len,行中的字符数大于 $len,则读 $len 个字符,否则读完行中字符就停止。

（2）fgetss（$handle, $len, $tags）：与 fgets（）类似。区别在于 fgetss（）会删除读出字符串中的 HTML 和 PHP 标记。可用 $tags 参数指定需要保留的标记。以下程序读取上例 test. txt 文件数据。

```php
<?php
        $fname ='test2.txt';
        $mode ='r';
        $handle = fopen($fname, $mode);
        echo fgetc($handle);//读1个字符
        echo '<br>';
        echo fgetc($handle);//读1行,第1行中已读出1个字符,此时读出该行剩余字符
        echo '<br>';
        echo fgetc($handle);//读第2行数据
        echo '<br>';
        echo fgetss($handle);//读第3行,删除HTML标记
        echo '<br>';
        echo fgetss($handle,255,'<h1>');/*已知行中字符少于255,所以可读出第4行,保留<h1>*/
        echo '<br>';
        fclose($handle);
        echo '文件操作结束';
?>
```

test2. txt 文件数据如下：

```
PHP book
C ++ book
<h1>php programming<h1><a href = #>PHP 编程</a>
<h1>c ++ programming</h1><a href =>C ++ 编程</a>
```

运行结果如图 5 - 13 所示。

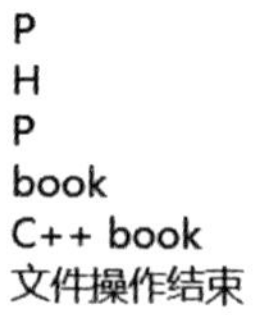

```
P
H
P
book
C++ book
文件操作结束
```

图 5 - 13　运行后 test2. txt 文件内容

3. 读 CSV 文件

CSV 文件中的数据用分隔符（分号、逗号）等分隔。可用 fgetcsv（）函数读取 CSV 文件，并解析数据，其基本格式为：

```php
$a = fgetcsv($handle, $len, $csv);
```

与 fgets（）函数类似，fgetscv（）从函数 $handle 指定的文件中读取一行或指定数量（$len）

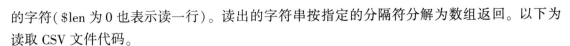

的字符($len 为 0 也表示读一行)。读出的字符串按指定的分隔符分解为数组返回。以下为读取 CSV 文件代码。

```php
<?php
    $fname ='test3.txt';
    $mode ='r';
    $handle = fopen($fname, $mode);
    $a = fgetcsv($handle,0,';');
    foreach($a as $value)
    echo $value.'<br>';
    fclose($handle);
    echo '文件操作结束';
?>
```

test3. txt 文件内容如下。

```
PHP book;C ++ book;PHP 编程;C ++ 编程
```

运行结果如图 5 – 14 所示。

```
PHP book
C++book
PHP编程
C++编程
文件操作结束
```

图 5 – 14　运行后 test3. txt 文件内容

4. 读整个文件内容

file( )函数不需要使用 fopen( )函数打开文件,即可将读出文件的全部内容放入一个数组,文件每行数据为一个数组元素值。file_get_contents( )函数可将文件内容读入一个字符串。以下例子将文件内容读入数组。

```php
<?php
    $a = file("test4.txt");
    echo 'file("test4.txt")读出的文件内容如下:<br>';
    foreach($a as $value){
    echo $value.'<br>';
    }
    $a = file_get_contents("test4.txt");
    echo '<br>filegetcontents("test4a.txt")读出的文件内容如下:<br>';
    echo $a;
    echo '<br>处理回车换行后的文件内容:<br>'.nl2br($a);
?>
```

test4. txt 文件数据如下。

```
100
123.45
PHP book
C ++ book
```

运行结果如图 5 – 15 所示。

file("test4.txt ")读出的文件内容如下:
100
123.45
PHP book
C++ book

filegetcontents("test4a.txt")读出的文件内容如下:
100 123.45 PHP book C++ book
处理回车换行后的文件内容:
100
123.45
PHP book
C++ book

图 5 – 15　运行后 test4. txt 文件内容

四、其他文件操作

下面分别对其他常用的文件操作函数进行介绍。

（1）file_exists（$filename）：测试指定的文件是否存在,文件存在返回 TRUE. 否则返回 FALSE。

（2）copy（$filename, $filename2）：将文件 $filename 复制为 $filename2。操作成功返回 TRUE,否则返回 FALSE。

（3）rename（$filename, $filename2）：将文件 $filename 名称修改为 $filename2。操作成功返回 TRUE,否则返回 FALSE。

（4）ftruncate（$handle, $n）：将 $handle 指定的已打开文件长度缩短为 $n 字节。注意,如果文件长度小于 $n,则会用 NULL 填充并将文件扩展到 $n 字节。操作成功返回 TRUE,否则返回 FALSE。

（5）unlink（$filename）：删除指定文件,操作成功返回 TRUE,否则返回 FALSE。

下面使用文件的存在测试、复制、更名、截取和删除等操作,代码如下。

```php
<?php
    $filename = "test5_data.txt";
    if(file_exists($filename))//检测文件是否存在
        echo" $filename 存在!";
else {
    echo" $filename 不存在!";
        exit;//结束脚本,避免后继文件操作出错
}
```

```php
    //复制文件
    if(copy($filename,"d:/temp.dat"))
    echo"<br>$filename 已复制为 d:/temp.dat!";
else{
    echo"<br>$filename 复制操作失败!";
    exit;
}


    //更改文件名称
if(rename("d:/temp.dat"d:/temp2.dat"))
    echo"<br>d:/temp.dat 文件名称已修改为 d:/temp2.dat!;
else{
    echo"<br>d:/temp.dat 文件名称修改操作失败!";
    exit;
}


    //截取文件
    echo"<br>d:temp2.dat 文件原始内容为:",file_get_contents('d:/temp2.dat');
$handle = fopen('d:/temp2.dat','r+');
    if(ftruncate($hande,10))//将文件截取为10个字符
            echo"<br>d:/temp2.dat 文件截取成功!";
else{
    echo"<br>d:/temp.dat 文件截取操作失败!";
}
    fclose($handle);
    echo"<br>d:/temp2.dat 文件内容截取后为:",file_get_contents('d:/temp2.dat');

//删除文件
if(unlink("d:/temp2.dat"))
echo"<br>d:/temp2.dat 文件删除成功!";
else{
echo"<br>d:/temp2.dat 文件删除操作失败!";
}
if(file_exists("d:/tem2.dat"))//检测文件是否存在
echo"<br>d:/temp2.dat 存在!";
else{
echo"<br>d:/temp2.dat 不存在!";
?>
```

file_get_contents( )函数读出的字符串中包含了"换行"符号,"换行"符号在浏览器中被忽略,不会显示换行效果,要显示换行效果,需使用 nl2br( )函数处理。

任务四 **目录操作**

目录操作主要包括解析目录、遍历目录、创建目录和删除目录等操作。下面分别进行介绍。

一、解析目录

目录解析函数用于获取一个文件名中的路径名、文件主名和扩展名等信息。下面对目录解析函数分别进行介绍。

(1)basename($path):返回路径中的文件名(含扩展名)。

(2)dirname($path):返回路径中指向文件名的完整路径,即文件名中除去 basename( )函数获取的部分。

(3)pathinfo($path):以数组形式返回文件名中的路径名、文件主名和扩展名。

新建一个 test6. php,使用以上函数操作,代码如下:

```php
<?php
    $path ='D:\\xampp2\\htdocs\MR\test6.php';
    echo 'path = $path <br >basename( \$path) =';
    echo basename($path);
    echo '<dirname($path) =>';
    echo dirname($path);
    echo '<br >';
    foreach(pathinfo($path)as $key =>$value){
    echo"pathinfo[$key] = $value <br >";
}
?>
```

运行结果如图 5 - 16 所示,输出文件相关信息。

```
path=$path
basename(\$path)=test6.phpD:\xampp2\htdocs\MR
pathinfo[dirname]=D:\xampp2\htdocs\MR
pathinfo[basename]=test6.php
pathinfo[extension]=php
pathinfo[filename]=test6
```

图 5 - 16 运行 test6. php 结果

二、遍历目录

遍历目录可以查看目录包含的子目录和文件。下面对遍历目录函数分别进行介绍。

(1)opendir($dirname):打开指定的目录,返回指向打开目录的指针。如果打开失败,则返回 FALSE。

(2)readdir($dir_handle):返回目录中的下一个文件名。

（3）closedir($dir_handle)：关闭打开的目录。

（4）scandir($dirname)：无须打开目录，直接以数组形式访问目录内容。

（5）disk_total_space($dirname)：返回总目录的磁盘空间大小。

（6）disk_free_space($dirname)：返回目录可用的磁盘空间大小。

在 D 盘新建一个目录 temp，任意放几个文件，以下代码 test7.php 遍历 temp 目录中的所有文件。

```php
<?php
    date_default_timezone_set("Asia/Shanghai");
    $dirname ='d:/temp';
    echo'path = $dirname 目录总空间:'.disk_total_space($dirname);
    echo'目录可用空间:'.disk_free_space($dirname);
    echo'使用 readdir()遍历目录:<br>';
    if($dir_handle = opendir($dirname)){
                    //正确打开目录后,才继续执行后续目录操作
      echo'<table border =1 width =100% >'.'<colwidth =25% ><colwidth =25% >'.
'<colwidth =25%/>';
        echo'<tr ><th align = "left" >文件名 </th ><th align = "left" >文件类型 </th >'
.'<th align = "left" >创建时间 </th ><th align = "left" >文件大小 </th ></tr >';
        while(($file = readdir($dir_handle))!== false)
        {
             $filename = $dirname.'/'.$file;
          echo'<tr ><td >'.$file.'</td >';
          echo'<td >'.filetype($filename).'</td >';
          echo'<td >'.date("Y-m-d G:i;s").filectime($filename).'</td >';
          echo'<td >'.filesize($filename).'</td ></tr >';
        }
        echo'</table >';
        closedir($dir_handle);//关闭打开的目录
    }else{
    echo '打开目录失败! ';
    }
    echo'<br>';
    echo'path = $dirname 使用 scandir()遍历目录:<br>';
    echo'<table border =1 width =100% >'.'<colwidth =25% ><colwidth =25% >'.
'<colwidth =25%/>';
        echo'<tr ><th align = "left" >文件名 </th ><th align = "left" >文件类型 </th >'.
'<th align = "left" >创建时间 </th ><th align = "left" >文件大小 </th ></tr >';
        foreach(scandir('d:\temp')as $file){
          $filename = $dirname.'/'.$file;
```

```
            echo'< tr >< td >'.$file.'< /td >';
            echo'< td >'.filetype($filename).'< /td >';
            echo'< td >'.date("Y-m-d G:i:s").filectime($filename).'< /td >';
            echo'< td >'.filesize($filename).'< /td >< /tr >';
        }
        echo'< /table >';
    ?>
```

运行结果如图 5-17 所示。

path=$dirname 目录总空间:107374178304目录可用空间: 464663565824使用readdir()遍历目录:

文件名	文件类型	创建时间	文件大小
.	dir	2022-05-22 14:26:491653200192	0
..	dir	2022-05-22 14:26:491561348870	20480
book.sql	file	2022-05-22 14:26:491653200583	11492
db_book.sql	file	2022-05-22 14:26:491653200583	11474

path=$dirname使用scandir()遍历目录:

文件名	文件类型	创建时间	文件大小
.	dir	2022-05-22 14:26:491653200192	0
..	dir	2022-05-22 14:26:491561348870	20480
book.sql	file	2022-05-22 14:26:491653200583	11492
db_book.sql	file	2022-05-22 14:26:491653200583	11474

图 5-17   运行 test7. php 结果

提示:readdir( )和 scandir( )函数获得的文件名不包含路径信息,所以,在使用 filetype( )、filectime( )和 filesize( )等函数获取文件属性时,应加上文件路径,否则函数会调用失败,产生一个 Warning 错误。

三、创建和删除目录

下面分别对创建和删除目录的函数进行介绍。

(1)mkdir($pathname):创建指定目录,成功时返回 TRUE,失败时返回 FALSE。

(2)rmdir($dirnam):删除指定目录,成功时返回 TRUE,失败时返回 FALSE。若目录不为空或者没有权限,则不能删除目录,提示脚本出错。test8. php 代码如下。

```
<?php
    $dirname ='d:/temp';
    if(mkdir($dirname.'/subdir')){
      echo '创建目录:'.$dirname.'/subdir'.'操作成功! ';
    }

    if(mkdir($dirname.'/subdir')){//再次创建相同目录,测试是否失败
      echo '创建目录:'.$dirname.'/subdir'.'操作成功! ';
    }

    if(mkdir($dirname.'/subdir/subdir2')){
    echo '创建目录:'.$dirname.'/subdir/dir2'.'操作成功! ';
    }

    if(mkdir($dirname.'/subdir')){        // 目录不空,删除操作会失败
        echo '删除目录:'.$dirname.'/subdir'.'操作成功! ';
```

```
    }
    if(mkdir($dirname.'/subdir/subdir2')){
        echo'删除目录:'.$dirname.'/subdir/dir2'.'操作成功! ';
    }
    if(mkdir($dirname.'/subdir')){
        echo'删除目录:'.$dirname.'/subdir'.'操作成功! ';
    }
? >
```

运行结果如图 5 – 18 所示。

创建目录:d:/temp/subdir操作成功!
Warning: mkdir(): File exists in **D:\XAMPP2\htdocs\MR\05\5-20.php** on line **6**
创建目录:d:/temp/subdir/dir2操作成功!
Warning: mkdir(): File exists in **D:\XAMPP2\htdocs\MR\05\5-20.php** on line **12**

Warning: mkdir(): File exists in **D:\XAMPP2\htdocs\MR\05\5-20.php** on line **15**

Warning: mkdir(): File exists in **D:\XAMPP2\htdocs\MR\05\5-20.php** on line **18**

图 5 – 18　运行 test8. php 结果

项目实现　文件上传

实现思路

本项目实例包含了文件上传表单以及上传文件的接收处理脚本。通过遍历保存上传文件的目录,页面显示上传文件清单。

文件下载功能。首先应在 Apache 中添加个虚拟目录,映射到上传文件目录,这样每个上传文件都有一个 URL。用该 URL 建立超链接目标地址,用户单击超链接或者使用右键菜单中的"另存为"功能,即可下载文件。

文件删除功能。页面中的"删除"链接目标地址使用执行删除操作的 PHP 脚本,并将需要删除的文件名作为 URL 参数,这样在脚本中即可删除指定文件。本例所使用的功能需要多个文件夹实现,为便于管理,可在 HBuilder 中创建一个新的 PHP 项目,或者在现有项目中创建一个文件夹(本例选择了后者)。

本实例包含了 4 个文件:index. php、getFileList. php、getUpload. php、delete. php。通过这些文件可实现在线文件库首页创建、显示文件上传表单和已上传文件清单。

步骤一:编写首页

```
< html >
< head >
< meta charset = "gb2312" >
< title >在线文件库 < /title >
```

```
< /head >
< body >
<-- 文件上传表单 -->
< form entype = "mutipart/form - data"action = "getUpload.php"method = "POST" >
< imput type = "hidden"name = "MAX_FILE_SIZE"value = "8388608"/>
上传文件:< imputname = "myfile"type = "file"/>
< input type = "submit"value = "上传"/>
< /form >
< hr >
<?php
include'getFileList.php';//包含生成已上传文件清单的脚本
? >
< /body >
< /html >
```

步骤二:生成上传文件清单

getFileList. php 包含在 index. php 中,以表格方式生成上传文件清单。本例为了使首页代码结构更清晰,将上传文件清单生成代码放在独立的 PHP 文件中,也可以将其直接放在 index. php 中。getFleList. php 代码如下。

```
<?php
//以表格形式返回已经上传的文件列表
$upladdir ='d:\php5\upload\\';//上传文件目录
echo"已上传的文件如下表:";
echo' < table border =0 width =100% ><col width =45%/><col width =25% >
' <col width =15% ><col width =15% >';
echo'<tr ><thalign =left >文件名 < /th ><thalign =left >文件大小 < /th >'.
  ' < thalign =left >上传时间 < /th ><thalign =left >文件操作 < /th >< /tr >';
    $n =0;//用于实现奇偶行表格显示不同背景色
foreach(scandir($uploaddir)as $file){
    //scandir()获得上传文件目录中的文件清单,其中的中文文件名为系统的 gb2312 编码
    //各个文件属性函数应直接使用 scandir()获得的文件名,只是在输出到网页时需要转换
$filename = $uploaddir.$file;
    if(filetype($filename) =='dir')continue;//忽略目录
$n ++;
    if($n% 2 ==0)//相邻行显示不同的背景颜色
        echo'<trbgcolor =Lavender >';
else
        echo'< tr >';
```

```php
    //输出到网页的文件名应使用 PHP 默认的 UTF-8 编码,否则中文会出现乱码
    $uffile = iconv('gb2312','UTF-8', $file);//转换文件名编码
echo'<td>', $utffile,'</td>';
echo'<td>',getsize(filesize($filename)),'<td>';
echo'<td>',data("Y-m-dG:i:s",filectime($filename)),'</td>';
echo'<td>'<ahref=http://localhost/onlinefiles/', $utffile,'>下载</a>'
      .' <ahref=delete.php? dfile='$utffile,'>删除</a>'
.'</td></tr>';
}
echo'</table>';
functiongetSize($a){
    //filesize()函数返回的文件大小以字节为单位,转换后更具可读性
    //文件大小供用户查看文件,所以没有进行精确转换
    if($a>(1024*1024))//超过 1MB 的文件大小单位转换为 MB
    echo $a/1024/1024.'MB';
    elseif($a>(1024))//1MB 以内,超过 1KB 的文件大小单位转换为 KB
        echo $a/1024.'KB';
      else
        return $a.'B';//1KB 以内的单位为 KB
?>
```

步骤三:实现文件上传

getUpload. php 实现上传文件处理功能。主要包括检测上传操作是否执行、文件是否上传成功及修改临时文件名等。成功处理完上传文件,自动返回首页 index. php;如果有错误产生,则显示相应的错误提示。getUpload. php 代码如下。

```php
    <?php
    $uploaddir ='d:\php5\upload\\';   //上传文件目录
    $uploadfile = $uploaddir.basename($_FILES['myfile']['name']);/*获取文件完整名
称,含路径*/
  if(array_key_exists('myfile', $_FILES)){   //这里的参数名字必须与表单中的一致
    if(0 == $_FILES['myfile']['error']){   //为 0,说明上传操作完成
      $gbfile = iconv('UTF-8','gb2312', $uploadfile);
while(file_exists($gbfile)){
  //如果文件名存在,则生成一个新文件名
  $fname = $_FILES['myfile']['name'];
  $fext = pathinfo($fname)['extension'];
        $n = strrpos($fname, $fext);
    //在主文件名末尾加_rename 和一个随机数
```

```
                    $fmain = substr($fname,0, -($n-1)). '_rename'.rand(1,100);
$gbfile = $uploaddir.$fmain. '.'.$fext;
$gbfile = iconv('UTF-8','gb2312', $gbfile);
}
    if(rename($_FILES['myfile']['tmp_name'], $gbfile){  //修改临时文件名
    echo"临时文件更名成功,完成文件上传操作。\n";
//上传成功后,自动返回首页
        echo'<script>window.location = "index.php";</script>';
}else{
    echo"临时文件无法更名,上传操作失败,临时文件将被删除! \n";
}
}else{
    echo'文件上传出错,错误代码:', $_FILES['myfile']['error'];
}
//输出上传文件的信息数组
echo'<br><br>文件上传信息:';
echo'<pre>';
print_r($_FILES);
echo"</pre>";
}else{
    echo'出错了,未能执行文件上传操作!';
}
echo'<hr><a href=index.php>返回</a>';
```

步骤四:实现文件删除

　　delete. php 实现文件删除功能。首先从 $_REQUEST 全局变量中获得要删除的文件名,然后执行 unlink( ) 函数将其删除。成功删除则自动返回首页,否则显示错误信息。delete. php 代码如下。

```
<?php
$filename = $_REQUEST['dfile'];   //获得要删除的文件名
$gbfile = iconv('UTF-8','gb2312', $filename);
$uploaddir ='d:\php5\uploada\\';
if(unlink($uploaddir ='d:\php5\upload\\'.$gbfile))
//删除成功后,自动返回首页
    echo'<script>window.location = "index.php";</script>
echo $filename.'删除操作失败!';
echo'<hr><ahref = index.php>返回</a>';
?>
```

　　运行结果显示上传成功即可。

巩固练习

1. 选择题

(1)下列说法不正确的是( )。

A. function 是定义函数的关键字

B. 函数的定义必须出现在函数调用之前

C. 函数可以没有返回值

D. 函数定义和调用可以出现在不同的 PHP 文件中

(2)下列 4 个选项中,可作为 PHP 函数名的是( )。

A. $_abc   B. $123   C. _abc   D. 123

(3)函数 test 定义如下,错误调用函数的语句是( )。

```
function test($a, $b = -1){
return $a + $b;
}
```

A. $a = test(1,2);   B. $b = test(10);   C. echo test(1,2);   D. teset1,31;

(4)在下面的代码中,第 2 个 test( )输出结果为( )。

```
<?php
    function test(){
static $n = 5;
$n ++;
echo $n;
}
    $n = 10;
test();
test();
?>
```

A. 6   B. 7   C. 11   D. 12

(5)下列说法正确的是( )。

A. PHP 函数的参数个数是固定不变的

B. 可以将自定义函数名作为参数传递给另一个函数

C. call_user_func_array( )函数只能将数组作为参数传递给回调函数

D. call_user_func( )调用回调函数时,不能用数组作为参数

(6)下列说法正确的是( )。

A. 在执行文件操作时,都必须先执行 fopen( )函数将其打开

B. r + 模式打开文件时,只能从文件中读出数据

C. w + 模式打开文件时,只能向文件中写入数据

D. x + 模式不能打开已存在的文件

(7) 要查看文件创建时间,可使用( )选项中的函数。

A. filetype( )   B. filectime( )   C. fileatime( )   D. filemtime( )

(8) 打开文件后,不可以从文件中( )。

A. 读一个字符   B. 读一个单词   C. 读一行   D. 读多行

(9) 在实现上传文件表单时,表单编码方式应使用( )。

A. text/plain   B. application/octet − stream

C. multipart/form − data   D. image/gif

(10) 下列说法正确的是( )。

A. 如果没有设置任何文件大小限制,则可上传超大文件

B. 要启用 PHP 文件上传,必须设置 upload_tmp_dir

C. 上传的文件保存在临时目录中,可随时访问

D. 可从全局变量 $_FILES 中获得上传文件的信息

2. 编程题

(1) 定义一个函数,计算一个数的立方,并计算 $1 + 2 + 3 + \cdots + 10^3$ 和。

(2) 定义一个函数,返回 3 个参数中的最大值。

(3) 斐波那契数列的定义为 $f(0) = 0, f(1) = 1, f(n) = f(n-1) + f(n-2)(n \geqslant 2)$。定义一个函数,计算斐波那契数列的第 n 项,并输出斐波那契数列的前 10 项。

(4) 有一个文本文件内容如下,编写一个 PHP 脚本,读出其内容并将下列内容输出到网页中。

```
This is a PHP programming book
```

(5) 将 (4) 中的文本文件中每个单词逆转顺序写入文件。逆转后文件的内容为

```
sihT si a PHP gnimmargorp koob
```

(6) 实现一个文件上传网页,要求不允许上传可执行文件。

项目六

投票系统——面向对象基础知识

知识目标：

- 了解面向对象基础知识
- 了解 PHP 类的定义
- 了解 PHP 类的实例对象的定义

技能目标：

- 掌握 PHP 类的定义
- 掌握 PHP 类的属性和方法的定义
- 掌握 PHP 定义类的构造函数
- 掌握 PHP 类的实例对象的创建方法
- 掌握 PHP 抽象方法和抽象类的定义
- 掌握 PHP 类的继承
- 掌握 PHP 基类方法的调用
- 掌握 PHP 基类抽象方法的实现
- 实现一个投票系统

素质目标：

- 通过 PHP 面向对象的学习，树立 Web 前端开发岗位职业道德
- 通过 PHP 面向对象的学习，培养学生追求卓越的精神和刻苦务实的工作态度
- 具有理论联系实际、实事求是的工作作风

项目描述

软件公司有时需要对一些事务进行投票，并根据员工的投票了解员工需求，这样也有利于公司未来发展，传统的纸质投票需要进行人工填写、唱票，这样非常耗时耗力，并且也不透明。公司网站决定做一个投票系统，员工可以直接在网站上发起投票，并实时统计得票情况。小张所在的项目组认为使用面向对象编程设计一个投票系统是可行的。

项目分析

了解项目基本内容后，小张所在的项目组对项目进行了实施规划。首先了解投票系统的功能需求。本项目首先认识面向对象的基本知识，了解面向对象的基本特征，通过对常用操作类进行实例分析,最后使用 PHP 面向对象知识实现一个在线投票系统。用户进入投票页面,输入自己的用户名并选择认为可获得世界杯冠军的国家,然后提交。

任务一 认识面向对象编程

面向对象程序设计是 20 世纪 80 年代发展起来的一种程序设计方法,它通过对象模拟现实世界,利用抽象的方法来设计计算机软件。类是属性(静态特征)和方法(动态特征)的集合,是面向对象编程方式的核心和基础,通过类可以将零散的用于实现某项功能的代码进行有效管理,对象就是类的实例化。

面向对象程序设计的 3 个主要特征为封装、继承和多态。下面分别进行介绍。

封装:指将数据和处理数据的方法包含在一类。类实例化为对象。每一个对象都是该类的一个独立实体。对用户而言,类的内部是隐藏的,只能通过公开的数据或者方法来操作对象。就是将一个类的使用和实现分开,只保留有限的接口(方法)与外部联系。

继承:指一个类传承了另一个类的全部特征,并具有自己的特征。通过继承得到的新的类可称为派生类或者子类,被继承者称为基类或者父类。

多态:指对象的同一个动作在不同情况下可能产生不同的结果,PHP 可通过方法重载来实现多态。

在 PHP 中,对象的数据和方法对应类中的数据成员(也称属性成员)和方法成员。数据成员为变量,方法成员为函数。类的基本结构如下所示。

```
class 类名 {
…    //属性列表
…    //方法列表
}
```

属性列表为多个属性的声明,方法列表为多个方法的声明。通常,属性声明放在方法声明之前。从语法角度来看,属性声明和方法声明的先后顺序没有关系。类可以没有任何成员,也可只有属性成员或方法成员。

一、简单类的定义和使用

在使用类时,应明确如何定义类、进行属性声明、进行方法声明、创建对象、使用属性和使用方法等操作,再根据该操作对类进一步熟悉。下面定义了一个简单的 person 类。

```php
<?php
class person{
private $name;//声明私有属性
function __construct($name){      //定义构造函数
        $this ->name = $name;
}
public function getName(){      //定义公共方法获取属性值
```

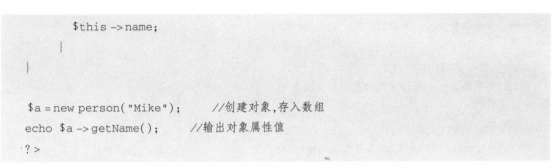

```
        $this -> name;
    }
}

$a = new person("Mike");      //创建对象,存入数组
echo $a -> getName();      //输出对象属性值
?>
```

使用代码定义了 person 类,它有一个私有属性 $name、一个构造的数__construct( )和一个公共方法 getName( )。pubic 和 private 等关键字将在后面的内容中介绍。

该例主要涉及的关键知识点包括构造函数、new 关键字、$this 关键字、对象变量以及对象方法和属性的访问。

1. 构造函数与 new 关键字

PHP 中类的构造函数名称统一为__construct( ),不同类的构造函数的区别只在于函数参数和函数体现不同。

在使用 new 关键字创建类时,构造函数自动被调用,完成对象的初始化操作。在语句" $a = new person("Mike");"中,参数"Mike"作为构造函数参数 $name 的值被赋给对象属性 $name。通常构造函数的参数名称与对应的属性名称相同,这主要是为了便于阅读程序,也可使用其他合法的变量名称。

2. $this 关键字

$this 关键字代表当前对象,注意不是代表类。在类的内部,并不能直接使用属性名来访问属性,而应该用" $this -> 属性名"格式来访问属性,注意属性名前面没有 $符号。

3. 对象变量

对象变量指保存类的实例对象的变量,通过对象变量来访问对象的属性和方法。new 关键字创建的对象通常保存在对象中,便于使用。将一个对象赋值给变量实质是建立变量与对象 的引用关系。再将对象变量赋值给另一个变量,则多了一个到对象的引用。

4. 对象的方法和属性

对象的方法和属性用对象名加" -> "进行访问,如 $this -> name 和 $a -> getName( )。

二、析构函数

析构函数与构造函数的作用相反。当对象的所有引用被删除、对象被显示销毁、执行 exit( )结束脚本或者脚本执行结束时,析构函数会被调用。通常在析构函数中释放对象使用的资源或填写对象注销日志。

将对象变量赋值为 NULL,用 unset( )函数删除变量,均可删除变量到对象的引用。

```
<?php
class test{
function __construct(){
```

```
echo"构造函数_construct()被执行! <br>";
}
function __destruct(){
echo"析构函数_destruct()被执行! <br>";
}
function say(){
    echo"test 对象 say()方法输出! <br>";
}
}
$a = new test();//创建对象并建立变量到对象的引用,会调用构造函数
$a = NULL;//删除对象引用,会调用析构函数
(new test()) -> say();/*创建对象,调用构造函数,调用对象方法,因为无对象引用,再调用析构函数 */
$b = new test();//创建对象并建立变量到对象的引用,会调用构造函数
$c = $b;//赋值,建立另一个变量到同一个对象的引用
$b = NULL;//$b 到对象的引用被删除,$c 到对象的引用还在,不会调用构造函教
echo '$b 设置为 NULL <br>脚本结束! <br>';
?>
```

代码在 IE 浏览器中的显示结果如图 6-1 所示。

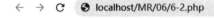

```
←  →  C    ⊗ localhost/MR/06/6-2.php
构造函数_construct()被执行!
析构函数_destruct()被执行!
构造函数_construct()被执行!
test对象say()方法输出!
析构函数_destruct()被执行!
构造函数_construct()被执行!
$b设置为NULL
脚本结束!
析构函数_destruct()被执行!
```

图 6-1 析构函数调用

提示:根据内存回收机制,PHP 并不能保证析构函数的准确执行时间,所以应谨慎使用析构函数。如果没有为类定义构造函数和析构函数,PHP 会自动生成一个默认的构造函数和析构函数。PHP"垃圾回收"机制可以自动回收没有使用的对象占用的内存。

三、类成员的可见性

public(公有)、protected(受保护)和 private(私有)关键字用于设置类成员的可访问性(也称可见性)。公共成员就是可以公开的、没有必要隐藏的数据信息。可以在程序的任何地点(类内、类外)被其他的类和对象调用。子类可以继承和使用父类中所有的公共成员。对于成员方法,如果没有写关键字,那么默认就是 public,如下类 test。

```
class test{
public $var1;    //声明公有属性
protected $var2; //声明保护属性
private $var2;       //声明私有属性
public function func1(){ //声明公有方法
    //.....
}
protected function func2(){ //声明保护方法
    //.....
}
private function func3(){ //声明私有方法
  //.....
}
}
```

类的属性必须使用 public、protected 成 private 进行声明,在 PHP 3 和 PHP 4 中使用 var 声明属性,PHP 5 仍保留了 var,var 声明的属性都是公有属性。类的方法在未声明可访问性时,默认为公有。下面对该类函数分别进行介绍。

public:公有成员,在类的内部和外部均可访问。外部访问格式为"$变量名 -> 成员名",内部访问格式为"$this -> 成员名"。公有成员可被继承,访问规则也适用。

protected:保护成员,只能在类的内部通过"$this -> 成员名"访问。保护成员可被继承。

private:私有成员,与保护成员类似,但私有成员可以被继承。然而对子类而言,父类的私有成员是不可见的,只能通过父类的方法进行访问。

提示:可使用 GET 和 POST 方式提交数据。在表单的 action 属性请求的 URL 中包含参数,如 action = "testl. php? name = admin&password = 123"。

四、静态成员

在类中可使用 static 关键字声明静态属性和静态方法,例如:

```
class test{
static $var =100;   //声明静态属性
static function func(){ //声明静态方法
    echo"静态方法";
}
}
```

静态成员相当于存储在类中的全局变量和全局函数,可在任何位置访问。静态成员和常规成员不同,静态成员属于类,而不属于类的实例对象。在类外部,静态成员使用"类名::静态成员名"格式来访问,例如:

```
echo test:: $var;
```

```
test::func();
```

静态属性不能通过对象访问,静态方法可以通过对象访问,例如:

```
$a = new test();
echo $a -> $var;    //错误,不能通过对象访问静态属性
$a -> func();       //正确,可以通过对象访问静态方法
```

在类的内部,使用 "self::静态成员名" 格式访问静态成员。注意,在静态方法内部不能使用 $this 变量。

五、类的常量

在类中可使用 const 关键字声明常量。类的常量与类的静态成员类似,常量既属于类,又属于类的实例变量。类的常量名区分大小写。

在类外部用"类名::常量名"格式来访问,在内部用"self::常量名"格式访问,例如:

```
<?php
class test{
    const constkey ='php test';
function getConstKey(){
    return self::constkey;//在类的内部访问类的常量
}
}
    $a = new test();
    echo $a ->getConstKey();
    echo test::constkey,    //在类的外部访问类的常量
```

任务二 认识面向对象的基本特征

一、继承

继承是面向对象的一个重要特点。PHP 使用 extends 关键字实现继承,子类继承了父类所有成员(私有成员不可见,但可通过方法访问)。其中,父类也可称为基类,子类也可称扩展类或者派生类。

```
<?php
class test{
    const constkey = "php test";
    private $var1;
    public $var2;
    protected $var3;
    function __costruct($var1,$var2,$var3){
```

```
        $this ->var1 = $var1;
        $this ->var2 = $var2;
        $this ->var3 = $var3;
    }

    function setVar1($var1){$this ->var1 = $var1;}
    function getVar1(){return $this ->var1;}
    function setVar2($var2){$this ->var2 = $var2;}
    function getVar2(){return $this ->var2;}
    function setVar3($var3){$this ->var3 = $var3;}
    function getVar3(){return $this ->var3;}
}
class subtest extends test{ //通过继承创建子类
}
$a = new subtest("one","two","three");//创建对象
echo $a ->getVar1(); //获取私有属性的值
$a ->setVar1(100);     //修改私有属性的值
echo $a ->getVar1();
echo '< br >';
echo $a ->var2;        //公共属性可以直接访问
$a ->var2 = 200;       //修改公有属性的值
echo $a ->var2.'< br >';
echo $a ->getVar3();//获取保护属性的值
$a ->setVar3(300);//修改保护属性的值
echo $a ->getVar3();
echo '< br >'.subtest::constkey;//访问类常量
? >
```

运行结果如图6-2所示。

```
200
300
php test
```

图6-2　实现继承

二、重载

在子类中声明与父类同名的属性和方法称为重载。重载过后,在子类中可用"parent::父类成员名"格式来访问父类成员。

```
<?php
class test{
const constkey = "php test";
```

```
private $var1;
public $var2;
protected $var3;
function __construct($var1,$var2,$var3){
        $this ->var1 = $var1;
        $this ->var2 = $var2;
        $this ->var3 = $var3;
}
   function setVar1($var1){$this ->var1 = $var1;}
   function getVat1(){return $this ->var1;}
   function setVar3($var3){$this ->var3 = $var3;}
   function getVar3(){return $this ->var3;}
}
class subtest extends test{
   public $subvar;//声明子类的属性
   function __construct($var1,$var2,$var3,$subvar){//重载构造函数
   parent::__construct($var1,$var2,$var3);//调用父类构造函数
    $this ->subvar = $subvar;
}
   function setVar3($var3){   //重载方法
   $this ->var3 = $this ->getVar3().$var3;//用对象原来的值和参数连接成新的字符串
}
}
$a = new subtest("one","two","three","four");//创建对象 echo $a ->getVar1();
echo   " < br > ";
echo $a ->var2;
echo   " < br > ";
echo $a ->getVar3();
echo   " < br > ";
echo $a -> subvar;
echo   " < br > ".subtest::constkey;
 $a -> setVar3(100);
echo   " < br > ";
echo $a ->getVar3();
? >
```

运行结果如图 6 - 3 所示。

two
three
four
php test
three100

图 6 - 3　方法的重载

提示：如果不希望某个类被继承，可使用 final 关键字进行声明，例如，final class test{…}。同样，final 声明方法不允许被重载，例如：final public function setVar($vr3){…}。

三、抽象类

有时需要在类中声明一些未实现的方法，让这些方法在子类中实现，这就需要使用抽象方法和抽象类。PHP 中使用 abstract 关键字声明抽象方法。抽象方法只有函数原型，不能有函数体。可在一个类中声明多个抽象方法，只要有一种方法是抽象方法，类就必须使用 abstract 关键字声明为抽象类。抽象类可以只包含抽象方法的类，也可以包含它们的属性和常规方法。

声明抽象类的基本格式为

```
abstract class 类名{
    …              //属性声明
    abstract function 抽象方法名();//声明抽象方法,不能使用大括号
    …//方法声明
}
```

不能创建抽象类的实例对象，否则会产生致命错误。

```php
<?php
abstract class test{ //声明抽象类
public $var1;
function printinf(){
    echo"echo in class test function<br>";
    }
abstract function printwhat();//声明抽象方法,不能使用大括号
public function __constuct($var1){
    $this->var1 = $var1;
}
}
class subtest extends test{//继承抽象类,并重载实现抽象方法
  function printwhat(){
    echo"echo in subclass subtest function<br>";
    }
}
$a = new subtest("do something");
$a->printinf();
$a->printwhat();
echo $a->var1;
$b = new test(123);//试图创建抽象类的对象,这会导致致命错误
?>
```

效果如图 6 - 4 所示。

echo in class test function
echo in subclass subtest function

Fatal error: Uncaught Error: Cannot instantiate abstract class test in D:\XAMPP2\htdocs\MR\06\6-5.php:21 Stack trace: #0 {main} thrown in **D:\XAMPP2\htdocs\MR\06\6-5.php** on line **21**

图 6 - 4　抽象类的使用

四、接口

PHP 不允许多重继承,即一个子类只能有一个父类。接口提供了另一种选择,允许一个类实现(implements)多个接口,接口的声明方法与类的相似,但接口只包含常量和函数原型,接口中的函数原型都必须用 abstract 声明为抽象方法。接口声明的基本格式为:

```
interface 接口名{
...        //常量声明
...       //方法声明
}
```

实现接口的类的基本格式为:

```
class 类名 implements 接口 1,接口 2,…{
...
}
```

提示:接口中的方法总是公有的抽象方法,可以用 abstract public 声明接口方法,但不能使用 private 或 protected。如果一个类实现了多个接口,则这些接口中不能有同名的属性或方法。

```php
<?php
interface a{
const type a = "phone";
function say a();
}
interface b{
const type b = "computer";
function say b();
}
class test implements a,b{
function say a(){ echo self::type a;}
function say b(){ echo self::type b;}
}
$a = new test();
$a -> say a();
echo" <br>";
$a -> say b();
?>
```

运行结果如图 6 - 5 所示。

phone
computer
图 6 – 5　接口的实现

任务三　认识操作常用类

PHP 提供了一些内置的方法和函数,为类实现额外的功能。下面对常用类的操作进行介绍。

一、__toString( )方法

有时需要将对象转换为字符串,如使用 echo 或 print 输出,或者执行字符串运算等。在类中实现__toString( )方法便可满足这些需求。

```php
<?php
class test{
private $name;
private $sex;
private $age;
public function  __construct($name, $sex, $age){
        $this -> age = $age;
        $this -> name = $name;
        $this -> sex = $sex;
}

function __toString(){
    return $this -> name.";".$this -> sex.";".$this -> age;
}
}
$a = new test("Mike","男",35);
echo $a;
?>
```

运行结果如图 6 – 6 所示。

Mike;男;35

图 6 – 6　__toString( )方法的使用

提示:类中没有实现__toSring( )方法,试图将对象转换为字符串将产生致命错误。

二、__autoload( )函数

通常,自定义的函数、类是放置在独立的文件中的,使用时执行文件即可。如果忘记了包含类,创建类的对象则会出错。也可在脚本中实现__autoload( )方法。加载需要的类。当使用

未加载的类时,类名作为参数自动调用__autoload()方法,从而保证脚本继续执行。

```php
<?php
   include "test_inc.php";
   $a = new test8_1();
   $a -> say();
?>
```

test_inc. php 中实现了__autoload()方法,加载需要的类,代码如下。

```php
<?php
function __autoload($class_name){
     include_once" $class_name.php";
}
?>
```

运行以下脚本,结果如图6-7所示。

```php
<?php
include"test_inc.php";
$a = new test8_1();
$a -> say();
?>
```

this is echo information in class test8_1!

图 6 - 7　__autoload( )方法的实现

三、__set( )、__get( )和__call( )方法

在面向对象的模式中,在试图为类的不可访问属性赋值时,会自动调用__set()方法;试图读取不可访问属性值时,会自动调用__get()方法,在访问不可访问的方法时,会自动调用__call()方法。这里的"不可访问"指属性或方法属于非公有或者不存在。基于类的封装原则,非公有属性和方法都对外不可见。在类外部访问时,会导致脚本出错,所以在类中使用私有属性定义对应的公有方法来设置和读取属性值。为大量的私有属性定义配套公有方法,增加了代码工作量,这时就可使用__set()和__get()统一定义属性访问规则。代码如下所示。

```php
<?php
class test{
private $a;
private $b;
private function say($var){
echo $this ->a." < br > ";
echo $this ->b." < br > ";
print_r($var);
```

```php
echo '<br>前面三个数据为私有方法 say()中的输出。';
}
public function __set($name, $value){
    if($name == "a")
            $this->a = $value;
    else if($name == "b")
            $this->b = $value;
        else
        echo '不能为 $name 赋值';
}
public function __get($name){
    if($name == "a")
    return $this->a;
else if($name == "b")
    return $this->b;
else
    echo '<br>不能读取 $name 值 <br>';
}
    public function __call($name, $arguments){
            if($name == "say")
                $this->say($arguments);
            else
        echo '<br>不能调用 $name()方法 <br>';
}
}
$x = new test();
$x->a = 100;            //为不可见的私有属性赋值
$x->b = "php book";    //为不可见的私有属性赋值
$x->c = "abc";         //为不存在的属性赋值
echo" <br>";
$x->say("c ++");    //调用不可见的私有方法
$x->sayblabla();    //调用不存在的方法
?>
```

运行结果如图 6 - 8 所示。

```
不能为$name赋值
100
php book
Array ( [0] => c++ )
前面三个数据为私有方法say()中的输出。
不能调用$name()方法
```

图 6 - 8　__set( )、__get( )和__call( )方法的实现

四、__clone( )方法

在使用 clone( )函数复制(克隆)对象时,类的__clone( )方法被调用。对象复制通常需要一个对象的副本,副本对象经复制,就应与原对象没有关系。所以,要使用对象复制功能,通过 clone( )方法来实现。下面讲解在__clone( )方法中复制对象数据,创建一个新的对象。

```php
<?php
class test{
private $a;
private $b;
public function __construct($a, $b){
    $this ->a = $a;
    $this ->b = $b;
  }
public function __set($name, $value){
    if($name =='a')
      {
        $this ->a = $value;
        return true;
      }
    else if($name =='b')
      {
        $this ->b = $value;
        return true;
      }
    else
       return false;
      }
public function __get($name){
   if($name =='a')
   return $this ->a;
   if($name =='b')
   return $this ->b;
   return NULL;
   }
public function __toSring(){
    return $this ->a. ';'.$this ->b;
}
public function __clone(){
//调用 clone( )方法时,用对象数据创建一个新的对象返回
```

```
    return new test($this ->a, $this ->b);
  }
}

$x = new test(1,2);
echo  $x ->a;
//echo" $x 对象数据:".$x;
$y = $x; //对象变量赋值,引用的是同一对象
$y ->a ='one'; //因为 $y 和 $x 指定同一变量,后面通过 $x 获得的对象数据已变
echo '< br > $x 对象数据:'.$x ->a;
$z = clone($x);    //克隆对象
$z ->a =100;          //修改属性 a 的值,属性 b 的值不变,但不会影响 $x 引用的变量
echo '< br > $x 对象数据:'.$x ->a;
echo '< br > $z 对象数据:'.$z ->a;
? >
```

运行结果如图 6 - 9 所示。

```
1
$x对象数据:one
$x对象数据:one
$z对象数据:100
```

图 6 - 9   __clone( )方法的实现

项目实现   投票系统

实现思路

投票系统包含输入用户名页面、投票页面和结果页面。

(1)输入用户名页面:页头显示"输入用户名";页面内容显示一个输入框和"下一步"按钮;页脚显示当前时间。如图 6 - 10 所示。

输入用户名

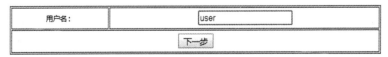

2020-05-12 10:01:06 am

图 6 - 10   "输入用户名"页面

(2)投票页面:页头显示"谁能获得世界杯冠军?";页面内容使用单选按钮列出可能获得冠军的国家(中国、美国、巴西、意大利、英国、德国、意大利和法国),并显示一个"确定"按钮;页脚显示当前时间。如图 6 - 11 所示。

谁能获得世界杯冠军?

◉中国 ○美国 ○巴西 ○意大利 ○英国 ○德国 ○意大利 ○法国

[确定]

2020-05-12 10:47:46 am

图 6-11   投票页面

(3)结果页面:页头显示"投票结果页";页面内容显示用户名和所选择的国家名;页脚显示当前时间。如图 6-12 所示。

投票结果页

user: 中国

2020-05-12 10:49:01 am

图 6-12   投票结果页面

创建新项目 vote,生成页面。

在线投票系统使用代码来生成 3 个页面,分析 HTML 页面,一般结构分为页头(< header >)、页面内容和页脚(< footer >)。

```
<html>
<head>
    <meta charset ='utf-8'/>
    <link rel = "stylesheet" type = "text/css" href = "css/style.css" />
    <title><!-- 页面标题 --></title>
</head>
<body>
    <header>
        <h1><!-- 页面标题 --></h1>
    </header>

    <!-- 页面标题 -->

    <footer>
        <p>2020-05-11 14:57:10 pm</p>
    </footer>
</body>
</html>
```

3 个页面中,基本结构和页脚代码相同,因此,可以定义一个 Page 基类,定义 $title 用来保存当前页面的标题,定义 Display( ) 函数来输入页面,定义 DisplayHeader( ) 函数来输入页面头部,定义 DisplayFooter( ) 函数来显示页脚,并定义抽象函数 DisplayContent 用来输出页面内容。

3 个页面子类(FirstPage、VotePage、ResultPage)继承 Page 类,在子类中设置标题内容和实现 DisplayContent( )函数,输出各自的页面内容。

页面之间需要传值,则在 Page 类中定义 $data 数组,在创建对应页面的对象后,调用 set( )函数将数据保存到 $data 对象中。结构如图 6 – 13 所示。

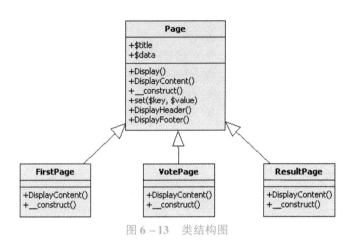

图 6 – 13 类结构图

文件设计见表 6 – 1。

表 6 – 1 文件设计列表

类型	文件	说明
php 文件	first. php	显示第一页
	vote. php	显示投票页面
	result. php	显示结果页面
	page. pgp	Page 基类
	first_ page. php	FirstPage 基类
	vote_ page. php	VotePage 基类
	result_ page. php	ResultPage 基类
css 文件	style. css	页面样式

步骤一:创建项目和文件

(1)创建项目,项目名为 vote。

(2)创建 css 文件夹。

(3)创建 php 文件,如图 6 – 14 所示。style. css 为页面样式,first. php 显示第一页,first_ page. php 为 FirstPage 类,vote. php 显示投票页,vote_ page. php 为 VotePage 类,result. php 显示结果页,result_ page. php 为 ResultPage 类,page. php 为 Page 基类。

图 6 – 14　文件结构图

（4）编写 style. css 文件，代码如下：

```css
body{
    text -align:center;
}
h1{
    text -align:center;
}
table{
    width:600px;
    border:1px solid #000000;
    text -align:center;
    margin:0 auto;
}
th,td{
    padding:5px;
    border:1px solid #000000;
}
.button{
    width:280px;
    margin:0 2px;
}
span{
    color:red;
}
```

步骤二：创建页面基类

编写 page. php 文件，步骤如下：

（1）定义抽象类 Page 类,代码如下:

```php
<?php
abstract class Page {
    //
}
?>
```

（2）定义页面属性,代码如下:

```php
<?php
abstract class Page {
    public $title = "";
    public $data = array();
}
?>
```

（3）编写构造函数,设置页头,编写 data 设置函数,代码如下:

```php
public function __construct($title = ""){
    $this ->title = $title;
}
public function set($key, $val){
    $this ->data[$key] = $val;
}
```

（4）编写页面输出函数: public function Display( ) 函数显示页面, public function DisplayHeader( ) 函数输出页头, public function DisplayFooter( ) 函数输出页脚, public abstract function DisplayContent( ) 为抽象函数。代码如下。

```php
<?php
abstract class Page {
    public $title = "";
    public $data = array();

    public function __construct($title = ""){
        $this ->title = $title;
    }

    public function set($key, $val){
        $this ->data[$key] = $val;
    }
}

public function Display(){
```

```
        echo" <html > \n";
        echo" <head > \n";
        echo" <meta charset ='utf - 8 ' /> \n";
        echo" <link rel ='stylesheet' type ='text /css' href ='css /style.css' /> \n";
        echo" <title >" . $this ->title ." </title > \n";
        echo" </head > \n";
        echo" <body > \n";
        $this ->DisplayHeader();
        $this ->DisplayContent();
        $this ->DisplayFooter();
        echo" </body > \n";
        echo" </html >";
    }

    public function DisplayHeader(){
        echo" <header > \n";
        echo" <h1 >" .$this ->title ." </h1 > \n";
        echo" </header > \n";
    }

    public function DisplayFooter(){
        date_default_timezone_set("Asia /Shanghai");
        echo" <footer > \n";
        echo" <p >" . date("Y -m -d h:i:s a",time())." </p > \n";
        echo" </footer > \n";
    }

    public abstract function DisplayContent();
}
? >
```

步骤三:创建输入用户名页面

1. 编写 vote_page. php 文件

(1)使用 include_once 导入 page. php 文件。

(2)定义 VotePage 类。基类为 Page 类。

(3)编写构造函数 function __construct( ),调用基类 parent 的构造函数,设置页面的标题。

(4)实现基类的抽象函数 public function DsiplayContent( ),显示投票选项,并设置一个 username 的隐藏框,用于保存上一页输入的用户名。

代码如下。

```php
<?php
include_once"page.php";

class VotePage extends page{
    public $username = "";

    public function __construct(argument){
        parent::__construct("谁能获得世界杯冠军?");
    }

    public function DisplayContent(){
?>
        <form action = "result.php" method = "post">
            <input type = "hidden" name = "username" value = "<?php echo $this->data['username'];?>">
                <div>
        <label><input type = "radio" name = "content" value = "中国">中国</label>
        <label><input type = "radio" name = "content" value = "美国">美国</label>
        <label><input type = "radio" name = "content" value = "巴西">巴西</label>
        <label><input type = "radio" name = "content" value = "意大利">意大利</label>
        <label><input type = "radio" name = "content" value = "英国">英国</label>
        <label><input type = "radio" name = "content" value = "德国">德国</label>
        <label><input type = "radio" name = "content" value = "意大利">意大利</label>
        <label><input type = "radio" name = "content" value = "法国">法国</label>
                </div>
                <br/>
                <button type = "submit">确定</button>
        </form>
<?php
    }
}
?>
```

2. 编写 first. php 文件

使用 require 导入 first_ page. php 文件，创建 FirstPage 类的实例对象，调用 Display( ) 函数显示输入用户名页面。代码如下。

```php
<?php
require'first_page.php';
$page = new FirstPage();
$page ->Display();
?>
```

访问 http://localhost/vote/first. php，进入"输入用户名"页面。

步骤四:创建投票页面

1. 编写 first_ page. php 文件

(1)使用 include_once 导入 page. php 文件。

(2)定义 FirstPage 类。基类为 Page 类。

(3)编写构造函数 function __construct( )，调用基类 parent 的构造函数，设置页面的标题。

(4)实现基类的抽象函数 public function DsiplayContent( )，显示输入用户名页面。

代码如下。

```php
<?php
include_once"page.php";

class FirstPage extends page {

    public function __construct(){
        parent::__construct("输入用户名");
    }

    public function DisplayContent(){
        ?>
        <form action = "vote.php" method = "post" >
            <table >
                <tr >
                    <td >用户名:</td >
                    <td ><input type = "text" name = "username" ></td >
                </tr >
                <tr >
                    <td colspan = "2" ><button type = "submit" > 下一步
</button ></td >
                </tr >
```

```
        </table>
      </form>
      <?php
    }
  }
?>
```

2. 编写 vote. php 文件

使用 require 导入 vote_page. php 文件,创建 VotePage 类的实例对象,从 $_POST 中取得上一页用户输入的 username 值,调用 set( )函数将用户名设置到 VotePage 页面,调用 Display( )函数显示投票页面。代码如下。

```php
<?php
require'vote_page.php';
$page = new VotePage();
$page -> set("username", $_POST["username"]);
$page -> Display();
?>
```

步骤五:数据的获取和写入

1. 编写 result_ page. php 文件

(1)使用 include_once 导入 page. php 文件。

(2)定义 ResultPage 类。基类为 Page 类。

(3)编写构造函数 function __construct( ),调用基类 parent 的构造函数,设置页面的标题。

(4)实现基类的抽象函数 public function DsiplayContent( ),显示页面结果。

代码如下。

```php
<?php
include_once"page.php";

class ResultPage extends page {

    public function __construct(){
        parent::__construct("投票结果页");
    }

    public function DisplayContent(){
        echo $this -> data["username"].":".$this -> data["content"];
    }
}
```

2. 编写 result. php 文件

使用 include_once 导入 result_page. php 文件,创建 ResultPage 类的实例对象,从 $_POST 中取得上一页用户输入的 username 值和 content 值,调用 set( ) 函数将 username 值和 content 值设置到 ResultPage 页面,调用 Display( ) 函数显示结果页面。代码如下。

```php
<?php
include_once 'result_page.php';
$page = new ResultPage();
$page -> set("username", $_POST["username"]);
$page -> set("content", $_POST["content"]);
$page -> Display();
?>
```

步骤六:运行测试

(1)将 vote 文件夹放到 PHP 运行环境根目录下。

(2)在浏览器地址栏中输入 http://localhost/vote/first. php,显示输入用户名页。

(3)在输入用户名页输入用户名"user",单击"下一步"按钮,进入投票页,如图 6 – 11 所示。

(4)选择一个投票后,单击"确定"按钮,进入"投票结果页",如图 6 – 12 所示。

巩固练习

1. 选择题

(1)下列说法不正确的是(　　　)。

A. PHP 中类使用 class 关键字进行声明　　　B. 类可以没有属性成员或方法程序

C. 类中的属性成员应该在方法之前进行声明　　D. 可以不为类定义构造函数和析构函数

(2)类 test 的定义如下。$x 是类 test 的对象,则 4 个选项中,正确的是(　　　)。

```php
class test{
    private $a;
    public $b;
}
```

A. $x. a = 1;　　　　B. $x -> a = 1;　　　　C. $x. b = 1;　　　　D. $x -> b = 1;

(3)类 test 的定义如下。$x 是类 test 的对象,则 4 个选项中,正确的是(　　　)。

```php
class test{
const no = '110';
    }
```

A. echo $x. no;　　　　　　　　　　　　B. echo $x -> no;

C. echo test -> no;　　　　　　　　　　D. echo test : : no;

(4)执行下面的代码后,输出结果为(　　)。

```
class test{
    public $data;
    }
$x = new test();
$x -> data = 100;
$y = $x;
    $y -> data = 10;
    echo $x -> data;
```

A. 100　　　　　　　　　B. 10　　　　　　　　　C. 0　　　　　　　　　D. Null

(5)下列说法正确的是(　　)。

A. 只有将类的实例对象赋值给变量,才能使用对象

B. 如果没有定义类的构造函数,则无法创建类的对象

C. 如果没有任何到对象的引用,则对象的析构函数会被调用

D. 无论何种情况,在类外部都不能通过对象用" -> "访问私有属性

2. 编程题

(1)定义一个 person 类,调用 say( )方法输出"hello php"。

(2)定义一个(1)中定义的 person 类的子类,为子类声明一个 say( )方法,在其中调用父类 say( )方法。

项目七

试题信息管理系统——MySQL数据库管理

知识目标：

- 掌握 MySQL 的基本使用方法
- 掌握数据表的数据维护操作
- 掌握数据库的视图、事务和存储过程
- 掌握数据库的高级管理

技能目标：

- 创建数据库、数据表、视图和存储过程
- 添加数据、删除数据和修改数据
- 多种形式的数据查询
- 数据库备份与恢复
- 管理数据库的用户和权限
- 完成试题管理系统

素质目标：

- 通过 MySQL 的开发来培养团队合作的精神
- 通过数据库知识的拓展来培养个人的自学能力
- 通过实用案例的操作来培养学生的数据安全管理意识

项目描述

PHP 在开发 Web 站点或一些管理系统时，需要对大量的数据进行保存，所以，在项目开发时，数据库变得非常重要。PHP 可以连接的数据库种类很多，其中 MySQL 数据库与其兼容较好，在 PHP 数据库开发中被广泛地应用。小张在学校学习过 MySQL 数据库，项目组也使用 MySQL 数据库保存数据，这里是一个很好的实践机会。

项目分析

数据库作为程序中数据的重要载体，在整个项目中扮演着重要的角色。项目组经过分析，使用 MySQL 数据库与 PHP 进行连接，MySQL 数据库具有安全、跨平台、体积小和高效等特点，特别适合中小企业网站开发，是 PHP 的"黄金搭档"。本项目首先需要创建数据库、数据库表、视图以及存储过程，使用 MySQL 语句对数据库表数据进行增删改查，并实现对数据库的备份与恢复，最后通过以上知识实现一个 MySQL 试题管理系统。

任务一 MySQL 的基础操作

数据数据库(Database)是按照数据的结构要求,来组织、存储和管理数据的仓库。数据库是软件开发,尤其是动态网站开发的核心部分。

数据库有很多类型,从最简单的存储数据的表格,到存储海量数据的大型数据库系统,都属于数据库的范畴。通常可以分为三种类型:层次数据库、网状数据库和关系数据库。

一、关系数据库和 MySQL

使用表格表示实体和实体之间关系的数据模型称为关系数据模型。关系数据库是目前最流行的数据库,MySQL 就是一种流行的关系数据库。MySQL 数据库的结构包含实体和实体关系。以学生选课系统为例,实体包括学生、教师、课程,实体关系包括学生与课程之间的选课关系、教师与课程之间的教课关系。在关系数据库中,实体和实体关系均可以用表格来表示。如图 7-1 所示,学生表、课程表、教师表是实体表;选课表、教课表是关系表。

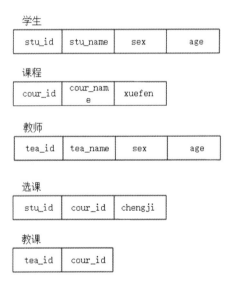

图 7-1 关系数据库中的数据表

关系数据库主要有以下优点:

(1)数据关系表示比较直观,关系数据模型主要包含一些表格,实体的属性用表格表示,实体的关系也是通过表格表示,清晰明了。

(2)查询数据的时候,只需给出表名、列名和数值条件,操作简单。

由于现在云技术的广泛应用,大量数据间的联系比较呈现出堆砌的模式,而非紧密联系的数据,所以非关系型的数据库开始流行。但是对于一般的软件设计来说,数据间需要有固定模式的紧密联系,需要进行数据索引和统计,因此还是使用关系型数据库。此外,从数据存储的持久性和稳定性来考虑,也推荐使用关系数据库。

MySQL 是当下流行的关系型数据库管理系统,在 Web 应用方面,MySQL 是最好的关系数据库管理系统软件之一。MySQL 由瑞典 MySQL AB 公司开发,目前属于 Oracle 公司,主要优点有:

(1)MySQL 是开源的,所以不需要支付额外的费用。

(2)MySQL 支持大型的数据库,可以处理拥有上千万条记录的大型数据库。

(3)MySQL 使用标准的 SQL 数据语言形式,可以应用于多个系统上,并且支持多种语言。这些编程语言包括 C、C ++ 、Python、Java、Perl、PHP、Eiffel、Ruby 和 Tcl 等。MySQL 对 PHP 有很好的支持。

基于以上优点,我们在使用 PHP 作为动态网站开发语言的同时,会选用 MySQL 作为网站开发的数据库管理系统。

二、SQL 语言

SQL(Structured Query Language,结构化查询语言)是一种用于数据库设计和操作的语言,操作包括存取数据、查询数据、更新数据等。它是 IBM 公司开发出来的,后来被美国国家标准学会和国际标准化组织定义为关系型数据库语言的标准。

SQL 语句不仅可以在数据库系统中使用,还可以嵌入一些编程语言中使用,如 Java、C#、PHP 等。在开发软件的时候,经常嵌入 SQL 语言。SQL 主要由 4 部分组成:

(1)数据定义语言(Data Definition Language,DDL),包括 create 语句(创建数据库和数据表)、alter 语句(修改表)、drop 语句(删除数据库和数据表)。

(2)数据操作语言(Data Manipulation Language,DML),包括 insert 语句(插入数据)、update 语句(修改数据)、delete 语句(删除数据)。

(3)数据查询语言(Data Query Language,DQL),主要是 select 语句(查询一条或多条数据)。

(4)数据控制语言(Data Control Language,DCL),包括 grant 语句(给用户增加权限)、revoke 语句(收回用户的权限)、commit 语句(提交事务)、rollback 语句(回滚事务)。

三、MySQL 的启动和登录

首先,启动 XAMPP 的控制面板(图 7 - 2),单击面板中 MySQL 后面的"Start"按钮,启动 XAMPP 的 MySQL 服务,成功启动之后,"Start"会变成"Stop"。

接着,单击上述面板中的"Shell",登录 MySQL 服务,命令代码如下(不需要密码)。

```
# mysql -u root -p
Enter password:
Welcome to the MariaDB monitor. Commands end with; or \g.
```

四、数据库的基本操作

进入数据库管理系统 MySQL 之后,往往要创建数据表来存储网站的数据,或者是对数据

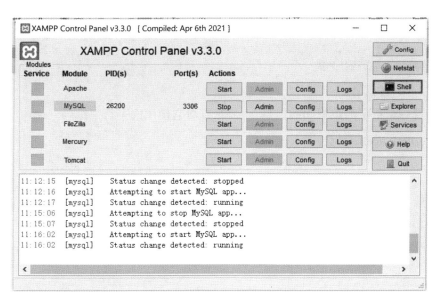

图 7-2　**XAMPP** 的控制面板

表里的数据进行一些查询或修改的操作。不管是哪一种目的,都需要先进入数据库。因为数据表被要求存放到数据库中。一个软件或者一个动态网站,一般要求对应一个数据库。所以,需要先创建一个数据库,然后再到数据库中创建数据表。下面认识几个跟数据库操作相关的命令。

1. 查看数据库

查看已经存在的数据库,使用命令为:

```
show databases;
```

这时,C:\ProgramData\MySQL\MySQL Server 5.7\Data 目录下的所有数据库都会被查询到。但是 information_schema 并没有存在于 data 目录下,因为它是在 MySQL 启动时自动生成的,并没有固定的物理存储。它主要记录了各个数据库的信息。

```
MariaDB [(none)] > show databases;
+--------------------+
| Database |
+--------------------+
| information_schema |
| mysql |
| performance_schema |
| phpmyadmin |
| test |
+--------------------++--------------------+
```

2. 创建数据库

创建一个新的数据库,要注意数据库名称是不能重复出现的。使用命令为:

```
create database 数据库名称;
MariaDB[(none)]>create database testdb;
Query OK,1 row affected(0.01 sec)
```

3. 查看指定数据库

可以查看一个指定的数据库的信息,主要是查看它使用的字符集编码。使用的命令为:

```
show create database 数据库名称;

MariaDB [(none)] > show create database testdb;
+----------+-------------------------------------------------------------------+
| Database | Create Database                                                   |
+----------+-------------------------------------------------------------------+
| testdb   | CREATE DATABASE 'testdb' /*! 40100 DEFAULT CHARACTER SET utf8 */|
+----------+-------------------------------------------------------------------+
```

4. 删除数据库

当数据库不再需要时,把它删除,以释放存储空间。删除数据库使用的命令为:

```
drop database 数据库名;

MariaDB [(none)]>drop database testdb;
Query OK,0 rows affected(0.00 sec)
```

任务二 数据表的基本操作

一、MySQL 中的数据类型

1. 整数类型

根据数值取值范围的不同,MySQL 中的整数类型可分为 5 种,分别是 TINYINT、SMALLINT、MEDIUMINT、INT 和 BIGINT。表 7 - 1 列举了 MySQL 不同整数类型所对应的字节大小和取值范围。从表 7 - 1 中可以看出,不同整数类型所占用的字节数和取值范围都是不同的。

表 7 - 1 5 种整数类型

数据类型	字节数	无符号数的取值范围	有符号数的取值范围
TINYINT	1	0 ~ 255	- 128 ~ 127
SMALLINT	2	0 ~ 65 535	- 32 768 ~ 32 768
MEDIUMINT	3	0 ~ 16 777 215	- 8 388 608 ~ 8 388 608

数据类型	字节数	无符号数的取值范围	有符号数的取值范围
INT	4	0 ~ 4 294 967 295	- 2 147 483 648 ~ 2 147 483 648
BIGINT	8	0 ~ 18 446 744 073 709 551 615	- 9 223 372 036 854 775 808 ~ 9 223 372 036 854 775 808

2. 浮点数类型和定点数类型

在 MySQL 数据库中,存储的小数都是使用浮点数和定点数来表示的。浮点数的类型有两种,分别是单精度浮点数类型(FLOAT)和双精度浮点类型(DOUBLE)。而定点数类型只有 DECIMAL 类型。

3. 日期与时间类型

在软件开发中,日期与时间是重要的信息,在很多数据系统中,几乎所有的数据表都用得到日期与时间的信息,因为客户需要知道数据的时间标签,从而进行数据查询、统计和处理。在 MySQL 中,主要有 YEAR、DATE、TIME、DATETIME 和 TIMESTAMP 几种日期与时间的类型。它们占用的字节数和取值范围,以及值的格式,见表 7-2。

表 7-2　5 种日期和时间类型

数据类型	字节数	取值范围	日期格式
YEAR	1	1 901 ~ 2 155	YYYY
DATE	4	1000 - 01 - 01 ~ 9999 - 12 - 31	YYYY - MM - DD
TIME	3	- 838:59:59 ~ 838:59:59	HH:MM:SS
DATETIME	8	1000 - 01 - 01 00:00:00 ~ 9999 - 12 - 31 23:59:59	YYYY - MM - DD HH:MM:SS
TIMESTAMP	4	1970 - 01 - 01 00:00:01 ~ 2038 - 01 - 19 03:14:07	YYYY - MM - DD HH:MM:SS

在使用日期与时间类型时,经常需要存储系统的当前日期或当前时间。在 MySQL 中,可以使用 CURRENT_TIMESTAMP 或 now( )来获取系统当前日期和时间 。

4. 字符串类型

MySQL 中的字符串类型有 char、varchar、blob 和 text。

1)char 和 varchar

char 长度固定,比较浪费磁盘空间,但是由于长度固定,所以算法相对比较简单,数据处理效率比较高。如果确定数据长度都一样,就使用 char。比如电话号码、身份证号、学号。

varchar 长度可变,比较节省空间,但是每次处理数据都要先算一下长度,所以数据处理效率低。如果数据不能确定长度,可以选择使用 varchar。比如地址。

在 MySQL 中,定义 char 和 varchar 类型的方式如下所示:

char(M)或 varchar(M)

M 指的是字符串的最大长度。char 可以省略 M,代表只能存储一个字符;varchar 不能省略 M,即使只能存储一个字符,也要定义为 varchar(1)。varchar 分配到的存储空间为 M + 1。

注意:并非所有的不确定长度的数据都选择 varchar 类型来存储。以下两种情况建议选择 char 类型来存储数据。

(1)存储很短的信息,比如门牌号,虽然可能存在 1 位数、2 位数或 3 位数的门牌,但仍建议使用 char,因为 varchar 还要占 1 字节用于存储信息长度,在短信息中多用 1 字节都显得更浪费。

(2)修改频率很高的字符串字段,即使值的长度不固定,也仍建议使用 char 来存储数据,因为使用 varchar 类型,由于长度不固定,处理的时候效率比较低,如果需要频繁修改,意味着比 char 类型要花更多的时间。

2)blob 和 text 类型

char 的字符个数最多为 255,varchar 的字符个数最多为 65 535。如果超过上述数量,一般就要求使用文本类型。文本类型包括 text 和 blob。text 主要用于存储大容量文本,而 blob(binary large object)主要用于存储二进制数据(图片、音乐、视频等)。但有时候,图片、音乐、视频等实际上存储的是路径,所以也可以使用 varchar(M)来存储,或者在文章里,跟着文字一起,使用 text 存储图文。所以,blob 更多用于上传或者下载多媒体文件的过程。

二、创建数据表

语句格式:

create table   表名(字段名1   数据类型[完整性约束条件],字段名2   数据类型[完整性约束条件],…);

【例1】 创建一个数据库 school,然后在该数据库中创建一个学生表,表里头有一个 id 字段,定义为 int 类型,另外有一个 grade 字段,定义为 float 类型。

```
MariaDB [(none)] > create database school;
Query OK,1 row affected(0.00 sec)

MariaDB [(none)] > \u school
Database changed
MariaDB [school] >create table student(id int,grade float);
Query OK,0 rows affected(0.01 sec)
```

注意:创建数据表之前,应该先指定使用哪个数据库,即使是刚创建的数据库,也要使用 \u 命令,指明使用的数据库,否则会抛出以下错误提示。

```
MariaDB[school] >drop database school;
Query OK,1 row affected(0.01 sec)
MariaDB[(none)] >create database school;
Query OK,1 row affected(0.00 sec)
```

```
MariaDB[(none)] >create table student(id int,grade float);
ERROR 1046(3D000):No database selected
```

【例 2】 创建数据表 user，其中字段 id 为 int 类型，save 为 double 类型，upgrade_time 为 datetime 类型。

```
MariaDB [(none)] >  \u school
Database changed
MariaDB [school] > create table user(id int,save double,upgrade_time datetime);
Query OK,0 rows affected(0.01 sec)
```

【例 3】 创建教材信息表 courses_tb，它要存储的信息如图 7－3 所示。

id	isbn	press	name
jc20170610002	9787302387954	清华大学出版社	mysql数据库入门

图 7－3　教材信息表

```
MariaDB [school] > create table courses_tb(id char(13),isbn char(13),press
varchar(10),name varchar(20));
Query OK,0 rows affected(0.01 sec)
```

三、查看数据表

1. 查看全部数据表

```
show tables;

MariaDB[school] >show tables;
+------------------+
|Tables_in_school|
+------------------+
|courses_tb      |
|user            |
+------------------+
```

2. 查看指定数据表

```
show  create  table  表名;

MariaDB[school] >show create table user;
+-------+--------------------------------------------------------------------------
--------------------------------------------------------------------------------+
|Table |Create Table
```

```
|
    +-------+----------------------------------------------------------------------
------------------------------------------------------------------------+
   |user  |CREATE TABLE 'user'(
     'id' int(11) DEFAULT NULL,
     'save' double DEFAULT NULL,
     'upgrade_time' datetime DEFAULT NULL
   ) ENGINE = InnoDB DEFAULT CHARSET = utf8  |
    +-------+----------------------------------------------------------------------
------------------------------------------------------------------------+
1 row in set(0.00 sec)
```

3. 使用 describe 语句查看数据表

describe 表名;

```
MariaDB[school] > describe user;
+--------------+----------+------+-----+---------+-------+
|Field         |Type      |Null  |Key  |Default  |Extra  |
+--------------+----------+------+-----+---------+-------+
|id            |int(11)   |YES   |     |NULL     |       |
|save          |double    |YES   |     |NULL     |       |
|upgrade_time  |datetime  |YES   |     |NULL     |       |
+--------------+----------+------+-----+---------+-------+
```

四、添加和查看数据

1. 添加数据

insert into 表名 values(值1,值2,值3,…);

2. 查看数据

select * from 表名;

【例4】往数据表 user 中添加两条记录,并查看数据表的数据。

```
MariaDB [school] > insert into user value(1001,5000.0,'2022 - 05 - 01');
Query OK,1 row affected(0.04 sec)
MariaDB [school] > insert into user value(1002,10000.0,'2022 - 05 - 02');
Query OK,1 row affected(0.01 sec)
MariaDB [school] > select * from user;
+------+-------+--------------------+
 |id    |save  |upgrade_time        |
```

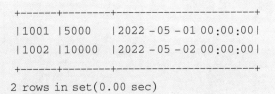

```
+------+--------+------------------------+
|1001  |5000    |2022 - 05 - 01 00:00:00|
|1002  |10000   |2022 - 05 - 02 00:00:00|
+------+--------+------------------------+
2 rows in set(0.00 sec)
```

五、修改数据表

数据表创建之后,可以对数据表的名字进行修改,也可以对字段进行修改、添加或删除。

1. 修改表名

```
alter  table  旧表名  rename  [to]  新表名;
```

可以使用 rename to,也可以使用 rename。

```
MariaDB[school] >alter table user rename to users;
Query OK,0 rows affected(0.01 sec)
```

2. 修改字段名

```
alter  table  表名  change  旧字段名  新字段名  新字段的数据类型;
```

其中,新字段的数据类型可以与旧的相同。

```
MariaDB[school] >alter table users change id uid bigint;
Query OK,2 rows affected(0.02 sec)
Records:2 Duplicates:0 Warnings:0
```

3. 修改字段的数据类型

```
alter  table  表名  modify  字段名  新的数据类型;
```

请注意,这里使用的是 modify,跟上面的 change 要区别开来。

```
MariaDB[school] >alter table users modify uid tinyint;
Query OK,2 rows affected,2 warnings(0.03 sec)
Records:2 Duplicates:0 Warnings:2
```

4. 添加字段

```
alter  table  表名  add  新字段名  新的数据类型;
```

```
MariaDB[school] >alter table users add tel bigint;
Query OK,0 rows affected(0.01 sec)
Records:0 Duplicates:0 Warnings:0
```

5. 删除字段

```
alter  table  表名  drop  字段名;
```

```
MariaDB[school] >alter table users drop upgrade_time;
```

```
Query OK,0 rows affected(0.02 sec)
Records:0 Duplicates:0 Warnings:0
```

六、数据表的约束

1. 主键约束

主键约束是通过 PRIMARY KEY 定义的,它的特点是每个值都是唯一的,而且值不能为空。主键就像身份证可以用来标识人的身份一样,它可以用来标识数据表中的某一条记录。在 MySQL 中,主键约束分为单字段主键和多字段主键。

可以在创建表的时候指定主键:

```
CREATE TABLE 表名
(字段名 数据类型 PRIMARY KEY,
字段名 数据类型,
…);
```

【例5】创建用户表,其中账号是主键:

```
MariaDB[school] > create table user_tb(user_id char(20)primary key,deposit double,tel bigint);
Query OK,0 rows affected(0.01 sec)
```

如果在创建表的时候没有指定主键,可以在创建表之后再追加主键。使用的命令是:

```
alter  table 表名 add primary key(字段名);
```

如果在创建表的时候定义错主键,可以在创建表之后删除原来的主键,然后再重新添加主键。使用的命令是:

```
alter  table 表名 drop primary key;
alter  table 表名 add primary key(字段名);
```

【例6】创建一张医院婴儿基本信息表,包含出生证编号、姓名、性别、出生时间、身份证号,设置身份证号为主键。后来发现不应该把身份证设置为主键,因为幼儿大部分没有身份证号码。要改为出生证编号为主键。

```
MariaDB [school] > create table child_tb(cszbh char(20),xm char(5),xb char,cssj timestamp,sfz char(18)primary key);

MariaDB [school] > alter table child_tb drop primary key;

MariaDB [school] > alter table child_tb add primary key(cszbh);

MariaDB [school] > desc child_tb;
 +-------+-----------+------+-----+-------------------+----------------------------+
```

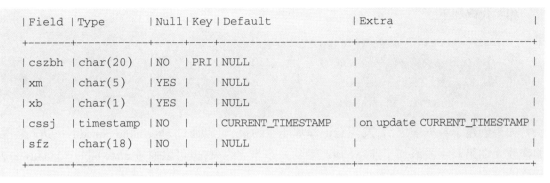

当一个字段被设置为主键时,它的值是不能为空的,并且要求唯一。所以,在添加记录的时候,如果出现主键字段的值重复,或者为空,则都会被阻止。

【例7】往用户表中添加记录,如果出现主键值重复,就会报错;往用户表中添加记录,如果出现空值,也会报错。

```
MariaDB [school] > insert into user_tb value('20220101001',20000.0,13900000000);
Query OK,1 row affected(0.01 sec)

MariaDB [school] > insert into user_tb value('20220101001',30000.0,13900000000);
ERROR 1062(23000):Duplicate entry '20220101001' for key 'PRIMARY'
MariaDB [school] > insert into user_tb value(null,30000.0,13900000000);
ERROR 1048(23000):Column 'user_id' cannot be null
```

2. 非空约束

非空约束指的是字段的值不允许为空,一般字段默认允许为空。非空约束通过 NOT NULL 定义:

```
字段名　数据类型　 NOT NULL;
```

【例8】注册 QQ 的时候,要求填写的信息如下,并且要求昵称、密码和手机号不能为空,如图 7-4 所示,所以,用来保存 QQ 用户信息的数据表,相应的字段也应该定义为非空。

图 7-4　注册界面

相关代码如下。

```
MariaDB [school] > create table qqusers_tb(
    ->nick varchar(24)not null,
    ->pw varchar(16)not null,
    ->tel varchar(20)not null);
```

如果创建了数据表之后,发现忘记添加非空约束,可以通过 alter table…modify…进行字段的修改。如果对字段添加了非空约束,想要去除非空约束,也可以通过 alter table…modify…进行修改。

3. 唯一约束

唯一约束用于保证数据表中字段值的唯一性,也就是说,值不能出现重复。唯一约束是通过 UNIQUE 定义的:

```
字段名   数据类型   UNIQUE;
```

受到唯一值约束的字段,值可以为空。

【例9】淘宝会员信息表要求有登录名(要求非空)、登录密码(要求非空)、会员名(要求非空)和身份证,其中身份证字段,刚开始注册时可以空着,但是一旦进行实名认证填写身份证号码时,就要求身份证号码唯一,不能重复。

```
MariaDB [school] > create table tbusers_tb(
    ->dlm char(11)not null,
    ->dlmm varchar(20)not null,
    ->hym varchar(25)not null,
    ->sfz char(18)unique);
```

如果创建了数据表之后,发现忘记添加唯一值约束,可以通过"alter table … modify…"进行字段的修改。如果对字段添加了唯一值约束,想要去除约束,也可以通过"alter table…drop index 字段名"进行修改。

请注意,通过修改字段属性 alter table…modify…来添加唯一约束时,如果原来的非空约束仍想保留,那么在 alter 语句里,非空约束也要写。

4. 默认约束

默认约束用于给字段指定默认值,当添加一条记录时,如果没有给这个字段赋值,它会采用默认值。可以在创建表的时候设置默认值,或者在创建表之后补充默认值约束。

【例10】设置数据表 grade 的 grade 字段的默认值为0,并添加一条记录。

```
MariaDB[school] >create table grade(
    -> stu_name varchar(10),
    -> cour_name varchar(10),
  ->grade float default 0);
MariaDB [school] >insert into grade(stu_name,cour_name)
    ->value('zhangsan','java');
```

任务三　数据表的数据管理

一、更新数据

更新数据是指对数据表里的某个字段或某几个字段进行数据的修改。MySQL 中使用 UPDATE 语句来更新表中的记录,其基本的语法格式如下所示:

```
UPDATE  表名
    SET  字段名 1 = 值 1[,字段名 2 = 值 2,…]
    [WHERE 条件表达式]
```

可以更新表中的部分记录数据或全部记录数据。更新全部数据不需要加条件表达式,更新部分数据则需要加上条件表达式。

【例 1】更新 grade 表的全部记录,课程名称更新为 mysql。

```
update grade set cname = "mysql";
```

【例 2】把 grade 中名字为 lilei 的学生的成绩修改为加上 2 分。

```
update grade set score = score +2 where sname = "lilei";
```

【例 3】把 grade 中 xiaoming 的名字改为 wangming。

```
update grade set sname = "wangming" where sname = "xiaoming";
```

二、删除数据

MySQL 中使用 DELETE 语句来删除表中的记录,其语法格式如下所示:

```
DELETE  FROM  表名[WHERE  条件表达式]
```

在上面的语法格式中,"表名"指定要执行删除操作的表,WHERE 子句为可选参数,用于指定删除的条件,满足条件的记录会被删除。

DELETE 语句可以删除表中的部分数据和全部数据。删除部分数据是指根据指定条件删除表中的某一条或者某几条记录,需要使用 WHERE 子句来指定删除记录的条件。在 DELETE 语句中如果没有使用 WHERE 子句,则会将表中的所有记录都删除。

【例 4】删除表 student(id,name,grade)中 id 为 2 的记录。

```
DELETE FROM student WHERE id = 2;
```

【例 5】删除 id 大于 3 的记录。

```
DELETE FROM student WHERE id >3;
```

【例 6】删除表 student 中的全部记录。

```
DELETE FROM student;
```

三、条件表达式

条件子句 WHERE 需要用到各种条件表达式,以指明要操作的记录范围。在条件表达式中,需要各种条件运算。接下来就来认识常用的条件运算。

关系运算符见表 7 – 3。

表 7 – 3 关系运算符

关系运算符	说明
=	等于
<>	不等于
! =	不等于
<	小于
<=	小于等于
>	大于
>=	大于等于

例如,删除表 student2(id,xm,bj,nl)中不是 3 班的学生记录的代码为:

```
delete from student2 where bj! ="3 班";
```

1. IN 关键字

IN 关键字用于判断某个字段的值是否在指定集合中,如果在,则满足条件。

【例 7】删除表 student2(id,xm,bj,nl)中 id 为 2、4、5 的学生记录。

```
DELETE FROM student2 WHERE id in(2,4,5);
```

【例 8】删除表 student2 中年龄不是 16、17、18 的学生记录。

```
DELETE FROM student2 WHERE nl not in(16,17,18);
```

2. BETWEEN AND 关键字

BETWEEN AND 用于判断某个字段的值是否在指定的范围之内,如果字段的值在指定范围内,则满足条件。

【例 9】删除表 books(id,name,price)中价格在 30 ~ 50 之间的数。

```
delete from books where price between 30 and 50;
```

【例 10】删除表 books 中 id 在 4 ~ 7 之间的数。

```
delete from books where id between 4 and 7;
```

3. NULL 值判断

在数据表中,某些列的值可能为空值(NULL),空值不同于 0,也不同于空字符串。在

MySQL 中,使用 IS NULL 关键字来判断字段的值是否为空值;用 IS NOT NULL 来判断是否不为空值。

例如,删除表 books(id,name,price)中价格为空值的数据的语句如下:

```
delete from books where price is null;
```

删除表 books 中书名不为空的数据的语句如下:

```
delete from books where name is not null;
```

任务四 单表数据查询

一、简单查询

MySQL 中使用 select 语句进行数据查询,语法如下:

```
SELECT [DISTINCT] * |{字段名 1,字段名 2,字段名 3,…}
FROM 表名
[WHERE 条件表达式 1]
[GROUP BY 字段名 [HAVING 条件表达式 2]]
[ORDER BY 字段名 [ASC|DESC]
[LIMIT [OFFSET]记录数]
```

1. 查询所有字段

查询所有字段,可以在 SELECT 语句中使用星号("*")通配符代替所有字段,其语法格式如下:

```
SELECT * FROM  表名;
```

例如,使用星号("*")通配符查询 student 表中所有字段的 SQL 语句如下:

```
SELECT * FROM student;
```

查询所有字段,也可以在 SELECT 语句中列出所有字段名来查询表中的数据,其语法格式如下:

```
SELECT 字段名 1,字段名 2,… FROM  表名
```

例如,通过列出所有字段名查询 student 表中记录的 SQL 语句如下:

```
SELECT id,name,grade,gender FROM student;
```

在 SELECT 语句的查询字段列表中,字段的顺序是可以改变的,无须按照其表中定义的顺序进行排列,上例中,也可以写成:

```
SELECT id,grade,gender,name FROM student;
```

2. 查询部分字段

可以在 SELECT 语句中指定要查询的字段,这种方式只针对部分字段进行查询,不查询所有字段。写法如下:

```
SELECT 字段名1,字段名2,… FROM  表名;
```

在上面的语法格式中,只需指定部分字段的名称。

例如,使用 SELECT 语句查询 student 表中 name 字段和 gender 字段数据的语句如下:

```
SELECT name,gender FROM student;
SELECT gender,name FROM student;
```

二、按条件查询

1. 单条件查询

使用 WHERE 子句指定查询条件,对数据进行过滤,语法格式如下:

```
SELECT 字段名1,字段名2,…
FROM 表名
WHERE 条件表达式
```

在设置 where 条件表达式时,就如前面所讲,可以使用关系运算符、IN 关键字、BETWEEN…AND、NULL 等来设置查询条件。

例如,使用关系运算符,设置查询条件,查询 student 表中 id 为 4 的学生姓名的语句如下:

```
SELECT id,name FROM student WHERE id = 4;
```

使用 in 关键字,设置查询条件,查询 student 表中 id 为 1、2、3 的学生信息的语句如下:

```
SELECT id,grade,name,gender FROM student WHERE id IN(1,2,3);
```

使用 BETWEEN …AND…关键字设置查询条件,查询 student 表中 id 在 2~5 范围内的学生信息的语句如下:

```
SELECT id,name FROM student WHERE id BETWEEN 2 AND 5;
```

还可以使用 DISTINCT 关键字,在查询的时候,去除重复值。语法格式如下:

```
SELECT DISTINCT 字段名 FROM 表名;
```

例如,查询 student 表中 gender 字段的值,查询记录不能重复,语句如下:

```
SELECT DISTINCT gender FROM student;
```

执行结果只会得到三个值:男、女、NULL。

DISTINCT 关键字可以作用于多个字段,其语法格式如下所示:

```
SELECT DISTINCT 字段名1,字段名2,字段名3…FROM 表名;
```

在上面的语法格式中,DISTINCT 对多个字段的组合值进行检查,只有 DISTINCT 关键字后指定的多个字段值都相同,才会被认作是重复记录。

请避免 DISTINCT 关键字的错误用法:

(1)distinct 必须放在所有字段的前面,否则会报错。

```
select name,distinct gender from student;
```

(2)只能查询 distinct 指定的字段,其他字段是不可能出现的。

```
select id,distinct name,gender from student;
```

2. 多条件查询

1)带 AND 关键字

在 MySQL 中,提供了一个 AND 关键字,使用 AND 关键字可以连接两个或者多个查询条件,只有满足所有条件的记录才会被返回。

语法格式如下所示:

```
SELECT * |{字段名1,字段名2,…}
FROM 表名
WHERE 条件表达式1 AND 条件表达式2 […AND 条件表达式n];
```

【例1】 查询 student 表中 id 字段值小于5,并且 gender 字段值为"女"的学生姓名,SQL 语句如下所示:

```
SELECT id,name,gender FROM student WHERE id<5 AND gender ='女';
```

【例2】 查询 student 表中 id 字段值在1、2、3、4 之中,name 字段值以字符串"ng"结束,并且 grade 字段值小于 80 的记录,SQL 语句如下所示:

```
SELECT id,name,grade,gender
FROM student
WHERE id in(1,2,3,4)AND name LIKE '% ng'AND grade <80;
```

2)带 OR 关键字

在使用 SELECT 语句查询数据时,也可以使用 OR 关键字连接多个查询条件,只要记录满足任意一个条件,就会被查询出来。

语法格式如下所示:

```
SELECT * |{字段名1,字段名2,…}
FROM 表名
WHERE 条件表达式1 OR 条件表达式2 […OR 条件表达式n];
```

【例3】 查询 student 表中 id 字段值小于 3 或者 gender 字段值为"女"的学生姓名,SQL 语句如下所示:

```
SELECT id,name,gender FROM student WHERE id<3 OR gender ='女';
```

【例4】查询 student 表中满足 name 字段值以字符"h"开始,或者 gender 字段值为"女",或者 grade 字段值为 100 的记录,SQL 语句如下所示:

```
SELECT id,name,grade,gender
FROM student
WHERE name LIKE 'h%' OR gender ='女' OR grade =100;
```

请注意,当 AND 和 OR 一起使用时,AND 的优先级高于 OR,应该先运算 AND 两边的条件表达式,再运算 OR 两边的条件表达式。

【例5】查询 student 表中 gender 字段值为"女",或者 gender 字段值为"男"并且 grade 字段值为 100 的学生姓名。

```
SELECT name,grade,gender
FROM student
WHERE gender ='女' OR gender ='男' AND grade =100;
```

三、高级查询

1. 模糊查询

MySQL 中提供了 LIKE 关键字,用于对字符串进行模糊查询。语法格式如下:

```
SELECT * | {字段名1,字段名2,…}
FROM 表名
WHERE 字段名 [NOT]LIKE '匹配字符串';
```

其中,NOT 是可选参数,使用 NOT 表示查询与指定字符串不匹配的记录。"匹配字符串"指定用来匹配的字符串,其值可以是一个普通字符串,也可以是包含百分号(%)和下划线(_)的通配字符串。百分号和下划线统称为通配符。

1)百分号(%)通配符

百分号(%)通配符可以匹配任意长度的字符串,包括空字符串。like 后面的匹配字符串可以使用双引号或单引号。百分号通配符可以出现在匹配字符串的任意位置。在匹配字符串中也可以出现多个百分号通配符。

【例6】查询 student 表中 name 字段值包含字符"y"的学生 id,命令如下所示:

```
SELECT id,name FROM student WHERE name LIKE '%y%';
```

LIKE 之前可以使用 NOT 关键字,用来查询与指定通配字符串不匹配的记录。

【例7】查询 student 表中 name 字段值不包含字符"y"的学生 id,命令如下所示:

```
SELECT id,name FROM student WHERE name NOT LIKE '%y%';
```

2)下划线(_)通配符

下划线(_)通配符用来匹配一个字符。

【例8】查询 student 表中 name 字段值以字符串"wu"开始,以字符串"ong"结束,并且两

个字符串之间只有一个字符的记录,SQL 语句如下所示:

```
SELECT * FROM student WHERE name LIKE 'wu_ong';
```

【例9】 查询 student 表中 name 字段值包含7个字符,并且以字符串"ing"结束的记录,命令如下所示:

```
SELECT * FROM student WHERE name LIKE '____ing';
```

从查询结果可以看到,在通配字符串中使用了4个下划线通配符,它匹配 name 字段值中"ing"前面的4个字符。

如果要使匹配字符串中含有百分号和下划线,就需要在通配字符串中使用右斜线("\")对百分号和下划线进行转义,例如,"\%"匹配百分号本身,"_"匹配下划线本身。

【例10】 查询 student 表中 name 字段值包括"%"的记录。

在查询之前,首先向 student 表中添加一条记录,命令如下所示:

```
SELECT * FROM student WHERE name LIKE '%\%%';
```

2. 统计查询

MySQL 中提供了一些函数来实现对数据进行统计,这些函数被称为聚合函数。聚合函数用于对一组值进行统计,并返回唯一值,见表7-4。

表7-4 聚合函数

函数名称	作用
COUNT( )	返回某列的行数
SUM( )	返回某列值的和
AVG( )	返回某列的平均值
MAX( )	返回某列的最大值
MIN( )	返回某列的最小值

(1)COUNT( )函数用来统计记录的条数。语法格式如下所示:

```
SELECT COUNT( * )FROM 表名;
```

【例1】 查询 student 表中一共有多少条记录,SQL 语句如下所示:

```
SELECT count( * )FROM student;
```

(2)SUM( )函数用于求出表中某个字段所有值的总和。语法格式如下所示:

```
SELECT SUM(字段名)FROM 表名;
```

【例2】 求出 student 表中 grade 字段的总和,SQL 语句如下所示:

```
SELECT sum(grade)FROM student;
```

(3)AVG( )函数用于求出某个字段所有值的平均值。语法格式如下所示:

```
SELECT AVG(字段名)FROM 表名;
```

【例3】求出 student 表中 grade 字段的平均值,SQL 语句如下所示:

```
SELECT avg(grade)FROM student;
```

(4)MAX()函数和 MIN()函数

MAX()函数是求最大值的函数,用于求出某个字段的最大值。语法格式如下所示:

```
SELECT MAX(字段名)FROM 表名;
```

MIN()函数是求最小值的函数,用于求出某个字段的最小值。语法格式如下所示:

```
SELECT MIN(字段名)FROM 表名;
```

【例4】求出 student 表中所有学生 grade 字段的最大值,SQL 语句如下所示:

```
SELECT max(grade)FROM student;
```

【例5】求出 student 表中所有学生 grade 字段的最小值,SQL 语句如下所示:

```
SELECT min(grade)FROM student;
```

3. 排序查询

可以使用 ORDER BY 对查询结果进行排序。

语法格式如下所示:

```
SELECT 字段名1,字段名2,…
FROM 表名
ORDER BY 字段名1[ASC|DESC],字段名2[ASC|DESC]…
```

参数 ASC 表示按照升序进行排序,DESC 表示按照降序进行排序。默认情况下,按照 ASC 方式进行排序。

【例1】查出 student 表中的所有记录,并按照 grade 字段进行排序,SQL 语句如下所示:

```
SELECT * FROM student order by grade;
```

从查询结果可以看到,返回的记录按照 ORDER BY 指定的字段 grade 进行排序,并且默认是按升序排列。

【例2】查出 student 表中的所有记录,使用参数 DESC 按照 grade 字段降序方式排列。

```
SELECT * FROM student order by grade desc;
```

【例3】查询 student 表,按照姓名排序。

一般数据库默认采用 UTF-8 的编码方式,有时不能让汉字按照字典排序,可以在排序的时候改变排序字段的编码为 GBK 或 GB 2312。

```
SELECT * FROM student order by convert(sname using gbk);
```

MySQL 中提供了一个关键字 LIMIT,可以指定查询结果从哪一条记录开始以及一共查询多少条信息。语法格式如下所示：

```
SELECT 字段名1,字段名2,…
FROM 表名
LIMIT [OFFSET,]记录数
```

【例4】查询 student 表中的前4条记录：

```
SELECT * FROM student limit 4；
```

从查询结果可以看到，执行语句中没有指定返回记录的偏移量，只指定了查询记录的条数4，因此返回结果从第一条记录开始，一共返回4条记录。

【例5】查询 student 表中成绩最高的学生：

```
SELECT * FROM student order by grade desc limit 1；
```

4. 分组查询

在 MySQL 中，可以使用 GROUP BY 按某个字段或者多个字段中的值进行分组，值相同的为一组。语法如下：

```
SELECT 字段名1,字段名2,…
FROM 表名
GROUP BY 字段名1,字段名2,…[HAVING 条件表达式]；
```

在上述语法中，请注意：

（1）指定的字段名是分组的依据。

（2）HAVING 指定条件表达式，对分组后的内容进行过滤。

（3）GROUP BY 一般和聚合函数一起使用。

下面分几种情况进行介绍。

1）单独使用 GROUP BY 分组

单独使用 GROUP BY 关键字，查询的是每个分组中的一条记录。

【例1】查询 student 表中的记录，按照 gender 字段值进行分组，SQL 语句如下所示：

```
SELECT * FROM student group by gender；
```

2）GROUP BY 和聚合函数一起使用

一般 GROUP BY 和聚合函数一起使用，可以统计出某个或者某些字段在一个分组中的最大值、最小值、平均值等。

【例2】将 student 表按照 gender 字段值进行分组查询，计算出每个分组中各有多少名学生，SQL 语句如下所示：

```
SELECT count(*),gender FROM student group by gender；
```

【例3】将 student 表按照 gender 字段进行分组查询，查询出各组内部的成绩总和，SQL 语句如下所示：

```
SELECT gender,sum(grade)FROM student group by gender；
```

3）GROUP BY 和 HAVING 关键字一起使用

HAVING 关键字和 WHERE 关键字的作用相同,都用于设置条件表达式对查询结果进行过滤。HAVING 关键字和 WHERE 关键字的区别在于,HAVING 关键字后可以跟聚合函数,而WHERE 关键字不能。通常情况下,HAVING 关键字都和 GROUP BY 一起使用,用于对分组后的结果进行过滤。

【例 4】将 student 表按照 gender 字段进行分组查询,查询出各组内部的成绩总和小于 300的分组,SQL 语句如下所示:

```
SELECT gender,sum(grade)FROM student
group by gender having sum(grade) <300;
```

【例 5】将 student 表按照 gender 字段进行分组查询,查询出每个分组中学生人数大于 3的分组,SQL 语句如下所示:

```
SELECT gender,count( * )FROM student
Group by gender having count( * ) >3;
```

在查询操作时,如果字段名是英文或聚合函数,显示出来不容易理解,这时可以为字段名取一个别名。MySQL 中为字段起别名的格式如下所示:

```
SELECT 字段名 [AS]别名[,字段名 [AS]别名,…]FROM 表名;
```

其中,AS 关键字用于指定别名,它可以省略不写。

【例 6】查询的时候,为 name 字段取别名为"姓名"。

```
SELECT name as 姓名,gender as 性别   FROM student;
```

任务五　多表数据查询

MySQL 中数据表的关联关系有三种:多对一、多对多、一对一。

多对一是数据表中最常见的一种关系。比如,员工与部门之间的关系,一个部门可以有多个员工,而一个员工不能属于多个部门,也就是说,部门表中的一行在员工表中可以有许多匹配行,但员工表中的一行在部门表中只能有一个匹配行,如图 7 - 5 所示。

图 7 - 5　多对一的关系

多对多的关系通常会通过第三张表来体现。比如老师与班级之间的关系,一个老师可以教多个班级,当然,一个班级也有多个老师教课,也就是说,教师表中的一行在班级表中可以有许多匹配行,班级表中的一行在教师表中也有许多匹配行。通常情况下,这种关系会在一张中间表(授课表)体现,如图 7 - 6 所示。

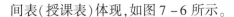

图 7 - 6　多对多的关系

一对一关系在实际生活中比较常见,例如人与身份证之间就是一对一的关系,一个人对应一张身份证,一张身份证只能匹配一个人。但是,一对一关系数据库中开发中,一对一的关系有时会被合并在一个表中,有时考虑到以下因素,也会被分开:

(1)分割具有很多列的表。

(2)由于安全原因或业务范围的原因而隔离表的一部分。

比如,软件中对用户信息的数据管理。数据库中有一个表为 user,一个表为 user_auth。user 表和 user_auth 表就是一对一的关系。user 表为用户基本的信息表(用户 ID、真实姓名、昵称、真实头像、性别、职位、教育程度、专业、创建该用户的时间等);user_auth 为验证表(用户 ID、用户密码、邮箱、手机号等)。

为什么要使用两个表来维护一对一关系?为什么不直接将两个表中的字段全都放在一张表里来展示呢?因为如果都放在一张表里,不便于管理(包括查询执行速度);分开存放,可更好地对业务(用户管理)进行事务(基本信息管理和权限信息管理)隔离操作。

多表之间经常需要进行相互约束,这种约束通过创建"外键"来形成。

一、外键

外键是指引用另一个表中的一列或多列,被引用的列应该具有主键约束或唯一性约束。通过外键可以建立和加强两个表之间的数据链接。

1. 创建外键

为表添加外键约束的语法格式如下:

```
ALTER TABLE 表名 ADD CONSTRAINT FK_ID FOREIGN KEY(外键名)
REFERENCES 外表表名(主键字段名);
```

在为表添加外键约束时,有些需要注意的地方:

(1)建立外键的表必须是 InnoDB 型,不能是临时表。因为在 MySQL 中只有 InnoDB 类型的表才支持外键。

（2）定义外键名时，不能加引号。如：constraint 'FK_ID' 或 constraint"FK_ID"都是错误的。

【**例1**】有两个表，一个年级表（grade），一个学生表（student），为表 student 和表 grade 添加外键约束来建立两个表的关联关系。具体语句如下：

```
create table grade(id int primary key,name varchar(20));
create table student(sid int primary key,sname varchar(20),gid int not null);
alter table student add constraint fk_gid foreign key(gid)references grade(id);
```

语句执行成功后，查看外键约束是否成功添加，查询结果如下：

```
MariaDB [school] > show create table student;
| Table | Create Table
| student | CREATE TABLE 'student'(
    'sid' int(11)NOT NULL,
    'sname' varchar(20)DEFAULT NULL,
    'gid' int(11)NOT NULL,
    PRIMARY KEY('sid'),
    KEY'fk_gid'('gid'),
    CONSTRAINT 'fk_gid' FOREIGN KEY('gid')REFERENCES 'grade'('id')
)ENGINE = InnoDB DEFAULT CHARSET = utf8 |
```

加了外键约束之后，从表就产生了添加数据的约束。

因为外键列只能插入参照列存在的值，所以，如果要为两个表添加数据，就需要先为主表 grade 添加数据，具体语句如下：

```
INSERT INTO grade(id,name)VALUES(1,'一年级');
INSERT INTO grade(id,name)VALUES(2,'二年级');
```

在上述语句中，添加的主键 id 为 1 和 2，由于 student 表的外键与 grade 表的主键关联，因此，在为 student 表添加数据时，gid 的值只能是 1 或 2，不能使用其他的值，具体语句如下：

```
INSERT INTO student(sid,sname,gid)VALUES(1,'王红',1);
INSERT INTO student(sid,sname,gid)VALUES(2,'李强',1);
INSERT INTO student(sid,sname,gid)VALUES(3,'赵四',2);
INSERT INTO student(sid,sname,gid)VALUES(4,'郝娟',2);
```

加了外键约束之后，主表就产生了更新和删除数据的约束。由于 grade 表和 student 表之间具有关联关系，默认情况下，参照列被参照的值是不能被删除和更新的，因此，在删除一年级时，一定要先删除该年级的所有学生，然后再删除年级。

比如，如果我们直接删除表 grade 中的"二年级"，就会出现错误提示"cannot delete or update"，表示不能删除。更新操作也是一样的道理。

MySQL 可以在建立外键时添加 ON DELETE 或 ON UPDATE 子句来告诉数据库怎样避免垃圾数据的产生。具体语法格式如下：

```
ALTER TABLE 表名 ADD CONSTRAINT FK_ID FOREIGN KEY(外键字段名)REFERENCES 外表表名(主
键字段名);
[ON DELETE｛CASCADE｜SET NULL｜NO ACTION｜RESTRICT｝]
[ON UPDATE｛CASCADE｜SET NULL｜NO ACTION｜RESTRICT｝]
```

各参数含义见表 7 - 5。

表 7 - 5 外键的约束参数

参数名称	功能描述
CASCADE	允许主表删除或修改与外键相关联的列,从表的相关记录做同样的删除或修改
SET NULL	允许主表删除或修改与外键相关联的列,从表的相关记录使用 NULL 值替换(不能用于已标记为 NOT NULL 的字段)
NO ACTION	允许主表删除或修改与外键相关联的列,从表的相关记录不进行任何操作
RESTRICT	拒绝主表删除或修改与外键相关联的列(在不能用 ON DELETE 和 ON UPDATE 子句时,这是默认设置,也是最安全的设置)

2. 删除外键

删除外键约束的语法格式如下:

```
alter table 表名 drop foreign key 外键名;
```

注意:删除外键后,需要删除同名索引。可以使用下面两条语句中的任何一条来删除索引:

```
drop index 索引名 on 表名;
alter table 表名 drop index 索引名;
```

【例 2】将表 student 中的外键 FK_sno 约束删除。

```
alter table student drop foreign key FK_sno;
drop index FK_sno on student;
```

二、连接查询

1. 交叉连接

交叉连接返回的结果,是被连接的两个表中所有数据行的笛卡尔积,也就是返回第一个表中的所有数据行乘以第二个表中的所有数据行,例如 department 表中有 4 个部门,employee 表中有 4 个员工,则交叉连接的结果就有 4 × 4 = 16 条数据。

交叉连接的语法格式如下:

```
SELECT * from 表1 CROSS JOIN 表2;
```

CROSS JOIN 用于连接两个要查询的表,通过该语句可以查询两个表中所有的数据组合。

2. 内连接

内连接(INNER JOIN)又称简单连接或自然连接,是一种常见的连接查询。

内连接使用比较运算符对两个表中的数据进行比较,并列出与连接条件匹配的数据行,组合成新的记录。也就是说,在内连接查询中,只有满足条件的记录才能出现在查询结果中。

内连接查询的语法格式如下所示:

SELECT 查询字段 FROM 表1 [INNER]JOIN 表2 ON 表1.关系字段 = 表2.关系字段

在上述语法格式中,INNER JOIN 用于连接两个表,ON 用来指定连接条件,其中 INNER 可以省略。

【例3】 在 department 表和 employee 表之间使用内连接查询:

```
MariaDB[school] > select dname,name,age from department d join employee e on
d.did = e.did;
+--------+------+------+
|dname   |name  |age   |
+--------+------+------+
|网络部  |王红  |  20  |
|网络部  |李强  |  22  |
|媒体部  |赵四  |  20  |
|人事部  |郝娟  |  20  |
+--------+------+------+
```

内连接查询也可以使用 WHERE 来代替,SQL 语句及其执行结果如下:

```
MariaDB[school] > select dname, name, age from department, employee where
department.did = employee.did;
+--------+------+------+
|dname   |name  |age   |
+--------+------+------+
|网络部  |王红  |  20  |
|网络部  |李强  |  22  |
|媒体部  |赵四  |  20  |
|人事部  |郝娟  |  20  |
+--------+------+------+
```

【例4】 查询网络部的员工信息。

```
MariaDB[school] >select d.did,dname,name,age from department d join employee e
    ->on d.did = e.did
    ->where dname ='网络部';
+--------+--------+------+------+
|did     |dname   |name  |age   |
+--------+--------+------+------+
|d01     |网络部  |王红  |20    |
|d01     |网络部  |李强  |22    |
+--------+--------+------+------+
```

内连接还可以用在同一张表身上,即同一张表跟自己进行内连接,称为自连接。自连接一般用于查询同一属性的记录。比如同一个部门或者同一年龄。

【例5】查询每个员工的同龄人。

```
MariaDB [school] > select * from employee e1 join employee e2 on e1.age = e2.age;
+------+------+------+------+------+------+------+------+
| id   | name | age  | did  | id   | name | age  | did  |
+------+------+------+------+------+------+------+------+
| u001 | 王红 |   20 | d01  | u001 | 王红 |   20 | d01  |
| u003 | 赵四 |   20 | d02  | u001 | 王红 |   20 | d01  |
| u004 | 郝娟 |   20 | d04  | u001 | 王红 |   20 | d01  |
| u002 | 李强 |   22 | d01  | u002 | 李强 |   22 | d01  |
| u001 | 王红 |   20 | d01  | u003 | 赵四 |   20 | d02  |
| u003 | 赵四 |   20 | d02  | u003 | 赵四 |   20 | d02  |
| u004 | 郝娟 |   20 | d04  | u003 | 赵四 |   20 | d02  |
| u001 | 王红 |   20 | d01  | u004 | 郝娟 |   20 | d04  |
| u003 | 赵四 |   20 | d02  | u004 | 郝娟 |   20 | d04  |
| u004 | 郝娟 |   20 | d04  | u004 | 郝娟 |   20 | d04  |
+------+------+------+------+------+------+------+------+
```

【例6】查询跟王红同一个部门的员工。

```
MariaDB[school] > select * from employee e1 join employee e2
    -> on e1.did = e2.did where e1.name = "王红";
+------+------+------+------+------+------+------+------+
| id   | name | age  | did  | id   | name | age  | did  |
+------+------+------+------+------+------+------+------+
| u001 | 王红 |   20 | d01  | u001 | 王红 |   20 | d01  |
| u001 | 王红 |   20 | d01  | u002 | 李强 |   22 | d01  |
+------+------+------+------+------+------+------+------+
```

3. 外连接

外连接分为左连接和右连接。语法格式如下:

```
SELECT 所查字段 FROM 表 1 LEFT |RIGHT [OUTER]JOIN 表 2
ON 表 1. 关系字段 = 表 2. 关系字段 WHERE 条件
```

外连接的语法格式和内连接的类似,只不过使用的是 LEFT JOIN、RIGHT JOIN 关键字,其中关键字左边的表被称为左表,关键字右边的表被称为右表。在使用左连接和右连接查询时,查询结果是不一致的,具体如下:

LEFT JOIN(左连接):返回包括左表中的所有记录和右表中符合连接条件的记录。

RIGHT JOIN(右连接):返回包括右表中的所有记录和左表中符合连接条件的记录。

使用左连接或右连接,可以达到相同的查询效果,主要关键点在于,如果使用左连接,就要把表放在左边;如果使用右连接,就要把表放在右边。

【例7】 在 department 表和 employee 表之间使用左连接查询。

```
MariaDB[school]>select * from department left join employee on department.did =
employee.did;

+------+--------+------+------+------+------+
|did   |dname   |id    |name  |age   |did   |
+------+--------+------+------+------+------+
|d01   |网络部  |u001  |王红  |   20 |d01   |
|d01   |网络部  |u002  |李强  |   22 |d01   |
|d02   |媒体部  |u003  |赵四  |   20 |d02   |
|d04   |人事部  |u004  |郝娟  |   20 |d04   |
|d03   |研发部  |NULL  |NULL  |NULL  |NULL  |
+------+--------+------+------+------+------+
```

【例8】 在 department 表和 employee 表之间使用右连接查询。

```
select * from department right join employee on department.did = employee.did;

+------+--------+------+------+------+------+
|did   |dname   |id    |name  |age   |did   |
+------+--------+------+------+------+------+
|d01   |网络部  |u001  |王红  |   20 |d01   |
|d01   |网络部  |u002  |李强  |   22 |d01   |
|d02   |媒体部  |u003  |赵四  |   20 |d02   |
|d04   |人事部  |u004  |郝娟  |   20 |d04   |
+------+--------+------+------+------+------+
```

4. 子查询

1)带 IN 关键字的子查询

使用 IN 关键字进行子查询时,内层查询语句仅仅返回一个数据列,这个数据列中的值将供外层查询语句进行比较操作。

【例9】 查询年龄大于 20 岁的员工在哪些部门。

```
select * from department where did in(select did from employee where age >20);
+------+--------+
|did   |dname   |
+------+--------+
|d01   |网络部  |
+------+--------+
```

SELECT 语句中还可以使用 NOT IN 关键字,其作用正好与 IN 相反。

【例10】 查询不存在年龄大于 30 岁的员工的部门。

```
select * from department where did not in(select did from employee where age >20);
+------+--------+
| did  | dname  |
+------+--------+
| d02  | 媒体部 |
| d03  | 研发部 |
| d04  | 人事部 |
+------+--------+
```

2）带 ANY 关键字的子查询

ANY 关键字表示满足其中任意一个条件,它允许创建一个表达式对子查询的返回值列表进行比较,只要满足内层子查询中的任意一个比较条件,就返回一个结果作为外层查询条件。

【例11】使用带 ANY 关键字的子查询,查询年龄大于30岁的员工在哪些部门。

```
MariaDB[school] > select * from department where did = any (select did from
employee where age >20);
+------+--------+
| did  | dname  |
+------+--------+
| d01  | 网络部 |
+------+--------+
```

3）带 ALL 关键字的子查询

ALL 关键字与 ANY 有点类似,只不过带 ALL 关键字的子查询返回的结果需同时满足所有内层查询条件。

【例12】使用带 ALL 关键字的子查询,查询年龄大于媒体部所有人的员工。

```
MariaDB[school] >select * from employee where age >all
    ->(select age from employee where did =
    ->(select did from department where dname = '媒体部'));
+------+------+------+------+
| id   | name | age  | did  |
+------+------+------+------+
| u002 | 李强 |  22  | d01  |
+------+------+------+------+
```

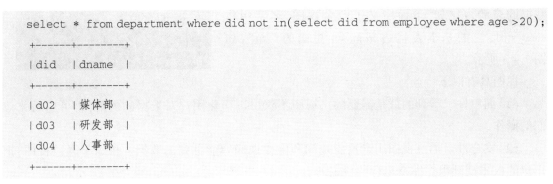

任务六　使用视图

视图是一种虚拟的数据表,也就是说,视图本身并不包含数据,它像一个窗口,透过它,你可以查看到一些数据表的部分数据。这时,那些被看到的数据表称为"基本表",它们是视图数据的来源。比如,下面定义了一个视图,名字叫作 view_stu1,它的基本表就是 from stu 里面的"stu",如图 7-7 所示。

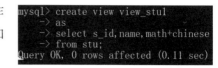

图 7-7　创建视图

视图具有以下特点:

(1)简单性。看到的就是需要的。视图不仅可以简化用户对数据的理解,也可以简化他们的操作。

(2)安全性。通过视图用户只能查询和修改他们所能见到的数据。相当于通过视图,把用户的权限授到数据库特定行和特定列上。

(3)逻辑数据独立性。视图可帮助用户屏蔽真实表结构变化带来的影响。

一、创建视图

创建视图的语法格式为:

create [or replace]
view 视图名(字段名 1,字段名 2,字段名 3,…)
As
select 字段 1,字段 2,字段 3,…
from 数据表名 1,数据表名 2,…
[where 条件表达式]

语法中每个部分的详细解释如下。

(1)create view,表示创建新的视图,后面跟上视图的名字,以及视图包含的字段,类似于创建数据表的格式,但是只要字段的名字,表示对原有的字段进行重命名;也可以不写字段,表示使用原有字段名。

(2)or replace view,加在 create 后面,用来表示替换已有视图。

(3)as 后面跟的是完整的 select 语句,这些查询语句可以是单表查询,也可以是多表查询,可以带条件,也可以不带条件查询。

【例 1】 假设有数据表 stu,要求在这个数据表上创建视图 view_stu1,视图里要求包含 id、姓名、数学加语文的总分。

```
MariaDB[school] > create view view_stu1 as select s_id,name,math + chinese
from stu;
MariaDB[school] > select * from view_stu1;
+-------+-------+---------------+
|s_id  |name  |math + chinese|
+-------+-------+---------------+
|     1|Tom   |           158|
|     2|Jack  |           150|
|     3|Lucy  |           192|
+-------+-------+---------------+
```

二、修改视图

1. 查看视图

在视图创建之后,有时需要进行修改。修改之前,一般需要查看视图的情况。查看视图的方式有三种:

(1)使用 describe 语句查看视图,语法格式:

```
Describe 视图名;
```

或简写为:

```
Desc 视图名;
```

(2)使用 show table status 语句查看视图,语法为:

```
Show table status like'视图名';
```

注意:因为是跟在 like 后面的,要求是匹配字符串,所以视图名要以字符串的形式展现。

(3)使用 show create view 查看视图,语法为:

```
Show create view 视图名;
```

2. 修改视图

修改视图是指修改视图的定义,比如,当基本表中的某些字段发生变化时,可以通过修改,使得视图与基本表保持一致。(基本表是指视图的数据来源表)

修改视图有两种方式:

(1)使用 create or replace view 语句修改视图,后面跟上视图的名字以及新定义,后半段写法跟创建视图一样。

(2)使用 alter view 语句修改视图,后面跟上视图的名字以及新定义,后半段写法跟创建视图一样。

【例 2】使用以上两种方式修改视图 view_stu1。修改之前先查看一下原来的视图结构。

```
MariaDB[school]>desc view_stu1;
+-------------+-----------+------+-----+---------+-------+
|Field        |Type       |Null  |Key  |Default  |Extra  |
+-------------+-----------+------+-----+---------+-------+
|s_id         |int(3)     |YES   |     |NULL     |       |
|name         |varchar(20)|YES   |     |NULL     |       |
|math+chinese |double     |YES   |     |NULL     |       |
+-------------+-----------+------+-----+---------+-------+
MariaDB[school]>create or replace view view_stu1 as select * from stu;
MariaDB[school]>desc view_stu1;
+---------+-----------+------+-----+---------+-------+
|Field    |Type       |Null  |Key  |Default  |Extra  |
```

```
+---------+------------+-------+-----+---------+-------+
| s_id    | int(3)     | YES   |     | NULL    |       |
| name    | varchar(20)| YES   |     | NULL    |       |
| math    | float      | YES   |     | NULL    |       |
| chinese | float      | YES   |     | NULL    |       |
+---------+------------+-------+-----+---------+-------+
```

3. 删除视图

当视图不再需要时,可以将它删除。删除视图时,只能删除视图的定义,不会删除数据。删除视图的语法为:

```
drop view [if exists]
view_name [,view name]…
 [restrict | cascade]
```

从语法中可以看出,可以一次删除多个视图。而 restrict 是指删除视图时不删除关联视图,cascade 则相反。

【例3】 删除视图 view_stu1。

```
MariaDB[school] > drop view if exists view_stu1,view_stu2;
Query OK,0 rows affected,1 warning(0.00 sec)
MariaDB [school] > select * from view_stu1;
ERROR 1146(42S02):Table'school.view_stu1'doesn't exist
```

任务七 事务管理

一、事务的概念

所谓事务,就是针对数据库的一组操作,它可以由一条或多条 SQL 语句组成,同一个事务的操作具备同步的特点,如果其中有一条语句无法执行,那么所有的语句都不会执行,也就是说,事务中的语句要么都执行,要么都不执行。

开启事务的语句,具体如下:

```
START TRANSACTION;
```

提交事务的语句,具体如下

```
COMMIT;
```

回滚事务的语句,具体如下:

```
ROLLBACK;
```

需要注意的是,ROLLBACK 语句只能针对未提交的事务执行回滚操作,已提交的事务是不能回滚的。

二、事务的应用

【例】使用事务实现 a 转账给 b。

（1）打开一个 CMD 窗口，作为 a 账户的操作窗口，执行 a 转账给 b。

```
MariaDB[school] > start transaction;
MariaDB[school] > update account set money = money - 100 where name ='a';
MariaDB[school] > update account set money = money + 100 where name ='b';
```

上述语句执行到第三句结束时，还没执行提交事务 commit 语句，这时打开一个 CMD 窗口，作为另一个人的操作窗口，查询 a 和 b 的账号，发现转账并没有执行。如果 a 窗口的转账语句执行到第三句时，服务器断开了，导致事务提交不了，那么转账也是没有执行的。此时相当于事务被回滚了（rollback），如图 7 - 8 所示。

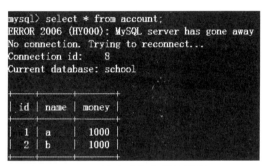

图 7 - 8　转账过程中服务器断开

（2）在 a 账户的操作窗口重新执行 a 转账给 b，这次执行到第 4 句改为回滚事务，可以看到，转账仍然不成功。

```
MariaDB [school] > start transaction;
MariaDB [school] > update account set money = money - 100 where name ='a';
MariaDB [school] > update account set money = money + 100 where name ='b';
MariaDB [school] > rollback;
```

（3）在 a 账户的操作窗口重新执行 a 转账给 b，这次执行到第 4 句为提交事务，可以看到，转账成功。如图 7 - 9 所示。

```
MariaDB [school] > start transaction;
MariaDB [school] > update account set money = money - 100 where name ='a';
MariaDB [school] > update account set money = money + 100 where name ='b';
MariaDB [school] > commit;
```

由此可见，事务具备两个操作上的特点：第一，只有确认提交，操作才会成功；第二，事务可以回滚。

三、事务的隔离级别

数据库是多线程并发访问的,所以很容易出现多个线程同时开启事务的情况,这样就会出现脏读、重复读以及幻读的情况。为了避免这种情况的发生,就需要为事务设置隔离级别。语法如下:

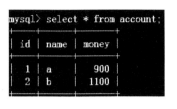

图 7-9　转账事务成功提交

```
set session transaction isolation level 隔离级别;
```

在 MySQL 中,事务有四种隔离级别:

(1)READ UNCOMMITTED(读未提交),也叫"脏读"。这个级别的事务操作者会读到还没有被提交的数据。

(2)READ COMMITTED(读提交)级别的事务操作者不会读到另一个事务正在修改的数据,只会读到原始数据,或者已经被事务提交的数据。

(3)REPEATABLE READ(可重复读,默认的事务隔离级别)级别的事务操作者读取到数据之后,数据会被复制一份,在他执行事务操作的过程中,都是从这个复制的数据中读取,外界对相关数据进行任何改变,都不会对他的数据产生任何影响。这保证了事务处理过程中数据的一致性。

(4)SERIALIZABLE(可串行化)级别的事务操作者在他执行事务操作的过程中,他操作的数据会被上锁,其他的可串行化事务无法对相关数据进行操作,只有等待他的事务处理完成(提交或撤回事务,就算事务处理完成),其他可串行化事务才能开始进行相关数据的处理。

任务八　使用存储过程

一、存储过程的创建

创建存储过程,需要使用 CREATE PROCEDURE 语句,创建存储过程的基本语法格式为:

```
CREATE PROCEDURE sp_name([proc_parameter])
[characteristics…]routine_body
```

其中,proc_ parameter 为指定存储过程的参数列表,它的参数列表的形式如下:

```
[IN|OUT|INOUT]param_name type
```

(1)in:表示输入参数。

(2)out:表示输出参数。

(3)inout:表示输入输出参数。

(4)param_name:表示参数名字。

(5)type:表示参数类型,可以是 MySQL 数据库中的任意类型。

【例1】 定义一个无参数的存储过程,用来创建学生表,并且添加数据。

```
delimiter //
create procedure createStu()
begin
drop table student;
create table student(…);
insert into student values(…),…;
end //
delimiter;
```

【例2】 定义一个带输入参数的存储过程,用来查询指定性别的学生。

```
delimiter //
create procedure showstu(in xb char(2))
begin
select * from student where sex = xb;
end//
delimiter;
```

【例3】 定义一个带输出参数的存储过程,按照课程编号查询某门课的平均成绩。

```
delimiter //
create procedure check_avg_sc(in c int,out a float)
begin
select avg(cj)into a from cs where cno = c;
end//
delimiter;
```

二、存储过程的调用

调用存储过程的语法为:

```
call 存储过程的名字(参数列表);
```

注意:

(1)存储过程名字不分大小写。

(2)如果没有参数,括号可以省略。

【例4】 假设有存储过程定义如下。调用存储过程可以创建学生表,并且添加数据。

```
create procedure createStu()
 begin
 drop table if exists students;
 create table students(sno int primary key auto_increment,
 sname varchar(10),dept varchar(10));
 insert into students(sname,dept)value
 ("张三","计算机系"),
```

```
("李四","计算机系"),
("王五","音乐系"),
("赵六","计算机系");
end //
```

调用存储过程：

```
call createstu();
```

或者

```
call createstu;
```

【例 5】 假设有一个带输入参数的存储过程定义如下。调用存储过程来查询指定性别的学生。

```
delimiter //
create procedure showstu(in xb char(2))
begin
select * from student where sex = xb;
end//
delimiter;
```

调用存储过程：

```
call showstu('女');
call showstu('男');
```

【例 6】 假设有一个带输入和输出参数的存储过程定义如下。调用存储过程来查询某系的人数。

```
delimiter //
create procedure checkamount(in d varchar(10),out c tinyint)
begin
select count(sno)into c from student
where dept = d;
End//
delimiter;
call checkamount("计算机系",@c);
select @c 计算机系人数;
```

三、存储过程的删除

删除存储过程的语法为：

```
drop procedure[if exists]存储过程的名字;
```

【例 7】 删除前面定义的存储过程,然后调用存储过程,会提示存储过程不存在,说明被删除。

```
drop procedure createstu//
```

任务九　MySQL 数据库系统管理

一、数据备份和还原

演示数据准备：

```
drop table student;
CREATE TABLE student(
    id int primary key auto_increment,
    name varchar(20),
    age int
);
INSERT INTO student(name,age)VALUES('Tom',20);
INSERT INTO student(name,age)VALUES('Jack',16);
INSERT INTO student(name,age)VALUES('Lucy',18);
```

备份数据库：

```
C:\Users\Administrator >
mysqldump -uroot -p123456 school >e:/backup/school_20200614.sql
```

或

```
mysqldump -uroot -p school >e:\backup\school_20200614.sql
```

数据库还原：

```
drop database school;
create database school;
 use school
show tables;

C:\Users\Administrator >
mysql -uroot -p123456 school < e:/backup/school_20200614.sql
use school
show tables;
```

二、用户权限和管理

1. user 表

MySQL 有一个自带的数据表，叫 user，是 MySQL 的一个重要权限表，用来记录允许连接到服务器的账号信息。在 user 表里启用的所有权限都是全局级的，适用于所有数据库。user 表中的字段大致可以分为 4 类，分别是用户列、权限列、安全列和资源控制列。下面认识以下 user 表的几个常用字段。

（1）Host 代表主机名。

（2）User 代表用户名。

（3）authentication_string 代表密码。

（4）Select_priv 代表是否可以通过 SELECT 命令查询数据,值为 N(NO)或 Y(YES)。

（5）Insert_priv 代表是否可以通过 INSERT 命令插入数据,值为 N(NO)或 Y(YES)。

在 user 表中有许多以 _priv 结尾的字段名,代表的都是用户对数据操作的权限,类似于上面的 Select_priv 和 Insert_priv。

可以通过 user 表添加用户、修改密码、设置用户权限。

2. 权限管理

（1）授权命令为:

GRANT 权限 1,权限 2,… 权限 n on 数据库名称 . 表名称 to 用户名@ 用户地址 identified by '密码';

【例 1】 对 user3 授予查询 school 数据库所有数据表的权限,user3 没有密码。

```
grant select on school. * to "user3"@ "localhost";
```

（2）查看用户权限命令为:

```
SHOW GRANTS FOR 'username'@'hostname';
```

【例 2】 查看 user1 的权限。

```
Show grants for user1@ localhost;
```

（3）撤销用户权限命令为:

```
REVOKE <权限 >[, <权限 >..][ON <对象类型 ><对象名 >]FROM <用户 >[, <用户 >..];
```

【例 3】 撤销 user1 在 school. student 表上的查询权限。

```
revoke select on school.student from user1@ localhost;
```

3. 创建普通用户

创建用户,除了可以向 user 表添加一条记录之外,还可以使用 create user 命令,配合 grant 命令,来创建用户并对用户赋予某些权限。

【例 4】 创建用户 user1,设置密码为 123,并授权可以对 school 数据库的 student 数据表进行所有操作。

```
create user"user1"@"localhost" identified by"123";
grant all privileges on school.student to"user1"@"localhost";
```

【例 5】 创建用户 user2,设置密码为 456,并授权可以对 school 数据库的 student 数据表进行查询操作。

```
create user"user2"@"localhost" identified by"456";
grant select on school.student to"user2"@"localhost";
```

4. 删除用户

1）用 drop user 删除

【例 6】删除 user3。

```
drop user user3@ localhost,user2@ localhost;
```

2）用 delete 删除

【例 7】删除 user2。

```
delete from mysql.user where user ='user2';
```

或者

```
delete from mysql.user where host ='localhost' and
user ='user2';
```

5. 修改密码

1）方法一

```
C:\Users\Administrator >mysqladmin -uroot -p password 123456
Enter password:**** （这里要求输入旧密码）
C:\Users\Administrator >mysql -uroot -p
Enter password:****** （这里要求输入新密码）
Welcome to the MySQL monitor. Commands end with;or \g.
```

2）方法二

```
alter user root@ localhost identified by"111111";
```

项目实现　试题信息管理数据库的操作与管理

实现思路

试题管理系统是用于试题录入的管理系统,试题管理系统数据库则用于对系统中试题等相关数据的存储和管理,包括试题表(t_question)和选项表(t_option)。一个试题包含多个选项,因此试题与选项是一对多的关系。数据库关系如图 7 - 10 所示。

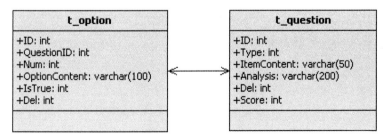

图 7 - 10　试题表和选项表

两张数据表的详细信息见表 7 - 6 和表 7 - 7。

表7－6　试题表信息

名称	字段名	数据类型	备注
ID	ID	int(11)	主键,自增,每次增量为1
题型	Type	int(11)	0 表示单选,1 表示多选。不能为空
题干	ItemContent	varchar(50)	不能为空
题典分析	Analysis	varchar(200)	可以为空
删除标识	Del	int(11)	0 表示正常,1 表示以删除。默认值为 0
分值	Score	int(11)	试题的分值,默认值为 0

表7－7　选项表信息

名称	字段名	数据类型	备注
ID	ID	int(11)	主键,自增,每次增量为1。不能为空
试题 ID	QuestionID	int(11)	外键,参照试题表。不能为空
选项号	Num	int(11)	0 表示 A,1 表示 B,2 表示 C,3 表示 D。不能为空
选项内容	OptionContent	varchar(100)	不能为空
标识是否是正确选项	IsTrue	int(11)	0 表示不是正确选项,1 表示是正确选项。不能为空
删除标识	Del	int(11)	0 表示正常,1 表示已删除。默认值为 0

本项目需完成如下试题管理系统数据库的操作。

(1)创建试题管理系统数据库 questiondb。

(2)创建试题表(t_question)和选项表(t_option)。

(3)对试题表(t_question)进行表的修改操作。

(4)对试题表(t_question)增加"分数"属性,数据类型为 float,默认值为 0。

(5)修改字段类型,将 Score 的数据类型改为整数。

(6)修改字段名,将 Score 改为 Point。

(7)复制试题表(t_question)结构,创建 t_questionCopy 表。

(8)对试题表(t_questionCopy1)进行表的删除操作。

(9)为试题表(t_question)创建一个虚拟表 v_question,作为试题表的一个视图,它只显示试题表中的 ID 和题干信息。

(10)在试题表(t_question)的 ID 列上按降序创建唯一索引。

(11)向试题表(t_question)中插入 1 条记录。

(12)将创建表结构和数据的 SQL 语句生成 SQL 脚本。

(13)开启事务,并将试题表(t_question)中 ID 为 1 的记录的 Del 字段值修改为 1,之后进行事务回滚。

（14）创建触发器,使选项表(t_option)与相应试题表(t_question)的删除标识 Del 同步更新。

（15）创建一个存储过程,新增一道试题,向试题表(t_question)和选项表(t_option)分别添加 1 条记录。

完成试题管理系统数据库的创建、数据表的创建与修改、视图的创建、索引的创建、事务的管理、触发器的创建、存储过程的创建等操作。

1. 创建数据库和表

（1）创建试题管理系统数据库 questiondb。

```
creat database questiondb;
```

（2）创建试题表(t_question)。

```
create table t_question
(
    ID int not null primary key auto_increment,
    Type int not null check(Type IN(0,1)),
    ItemContent varchar(50)not null,
    Analysis varchar(200),
    Del int not null default 0 check(Del IN(0,1))
);
```

（3）创建选项表(t_option)。

```
create table t_option
(
    ID int not null primary key auto_increment,
    QuestionID int not null,
    Num int not null check(Num IN(0,1,2,3)),
    OptionContent varchar(100)not null,
    IsTrue int not null check(IsTrue IN(0,1)),
    Del int not null default 0 check(Del IN(0,1)),
    foregin key(QuestionID)references t_question(ID)
);
```

（4）创建试题表(t_question)。

```
create view v_question AS select ID,ItemContent from t_question;
```

2. 创建索引

在试题表(t_question)的 ID 列上,按降序创建唯一索引。

```
create unique INDEX QueID on t_question(ID)DESC;
```

3. 管理数据表

对试题表(t_question)进行表的修改操作。

（1）向试题表（t_question）增加"分数"属性，数据类型为 float，默认值为 0。

```
alter table t_question add Score float(3,1)default'0';
```

（2）修改字段类型，将 Score 的数据类型修改为整数。

```
alter table t_question modify column Score int;
```

（3）修改字段名字，将 Score 修改为 Point。

```
alter table t_question change Score Point default'0';
```

（4）复制试题表（t_question）结构，创建 t_questionCopy 表。

```
create table t_questionCopy(like t_question);
```

（5）删除 t_questionCopy1 表。

```
drop table t_questionCopy1 cascade;
```

（6）向试题表（t_question）中插入 1 条记录。

```
insert into t_question(ID,Type,ItemContent,Analysis,Del)
values(1,0,'数据库的核心系统是','数据库知识',0);
```

（7）向选项表（t_option）中插入 4 条记录。

```
insert into t_option values('1','1','0','数据模型','1','0'),('2','1','1','数据库管理系统','0',
'0'),('3','1','2','数据库','0','0'),('4','1','3','数据库管理员','0','0');
```

4. 查询数据表

（1）查询试题表（t_question）的 ID 与 ItemContent 列。

```
select ID,ItemContent from t_question;
```

（2）查询试题表（t_question）所有列。

```
select * from t_question;
select ID,ItemContent,Analysis,Del,Point from t_question;
```

5. 备份与还原方式

（1）将数据库 questiondb 导出到"D:/mysql_study"文件夹。

```
mysqldump -uroot -p -- default - character - set = utf8 questiondb > D:/mysql_
study/questiondb_export.sql
```

（2）进入 questiondb 数据库并导入"D:/mysql_study/questiondb.sql"位置的脚本。

```
source D:/mysql_study/questiondb.sql
```

6. 事务控制

开启事务，并将试题表（t_question）中 ID 为 1 的记录的 Del 字段值修改为 1，之后进行事务回滚，查看修改结果。

```
start transaction;
update t_question set Del =1 where ID =1;
rollback;
select * from t_question;
```

7. 添加触发器

（1）为了使选项表与相应试题表的删除标识 Del 同步更新,创建如下触发器。

```
create trigger shanchu after update on t_question for each row update t_option set
Del =(select Del from t_question from where t_option.QuestionID = t_question.ID);
```

（2）通过 update 语句激活触发器,更新试题表（t_question）,设置 ID 为 1 的记录的 Del 值为 1。

```
update t_question set Del =1 where ID =1;
```

8. 创建存储过程

创建一个存储过程,向试题库新增 1 道试题,向试题表（t_question）和选项表（t_option）分别添加 1 条记录。

设计流程如图 7 - 11 所示。

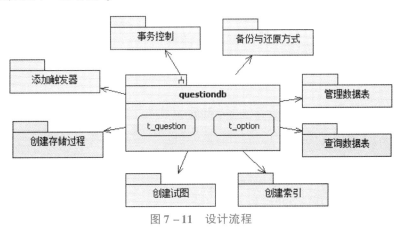

图 7 - 11　设计流程

步骤一:创建数据库

创建一个试题管理系统数据库 questiondb:

```
create database questiondb;
```

如图 7 - 12 所示。

```
mysql> create database questiondb;
Query OK, 1 row affected (0.00 sec)
```

图 7 - 12　创建试题管理系统数据库

进入刚才创建的 questiondb 数据库:

```
use questiondb;
```

如图 7 - 13 所示。

```
mysql> use questiondb;
Database changed
```

图 7 - 13　进入数据库

查看所有数据库：

```
show databases;
```

如图 7 - 14 所示。

图 7 - 14　查看当前数据库

步骤二：创建表

在当前数据库内创建一个试题表（t_question）：

```
create table t_question
(
    ID int not null primary key auto_increment,
    Type int not null check(Type IN(0,1)),
    ItemContent varchar(50)not null,
    Analysis varchar(200),
    Del int not null default 0 check(Del IN(0,1))
);
```

试题表（t_question）的详细信息见表 7 - 6。

在当前数据库内创建一个选项表（t_option）：

```
create table t_option
(
    ID int not null primary key auto_increment,
    QuestionID int not null,
    Num int not null check(Num IN(0,1,2,3)),
```

```
    OptionContent varchar(100)not null,
    IsTrue int not null check(IsTrue IN(0,1)),
    Del int not null default 0 check(Del IN(0,1)),
    foreign key(QuestionID)references t_question(ID)
);
```

选项表(t_option)的详细信息见表 7－7。

查看表结构,如图 7－15 所示。

```
desc t_question;
```

```
mysql> desc t_question;
+-------------+--------------+------+-----+---------+----------------+
| Field       | Type         | Null | Key | Default | Extra          |
+-------------+--------------+------+-----+---------+----------------+
| ID          | int(11)      | NO   | PRI | NULL    | auto_increment |
| Type        | int(11)      | NO   |     | NULL    |                |
| ItemContent | varchar(50)  | NO   |     | NULL    |                |
| Analysis    | varchar(200) | YES  |     | NULL    |                |
| Del         | int(11)      | NO   |     | 0       |                |
+-------------+--------------+------+-----+---------+----------------+
5 rows in set (0.03 sec)
```

图 7－15　查看表 t_question 结构

说明如下：

(1)Field 表示字段名。

(2)Type 表示字段数据类型。

(3)Null 表示该列是否可以存储 Null 值。

(4)Key 表示该列的键值。

(5)Default 表示该列是否有默认值。

(6)Extra 表示可以获取的与给定列有关的附加信息。

复制试题表(t_question)结构,创建 t_questionCopy 表。

```
create table t_questionCopy(like t_question);
```

查看 t_questionCopy 表结构,如图 7－16 所示。

```
desc t_questionCopy;
```

```
mysql> desc t_questionCopy;
+-------------+--------------+------+-----+---------+----------------+
| Field       | Type         | Null | Key | Default | Extra          |
+-------------+--------------+------+-----+---------+----------------+
| ID          | int(11)      | NO   | PRI | NULL    | auto_increment |
| Type        | int(11)      | NO   |     | NULL    |                |
| ItemContent | varchar(50)  | NO   |     | NULL    |                |
| Analysis    | varchar(200) | YES  |     | NULL    |                |
| Del         | int(11)      | NO   |     | 0       |                |
+-------------+--------------+------+-----+---------+----------------+
5 rows in set (0.00 sec)
```

图 7－16　查看 t_questionCopy 表结构

步骤三:表的操作

对试题表(t_question)进行表的修改操作。

向试题表(t_question)增加“分数”属性,数据类型为 float,默认值为 0。

```
alter table t_question add Score float(3,1)default '0';
```

修改字段类型,将 Score 的数据类型修改为整数。

```
alter table t_question modify column Score int;
```

修改字段名字,将 Score 修改为 Point。

```
alter table t_question change Score Point int default '0';
```

查看试题表(t_question)结构,如图 7-17 所示。

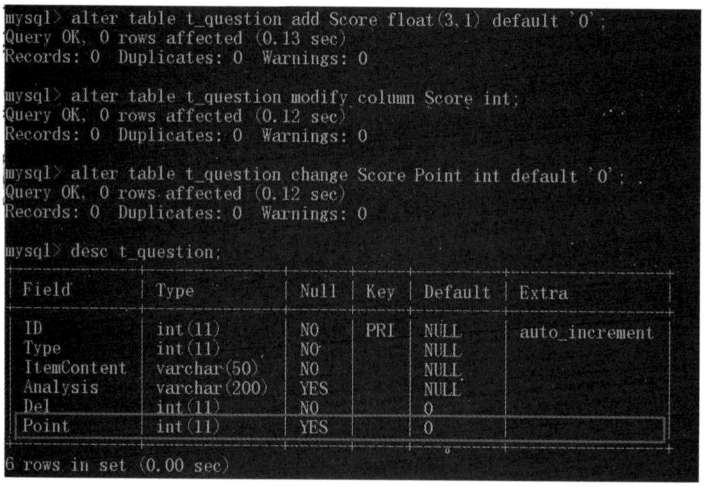

```
mysql> alter table t_question add Score float(3,1) default '0';
Query OK, 0 rows affected (0.13 sec)
Records: 0  Duplicates: 0  Warnings: 0

mysql> alter table t_question modify column Score int;
Query OK, 0 rows affected (0.12 sec)
Records: 0  Duplicates: 0  Warnings: 0

mysql> alter table t_question change Score Point int default '0';
Query OK, 0 rows affected (0.12 sec)
Records: 0  Duplicates: 0  Warnings: 0

mysql> desc t_question;
+-------------+--------------+------+-----+---------+----------------+
| Field       | Type         | Null | Key | Default | Extra          |
+-------------+--------------+------+-----+---------+----------------+
| ID          | int(11)      | NO   | PRI | NULL    | auto_increment |
| Type        | int(11)      | NO   |     | NULL    |                |
| ItemContent | varchar(50)  | NO   |     | NULL    |                |
| Analysis    | varchar(200) | YES  |     | NULL    |                |
| Del         | int(11)      | NO   |     | 0       |                |
| Point       | int(11)      | YES  |     | 0       |                |
+-------------+--------------+------+-----+---------+----------------+
6 rows in set (0.00 sec)
```

图 7-17　查看试题表(t_question)结构

修改表名,将 t_questionCopy 更名为 t_questionCopy1。

```
alter table t_questionCopy rename t_questionCopy1;
```

查看数据库中的所有表,如图 7-18 所示。

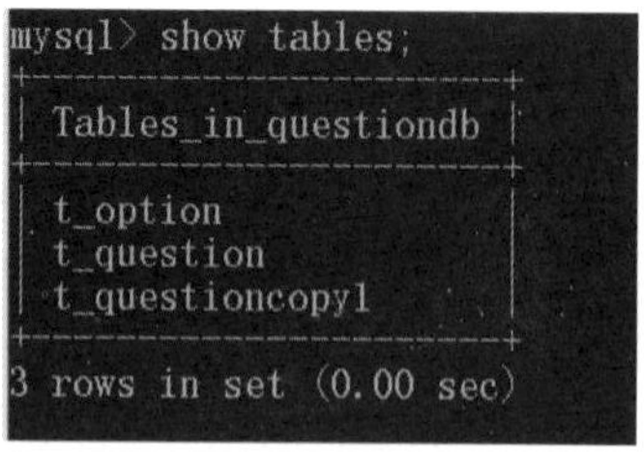

```
mysql> show tables;
+----------------------+
| Tables_in_questiondb |
+----------------------+
| t_option             |
| t_question           |
| t_questioncopy1      |
+----------------------+
3 rows in set (0.00 sec)
```

图 7-18　查看数据库中的所有表

对试题表(t_questionCopy1)进行表的删除操作。

删除 Del 字段。

```
alter table t_questionCopy1 drop Del;
```

删除试题表 t_questionCopy1。

```
drop table t_questionCopy1 cascade;
```

步骤四:视图

创建试题表(t_question)的视图,只显示 ID 与 ItenContent。

```
create view v_question AS select ID,ItemContent from t_question;
```

视图:从一个或几个基本表(或视图)导出的表,它是一个存在于数据库的虚拟表,本身没有数据。视图可以用于隐藏当前表的真实定义。

步骤五:索引

在试题表(t_question)的 ID 列上按降序创建一个唯一索引。

```
create unique INDEX QueID on t_question(ID DESC);
```

索引:帮助 MySQL 高效获取数据的数据结构,用户可以根据需要在基本表上建立一个或多个索引,以提供多种存取路径,加快查找速度。

步骤六:管理数据表

向试题表(t_question)中插入 1 条记录。

```
insert into t_question(ID,Type,ItemContent,Analysis,Del) values(1,0,'数据库的核心系统是','数据库知识',0);
```

查看表数据,如图 7-19 所示。

```
mysql> select * from t_question;
+----+------+--------------------+------------+-----+-------+
| ID | Type | ItemContent        | Analysis   | Del | Point |
+----+------+--------------------+------------+-----+-------+
|  1 |    0 | 数据库的核心系统是 | 数据库知识 |   0 |     0 |
+----+------+--------------------+------------+-----+-------+
1 row in set (0.00 sec)
```

图 7-19 表 t_question 结构

向试题表(t_question)中再插入 2 条记录,供测试使用。

```
insert into t_question(ID,Type,ItemContent,Analysis,Del) values(2,1,'数据库设计包括','数据库知识',0),(3,0,'数据库的内容包括','数据库知识',0);
```

查看表数据,如图 7-20 所示。

向选项表(t_option)中插入 4 条记录。

```
insert into t_option values(1,1,0,'数据模型',1,0),(2,1,1,'数据库管理系统',0,0),(3,1,2,'数据库',0,0),(4,1,3,'数据库管理员',0,0);
```

```
mysql> select * from t_question;
```

ID	Type	ItemContent	Analysis	Del	Point
1	0	数据库的核心系统是	数据库知识	0	0
2	1	数据库设计包括	数据库知识	0	0
3	0	数据库的内容包括	数据库知识	0	0

```
3 rows in set (0.00 sec)
```

图 7 – 20　查看表 t_question 数据

查看表数据,如图 7 – 21 所示。

```
mysql> select * from t_option;
```

ID	QuestionID	Num	OptionContent	IsTrue	Del
1	1	0	数据模型	1	0
2	1	1	数据库管理系统	0	0
3	1	2	数据库	0	0
4	1	3	数据库管理员	0	0

```
4 rows in set (0.00 sec)
```

图 7 – 21　查看表 t_option 数据

删除试题表(t_question)中 ID 为 2 的行。

```
delete from t_question where ID = 2;
```

查看表数据,如图 7 – 22 所示。

```
mysql> delete from t_question where ID = 2;
Query OK, 1 row affected (0.00 sec)

mysql> select * from t_question;
```

ID	Type	ItemContent	Analysis	Del	Point
1	0	数据库的核心系统是	数据库知识	0	0
3	0	数据库的内容包括	数据库知识	0	0

```
2 rows in set (0.00 sec)
```

图 7 – 22　查看表 t_question 数据

步骤七:查询表数据

查询试题表(t_question)的 ID 与 ItemContent 列。

```
select ID,ItemContent from t_question;
```

查看表数据,如图 7 – 23 所示。

```
mysql> select ID,ItemContent from t_question;
```

ID	ItemContent
1	数据库的核心系统是
3	数据库的内容包括

```
2 rows in set (0.00 sec)
```

图 7 – 23　查看表 t_question 数据

查询试题表(t_question)的所有列,有两种方法:在 select 关键字后面列出所有属性列名;在 select 关键字后面使用星号(*)列出所有属性列名,属性列名的顺序与其在基本表中的顺序相同。

```
select * from t_question;
select ID,Type,ItemContent,Analysis,Del,Point from t_question;
```

运行结果如图 7 – 24 所示。

图 7 – 24　运行结果

查询试题表(t_question)内 ID 小于 2 或大于 3 的所有记录。

```
select * from t_question where ID <2 OR ID >3;
```

运行结果如图 7 – 25 所示。

图 7 – 25　查询满足条件的记录结果

查询条件及其运算符见表 7 – 8。

表 7 – 8　查询条件及其运算符

查询条件	运算符
比较	= 、> 、< 、>= 、<= 、! = 、! > 、! < 、<> ;NOT + 上述比较符
确定范围	BETWEEN AND、NOT BETWEEN AND
确定集合	IN、NOT IN
字符匹配	LIKE、NOT LIKE
控制	IS NULL、IS NOT NULL
多重条件(逻辑运算)	AND、OR、NOT

步骤八：导入和导出数据库脚本

导出整个数据库使用 mysqldump 指令：

```
mysqldump - u [username] - p [ - opt][databasename] > [filepath]
```

其中，[- opt]是参数设置，可选。

将数据库 questiondb 导出到"D:/mysql_study"文件夹。

首先进入 D 盘，创建 mysql_study 文件夹，然后进入 mysql 安装的根目录下 bin 文件夹中，执行以下命令：

```
mysqldump - uroot - p -- default - character - set = utf8 questiondb > d:/mysql_study/
questiondb_export.sql
```

如图 7 - 26 所示。

图 7 - 26　导出数据库

查看导出文件，如图 7 - 27 所示。

名称	修改日期	类型	大小
questiondb_export.sql	2020/5/15 11:30	SQL 文件	5 KB

图 7 - 27　导出数据库文件路径

导入 SQL 脚本：source 文件路径。

进入 questiondb 数据库，删除试题表(t_question)和选项表(t_option)，并导入"D:/mysql_study/questiondb_export. sql"位置的脚本。

＊以下代码需一条一条执行。

```
use questiondb;
drop table t_question;
drop table t_option;
source D:/mysql_study/questiondb_export.sql;
```

注意：脚本路径使用"/"隔开，而不是用反斜杠"\"。

运行结果如图 7 - 28 所示。

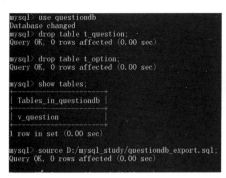

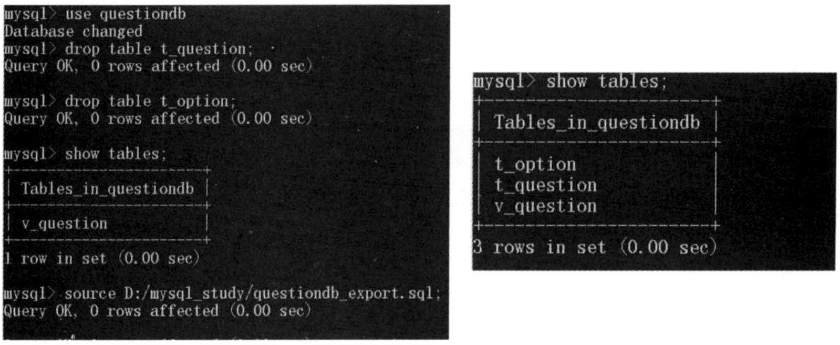

图 7 – 28 source 命令导入数据库

步骤九:事务控制

1. 开启事务

开启事务可以使用如下语句:

```
START TRANSACTION;
```

或者使用如下语句:

```
BEGIN WORK;
```

上述两条语句都可以用来开启事务,但是 START TRANSACTION 更为常用。

注意:事务不可以嵌套,当第二个事务开始时,系统会自动提交第一个事务。

2. 事务回滚

开启事务,并将试题表(t_question)中 ID 为 1 的记录的 Del 字段值修改为 1,之后进行事务回滚,查看修改结果。

```
start transaction;
update t_question set Del =1 where ID =1;
rollback;
select * from t_question;
```

运行结果如图 7 – 29 所示。

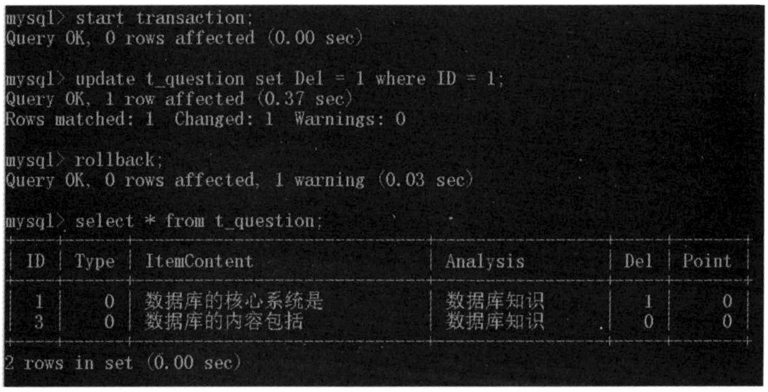

图 7 – 29 事务回滚

3. 事务确认

开启事务,设置试题表(t_question)与选项表(t_option)同一试题的 Del 字段值为 1,然后确认提交,查看修改结果。

```
start transaction;
update t_question set Del =1 where ID =1;
update t_option set Del =1 where QuestionID =1;
commit;
select * from t_question;
```

运行结果如图 7 – 30 所示。

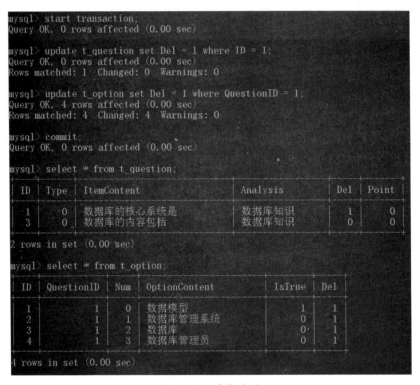

图 7 – 30 事务确认

4. 自动提交

MySQL 默认的执行方式是自动提交,也就是 SQL 语句执行完毕会自动提交工作。

可以使用 SET 语句设置 MySQL 是否自动提交。

开启自动提交。

```
set autocommit =1;
```

关闭自动提交。

```
set autocommit =0;
```

查看自动提交当前状态。

```
show variables like 'autocommit';
```

运行结果如图 7 - 31 所示。

图 7 - 31 事务自动提交

Value 为 ON 则表示当前状态为开启自动提交。

步骤十:触发器

为了使用选项表与相应试题表的删除标识 Del 同步更新,创建如下触发器。

```
create trigger shanchu after update on t_question for each row
update t_option set Del = (select Del from t_question where t_option.QuestionID =
t_question.ID);
```

有了触发器,可以通过 update 语句来激活触发器。
更新试题表,设置 ID 为 1 的记录的 Del 值为 1。

```
update t_question set Del = 1 where ID = 1;
```

操作步骤如下。

(1)创建触发器,如图 7 - 32 所示。

```
mysql> create trigger shanchu after update on t_question for each row
    -> update t_option set Del=(select Del from t_question where t_option.QuestionID = t_question.ID);
Query OK, 0 rows affected (0.25 sec)
```

图 7 - 32 创建触发器

(2)激活触发器,如图 7 - 33 所示。

```
mysql> update t_question set Del = 1 where ID = 1;
Query OK, 0 rows affected (0.44 sec)
Rows matched: 1  Changed: 0  Warnings: 0
```

图 7 - 33 激活触发器

(3)查看更新前的结果,如图 7 - 34 所示。

图 7 - 34 查看触发器

(4)查看更新后的结果,如图 7－35 所示。

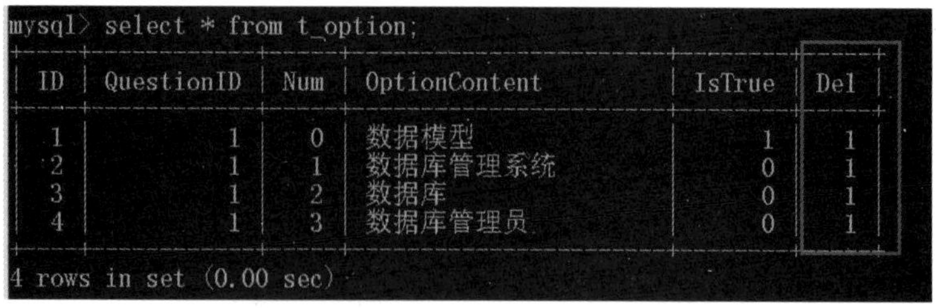

```
mysql> select * from t_option;
+----+------------+-----+----------------+--------+-----+
| ID | QuestionID | Num | OptionContent  | IsTrue | Del |
+----+------------+-----+----------------+--------+-----+
|  1 |          1 |   0 | 数据模型       |      1 |   1 |
|  2 |          1 |   1 | 数据库管理系统 |      0 |   1 |
|  3 |          1 |   2 | 数据库         |      0 |   1 |
|  4 |          1 |   3 | 数据库管理员   |      0 |   1 |
+----+------------+-----+----------------+--------+-----+
4 rows in set (0.00 sec)
```

图 7－35　更新触发器

(5)删除触发器。

```
drop trigger [if exists]shanchu;
```

运行结果如图 7－36 所示。

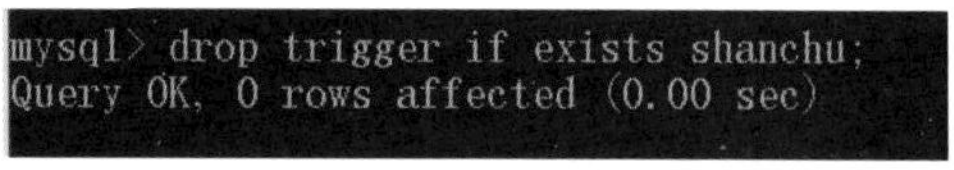

```
mysql> drop trigger if exists shanchu;
Query OK, 0 rows affected (0.00 sec)
```

图 7－36　删除触发器

步骤十一:存储过程的操作

(1)创建一个存储过程,新增一道试题,向试题表和选项表分别添加一条记录。

```
delimiter $$
create procedure xinzeng()
BEGIN
insert into t_question(Type,ItemContent,Analysis,Del)values(0,'新增试题','存储过程',0);
insert into t_option(QuestionID,Num,OptionContent,IsTrue)values(1,0,'新增选项',1);
END
$$
delimiter;
```

(2)调用存储过程。

MySQL 可以使用 CALL 语句来调用存储过程。

```
CALL xinzeng;
```

(3)查看存储过程状态。

```
show procedure status \G;
```

运行结果如图 7－37 所示。

(4)删除存储过程。

```
drop procedure[if exists]xinzeng;
```

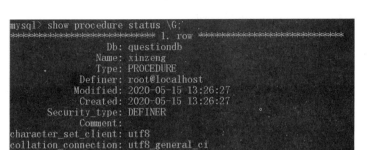

图 7－37 查看存储过程

步骤十二：运行测试

按 Win＋R 组合键，输入"cmd"，进入 MySQL 的安装根目录，例如输入"F"，按 Enter 键，进入 F 盘，输入"cd xampp/mysql/bin"，进入目录后，输入"mysql －uroot －p"，然后输入数据库密码，进入 MySQL 数据库，如图 7－38 所示。

```
C:\Users\ThinkPad>F:

F:\>cd xampp/mysql/bin

F:\xampp\mysql\bin>mysql -uroot -p
Enter password: ****
Welcome to the MariaDB monitor.  Commands end with ; or \g.
Your MySQL connection id is 43
Server version: 5.7.26 MySQL Community Server (GPL)

Copyright (c) 2000, 2018, Oracle, MariaDB Corporation Ab and others.

Type 'help;' or '\h' for help. Type '\c' to clear the current input statement.

MySQL [(none)]>
```

图 7－38 运行测试

依次执行所有步骤。运行结果需与效果图一致。

巩固练习

1. 单选题

（1）在 MySQL 中，查找出班主任"王笑笑"班全部男生的信息，则正确的 SQL 语句是（   ）。

A. select ＊ from 学生 where 性别 ='男' and 班级编号 ==（select 班级编号 from 班级 where 班主任 ='王笑笑'）

B. select ＊ from 学生 where 性别 ='男' and 班级编号 in（select 班级编号 from 班级 where 班主任 ='王笑笑'）

C. select ＊ from 学生 where 性别 ='男' and 班级编号 union（select 班级编号 from 班级 where 班主任 ='王笑笑'）

D. select ＊ from 学生 where 性别 ='男' and 班级编号 as（select 班级编号 from 班级 where 班主任 ='王笑笑'）

（2）在 MySQL 中，创建数据库 test 的正确的 SQL 语句是（   ）。

A．CREATE DATABASE IF EXISITS test

B．CREATE IF NOT EXISTS test

C．CREATE DATABASE IF NOT EXISITS test

D．CREATE IF NOT EXISITS test DATABASE

2. 多选题

（1）MySQL 数据库中,创建唯一索引的方式有(　　　)。

A．Create index   B．Create table

C．创建表时设置主键约束   D．创建表时设置唯一约束

（2）在 MySQL 中,关于数据库恢复说法正确的是(　　　)。

A．执行备份的 SQL 文件里的 SQL 语句可以达到数据库恢复的目的

B．SOURCE 命令恢复数据库的命令是 SOURCE/path/db_name. sql

C．使用 MySQL 命令恢复数据库的语法是 MySQL － u username － p［dbname］</path/db_name. sql

D．SOURCE 命令恢复数据库与 MySQL 命令一样,都可以在 DOS 命令窗口执行

（3）在 MySQL 中,下面关于数据类型的说法,正确的是(　　　)。

A．varchar 类型和 char 类型都是字符串类型,没有区别

B．varchar(4)类型的字段,插入"abcdef"时会报长度过长的错误

C．varchar 类型的长度是固定的,char 类型的长度是可变的

D．char(2)类型的字段,插入'abc'时,所占的字符数是 2,数据库中插入'ab'

（4）数据表 user 表中有 id、name 和 age 三个字段,数据类型分别为 int(11)、varchar(20)、int(20),现在想添加一个新的字段 email,数据类型是 varchar(30),并将该字段添加为表中的最后一个字段。以下语句正确的是(　　　)。

A．alter table user add email varch(30)last

B．alter table user add email varch(30)after name

C．alter table user add email varch(30)after age

D．alter table user add email varch(30)

（5）若用如下的 SQL 语句创建了一个 SC 表:CREATE TABLE SC(S# CHAR(6)NOT NULL,C#CHAR(3)NOT NULL,SCORE INTEGER,NOTE CHAR(20)),向 SC 表插入如下数据时,数据(　　　)可以被成功插入。

A．('201009','111',60,'必修')   B．('200823','101',NULL,NULL)

C．(NULL,'103',80,'选修')   D．('201132',NULL,86,'101')

项目 八

学生成绩管理系统——
制作PHP动态网页

知识目标：

- 了解 PHP 操作 MySQL 的方法
- 了解 PHP 数据库查询记录集的方法
- 了解会话功能的功能特点

技能目标：

- 掌握 PHP 的基本语法、编码规范
- 掌握 PHP 操作 MySQL 的基本操作方法
- 掌握 PHP 操作 MySQL 的 mysqli 类的方法
- 掌握 PHP 执行 SQL 语句的方法
- 掌握 PHP 采用预处理的方式执行 SQL 语句的方法
- 掌握 PHP 绑定预处理参数的操作方法
- 掌握 PHP 数据库查询记录集的操作方法
- 掌握 PHP 中 Cookie 的操作方法
- 掌握 PHP 中 Session 的操作方法
- 完成一个学生成绩管理系统

素质目标：

- 通过 PHP 与 MySQL 的学习，树立 Web 前端开发岗位职业道德
- 通过 PHP 与 MySQL 的学习，培养学生追求卓越的精神和刻苦务实的工作态度
- 具有理论联系实际、实事求是的工作作风

项目描述

公司网站需要对员工绩效成绩进行管理，通过一个学生成绩管理系统来模拟员工绩效管理，该成绩管理系统能在登录后实现成绩的增加、修改、编辑、删除以及批量删除。小张所在的项目组对项目进行了分析，认为运用前面的 PHP + MySQL 知识结合会话控制，可以实现一个成绩管理系统，实现用户登录、成绩显示、成绩修改和成绩添加。

（1）进入登录页面，输入用户名和密码，若验证成功，则进入学生成绩管理系统的首页——成绩列表页面。

（2）成绩列表页面页头显示"学生成绩管理系统"，页面内容显示所有的成绩列表。每条记录显示 id、姓名、年龄和成绩,以及"修改"与"删除"按钮。在列表的最后一行显示"添加"按钮。

单击"删除"按钮,删除当前记录,并更新成绩列表页面。

单击"修改"按钮,进入成绩修改页面。

单击"添加"按钮,进入成绩添加页面。

(3)成绩修改页面显示姓名、年龄和成绩的输入框,初始状态显示当前记录的数据,在表格最后一行显示"修改"按钮。修改完成后,单击"修改"按钮返回成绩列表页面。

(4)成绩添加页面显示姓名、年龄和成绩的输入框,在表格最后一行显示"添加"按钮。添加完成后,单击"添加"按钮返回成绩列表页面。

项目分析

了解项目基本内容后,小张所在的项目组对项目进行了实施规划。本项目首先介绍 PHP 连接 MySQL 数据库,然后介绍 PHP 执行 SQL 语句,掌握 PHP 操作 MySQL 的 mysqli 类实现 MySQL 数据库中的数据管理,最后介绍会话控制知识。因为本网站配置服务器,这里采用 Session 进行会话控制,实现用户登录。最后实现一个成绩管理系统,通过用户登录来实现对成绩的增、删、改、查。

任务一 PHP 连接 MySQL 数据库

PHP 支持的数据库类型很多,在这些数据库中,MySQL 数据库与 PHP 结合最好。很长时间以来,PHP 操作 MySQL 数据库使用的是 mysql 扩展库提供的相关函数。但是,随着 MySQL 的发展,mysql 扩展开始出现一些问题,因为 mysql 扩展无法支持 MySQL 4.1 及更高版本的新特性。面对 mysql 扩展的不足,PHP 开发人员决定建立一种全新的支持 PHP 5 的 MySQL 扩展程序,这就是 mysqli 扩展,本任务主要介绍如何使用 mysqli 扩展来操作 MySQL 数据库。

一、连接数据库服务器

mysqli 扩展提供了 mysqli_connect( )函数实现与 MySQL 数据库的连接。mysqli_connect( ) 函数语法如下:

```
mysqli mysqli_connect([string server [,string username [,
string password [,string dbname [,int port [,string socket]]]]]])
```

参数说明见表8-1。

以下代码应用 mysqli_connect( )函数创建与 MySQL 数据库的连接,MySQL 数据库的服务器地址为 localhotst 或者 127.0.0.1,用户名为 root,密码为空,代码如下。如果弹出如图 8-1 所示"数据库连接成功!"对话框,则数据库连接成功;如果弹出"数据库连接失败!"对话框,则数据库连接失败。

表 8 – 1　参数说明

参数	说明
server	MySQL 服务器地址
username	用户名。默认值是服务器进程所有者的用户名
password	密码。默认值是空密码
dbname	连接的数据库名称
port	MySQL 服务器使用的端口号
socket	UNIX 域 socket

localhost 显示

数据库连接成功!

确定

图 8 – 1　数据库连接成功

二、选择数据库

应用 mysqli_connect( ) 函数可以创建与 MySQL 数据库服务器的连接,同时可以指定要选择的数据库名称。例如,在连接 MySQL 服务器的同时选择名称为 db_book 的数据库,代码如下: $conn = mysqli_connect("localhost" , "root" , " " , "db_book") 。

除此之外,mysqli 扩展还提供了 mysqli_select_db( ) 函数用来选择 MySQL 数据库。mysqli_select_db( ) 函数的语法如下:bool mysqli_select_db(mysqli link , string dbname) 。其中,link 为 MySQL 数据库服务器连接成功返回的连接标识,dbname 是要选择的数据库名称。这里以 db_book 数据库为例。

```php
<?php
$host = " localhost";      //MySQL 服务器地址
$userName = "root";        //用户名
$password = "";            //密码
if( $connID = mysqli_connect( $host, $userName, $password)){
    //建立与 MySQL 数据库的连接,并弹出提示对话框
    echo" < script type ='text/javascript'>alert('数据库连接成功! ');</script >";
}else{
    echo" < script type ='text/javascript'>alert('数据库连接失败! ');</script >";
}
?>
```

```php
<?php
    $conn = mysqli_connect("localhost","root","");
    mysqli_select_db($conn,"db_book");
    mysqli_query($conn,"set names utf8");//设置字符集为utf8
?>
```

以下例子首先使用 mysqli_connect( ) 函数建立与 MySQL 数据库服务器连接并返回数据库连接 ID,然后使用 mysqli_select_db( ) 函数选择 MySQL 数据库服务器中名为 db_book 的数据库,实现代码如下。

```php
<?php
$host = " localhost";                              //MySQL 服务器地址
$userName = "root";                                //用户名
$password = "";                                    //密码
$dbName = "db_book";                               //数据库名称
$connID = mysqli_connect($host, $userName, $password);/* 建立与 MySQL 数据库服务器
的连接 */
if(mysqli_select_db($connID, $dbName)){            //选择数据库
    echo"数据库选择成功!";
}else{
    echo"数据库选择失败!";
}
?>
```

运行以上代码,如果本地 MySQL 数据库服务器存在名为 db_book 的数据库,将在页面中显示如图 8 – 2 所示的提示信息。

数据库选择成功!

图 8 – 2　选择数据库

提示:为了屏蔽由于数据库连接失败而显示的不友好的错误信息,可以在 mysqli_connect( ) 函数前加"@",该符号用来屏蔽错误提示。

三、关闭数据库连接

完成对数据库的操作后,需要及时断开与数据库的连接并释放内存,否则会浪费大量的内存空间,在访问量较大的 Web 项目时很可能导致服务器崩溃。在 MySQL 中使用 mysqli_free_result( ) 函数释放内存,然后使用 mysqli_close( ) 函数断开与 MySQL 服务器的连接。该函数的语法格式如下:

```php
bool mysqli_close(mysqli link);
```

参数 link 为 MySQL 数据库服务器连接成功返回的连接标识,如果成功,返回 true;失败返回 false。

```php
<?php
mysqli_free_result();
mysqli_close($conn);
?>
```

任务二　PHP 操作 MySQL 数据库

一、PHP 执行 SQL 语句

要对数据库中的表进行操作,通常使用 mysqli_query( ) 函数执行 SQL 语句,主要是数据的增、删、改、查。使用 mysqli_query( ) 函数执行 SQL 语句后,将得到一个结果集,此结果集将在下一步进行操作。mysqli_query( ) 函数的语法如下:

```
mixed mysqli_query(mysqli link,string query [,int resultmode]);
```

其中,link 为 MySQL 数据库服务器连接成功返回的连接标识;query 为要执行的 sql 语句;resultmode 为可选参数。

例如,执行一个添加会员记录的 SQL 语句,代码如下。

```
$result = mysqli_query($conn,"insert into tb_member values('mrsoft','123','mrsoft@mrsoft.com')");
```

例如,执行一个修改会员记录的 SQL 语句,代码如下。

```
$result = mysqli_query($conn,"update tb_member set user ='mrbook',pwd ='111' where user ='mrsoft'");
```

例如,执行一个删除会员记录的 SQL 语句,代码如下。

```
$result = mysqli_query($conn,"delete from tb_member where user ='mrbook'");
```

例如,执行一个查询会员记录的 SQL 语句,代码如下。

```
$result = mysqli_query($conn,"select * from tb_demo01");
```

如果 SQL 语句为查询指令 select,成功则返回查询结果集,否则返回 false;如果 SQL 语句是 insert、delete、update 等操作指令,成功则返回 true,否则返回 false。

二、PHP 数据库查询记录集的操作方法

mysqli_fetch_array( ) 函数将结果集返回到数组中。以下例子以上面 db_book 数据库为例,代码如下。

```
<!DOCTYPE html >
<html >
<head >
<meta charset = "utf - 8" >
<title >将结果集返回到数组 </title >
<style type = "text/css" >
<! --
body {
    margin - left:0px;
    margin - top:0px;
    margin - right:0px;
    margin - bottom:0px;
}
.STYLE1 {
    font - size:13px;
    font - weight:bold;
}
.STYLE2 {font - size:12px}
-->
</style ></head >

<body >
<table width = "760" border = "0" align = "center" cellpadding = "0" cellspacing = "0" >
    <tr >
        <td align = "center" ><table width = "700" border = "0" >
          <tr >
              <td width = "78" align = "center" ><span class = "STYLE1" >ID </span >
</td >
              <td width = "262" align = "center" ><span class = "STYLE1" >图书名称
</span ></td >
              <td width = "77" align = "center" ><span class = "STYLE1" >价格 </span >
</td >
              <td width = "176" align = "center" ><span class = "STYLE1" >出版日期
</span ></td >
              <td width = "85" align = "center" ><span class = "STYLE1" >类型 </span >
</td >
          </tr >
          <?php
          include_once("conn/conn.php");
```

```
        $result = mysqli_query($conn,"select * from tb_demo01");
        while($myrow = mysqli_fetch_array($result)){
        ?>
        <tr>
            <td align = "center" >< span class = "STYLE2" ><?php echo $myrow
[0];?></span ></td >
            <td align = "center" >< span class = "STYLE2" ><?php echo $myrow
[1];?></span ></td >
            <td align = "center" >< span class = "STYLE2" ><?php echo $myrow
[2];?></span ></td >
            <td align = "center" >< span class = "STYLE2" ><? php echo $myrow['
date'];?></span ></td >
            <td align = "center" >< span class = "STYLE2" ><? php echo $myrow['
type'];?></span ></td >
        </tr>
        <?php
        }
        ?>
    </table ></td >
  </tr >
</table >
</body >
</html >
```

运行结果如图 8 – 3 所示。

ID	图书名称	价格	出版日期	类型
1	PHP编程宝典	56元	2010-10-27	php
2	PHP自学手册	49元	2010-10-27	php
3	PHP范例宝典	78元	2010-10-27	php
4	php自学手册	79元	2010-10-27	php

图 8 – 3　输出图书表

1. 从结果集中获取一行作为对象

mysqli_fetch_row() 函数从结果集中取得一行作为枚举数组(数字索引数组)。

```
<!DOCTYPE html >
<html >
<head >
<meta charset = "utf – 8" >
<title >从结果集中获取一行作为对象</title >
<style type = "text/css" >
```

```
<! --
body {
    margin - left:0px;
    margin - top:0px;
    margin - right:0px;
    margin - bottom:0px;
}
.STYLE1 {
    font - size:13px;
    font - weight:bold;
}
.STYLE2 {font - size:12px}
-->
</style ></head >

<body >
<table width = "760" border = "0" align = "center" cellpadding = "0" cellspacing = "0" >
    <tr >
        <td align = "center" ><table width = "700" border = "0" >
            <tr >
                <td width = "78" align = "center" ><span class = "STYLE1" >ID </span >
</td >
                <td width = "262" align = "center" ><span class = "STYLE1" >图书名称
</span ></td >
                <td width = "77" align = "center" ><span class = "STYLE1" >价格 </span >
</td >
                <td width = "176" align = "center" ><span class = "STYLE1" >出版日期
</span ></td >
                <td width = "85" align = "center" ><span class = "STYLE1" >类型 </span >
</td >
            </tr >
            <?php
            include_once("conn/conn.php");//包含数据库连接页
            $result =mysqli_query($conn,"select * from tb_demo01");/*执行查询操作
并返回结果集*/
                while($myrow =mysqli_fetch_object($result)){ //循环输出数据
            ? >
            <tr >
                <td align = "center" ><span class = "STYLE2" ><?php echo $myrow ->
id;? ></span ></td >
```

```
                <td align = "left" >< span class = "STYLE2" ><?php echo $myrow ->
name;? ></span ></td >
                <td align = "center" >< span class = "STYLE2" ><?php echo $myrow ->
price;? ></span ></td >
                <td align = "center" >< span class = "STYLE2" ><?php echo $myrow ->
date;? ></span ></td >
                <td align = "center" >< span class = "STYLE2" ><?php echo $myrow ->
type;? ></span ></td >
            </tr >
            <?php
            }
            ? >
        </table ></td >
    </tr >
</table >
</body >
</html >
```

运行结果如图 8 - 3 所示。

2. 从结果集中获取一行作为枚举数组

mysqli_fetch_assoc( )函数从结果集中取得一行作为关联数组。

```
<!DOCTYPE html >
<html >
<head >
<meta charset = "utf - 8" >
<title >从结果集中获取一行作为枚举数组 </title >
<style type = "text /css" >
<! --
body {
    margin - left:0px;
    margin - top:0px;
    margin - right:0px;
    margin - bottom:0px;
}
.STYLE1 {
    font - size:13px;
    font - weight:bold;
}
.STYLE2 {font - size:12px}
```

```
    -->
    </style>
    </head>
    <body>
    <table width = "760" border = "0" align = "center" cellpadding = "0" cellspacing = "0" >
      <tr>
          <td align = "center" ><table width = "700" border = "0" >
          <tr>
              <td width = "78" align = "center" ><span class = "STYLE1" >ID</span>
</td>
              <td width = "262" align = "center" ><span class = "STYLE1" >图书名称
</span></td>
              <td width = "77" align = "center" ><span class = "STYLE1" >价格</
span></td>
              <td width = "176" align = "center" ><span class = "STYLE1" >出版日期
</span></td>
              <td width = "85" align = "center" ><span class = "STYLE1" >类型</
span></td>
          </tr>
          <?php
          include_once("conn/conn.php");
          $result = mysqli_query($conn,"select * from tb_demo01");
            while($myrow = mysqli_fetch_row($result)){
          ?>
          <tr>
              <td align = "center" ><span class = "STYLE2" ><?php echo $myrow
[0];?></span></td>
              <td align = "left" ><span class = "STYLE2" ><?php echo $myrow[1];?
></span></td>
              <td align = "center" ><span class = "STYLE2" ><?php echo $myrow
[2];?></span></td>
              <td align = "center" ><span class = "STYLE2" ><? php echo $myrow
[3];?></span></td>
              <td align = "center" ><span class = "STYLE2" ><? php echo $myrow
[4];?></span></td>
          </tr>
          <?php
          }
          ?>
```

```
    </table></td>
  </tr>
</table>
</body>
    </html>
```

运行结果如图 8 - 3 所示。

3. 从结果集中获取一行作为关联数组

mysqli_fetch_assoc( )函数从结果集中取得一行作为关联数组。

```
<!DOCTYPE html>
<html>
<head>
<meta charset = "utf - 8">
<title>从结果集中获取一行作为关联数组</title>
<style type = "text/css">
<!--
body {
    margin - left:0px;
    margin - top:0px;
    margin - right:0px;
    margin - bottom:0px;
}
.STYLE1 {
    font - size:13px;
    font - weight:bold;
}
.STYLE2 {font - size:12px}
-->
</style></head>

<body>
<table width = "760" border = "0" align = "center" cellpadding = "0" cellspacing = "0">
  <tr>
    <td align = "center"><table width = "700" border = "0">
      <tr>
        <td width = "78" align = "center"><span class = "STYLE1">ID</span></td>
        <td width = "262" align = "center"><span class = "STYLE1">图书名称</span></td>
```

```
            <td width = "77" align = "center" >< span class = "STYLE1" > 价格
</span ></td >
            <td width = "176" align = "center" >< span class = "STYLE1" > 出版日期
</span ></td >
            <td width = "85" align = "center" >< span class = "STYLE1" > 类型
</span ></td >
        </tr >
        <?php
        include_once("conn/conn.php");
        $result = mysqli_query($conn,"select * from tb_demo01");
            while($myrow = mysqli_fetch_assoc($result)){
        ?>
        <tr >
            <td align = "center" >< span class = "STYLE2" ><?php echo $myrow['id'];? >
</span ></td >
            <td align = "left" >< span class = "STYLE2" ><?php echo $myrow['name'];? >
</span ></td >
            <td align = "center" >< span class = "STYLE2" ><?php echo $myrow['price'];? >
</span ></td >
            <td align = "center" >< span class = "STYLE2" ><?php echo $myrow['date'];? >
</span ></td >
            <td align = "center" >< span class = "STYLE2" ><?php echo $myrow['type'];? >
</span ></td >
        </tr >
        <?php
        }
        ?>
    </table ></td >
  </tr >
</table >
</body >
</html >
```

运行结果如图 8 - 3 所示。

4. 获取查询结果集中的记录

使用 mysqli_num_rows( ) 函数可以获取由 select 语句查询到的结果集中行的数目。

```
<!DOCTYPE html >
<html >
<head >
```

```
<meta charset = "utf - 8" >
<title >查询结果集中的记录数 </title >
<style type = "text/css" >
<! --
body {
    margin - left:0px;
    margin - top:0px;
    margin - right:0px;
    margin - bottom:0px;
}
.STYLE1 {
    font - size:13px;
    font - weight:bold;
}
.STYLE2 {font - size:12px}
-->
</style ></head >

<body >
<table width = "760" border = "0" align = "center" cellpadding = "0" cellspacing = "0" >
    <tr >
        <td align = "center" ><table width = "700" border = "0" >
            <tr >
                <td width = "78" align = "center" ><span class = "STYLE1" >ID </span >
</td >
                <td width = "262" align = "center" ><span class = "STYLE1" >图书名称
</span ></td >
                <td width = "77" align = "center" ><span class = "STYLE1" >价格 </span >
</td >
                <td width = "176" align = "center" ><span class = "STYLE1" >出版日期
</span ></td >
                <td width = "85" align = "center" ><span class = "STYLE1" >类型
</span ></td >
            </tr >
            <?php
        include_once("conn/conn.php");
        $result =mysqli_query($conn,"select * from tb_demo01");
            while($myrow =mysqli_fetch_row($result)){
            ?>
```

```
        <tr>
            <td align = "center" >< span class = "STYLE2" ><?php echo $myrow
[0];?></span></td>
            <td align = "left" >< span class = "STYLE2" ><?php echo $myrow[1];?>
</span></td>
            <td align = "center" >< span class = "STYLE2" ><?php echo $myrow
[2];?></span></td>
            <td align = "center" >< span class = "STYLE2" ><?php echo $myrow
[3];?></span></td>
            <td align = "center" >< span class = "STYLE2" ><?php echo $myrow
[4];?></span></td>
        </tr>

        <?php
        }
        ?>
        <tr>
            <td colspan = "4" align = "right" class = "STYLE1" >
            查询结果为:<?php
            $nums = mysqli_num_rows($result);        //获取查询结果的行数
            echo $nums;                              //输出返回值

            ?>条记录</td>
            <td align = "center" > </td>
        </tr>
    </table></td>
    </tr>
</table>
</body>
    </html>
```

运行结果如图 8 - 4 所示。

ID	图书名称	价格	出版日期	类 型
1	PHP编程宝典	56元	2010-10-27	php
2	PHP自学手册	49元	2010-10-27	php
3	PHP范例宝典	78元	2010-10-27	php
4	php自学手册	79元	2010-10-27	php

查询结果为:4条记录

图 8 - 4   输出表记录以及记录数

三、PHP 操作 MySQL 的 mysqli 类的方法

在面向对象的模式中,mysqli 是一个封装好的类,使用前需要先实例化对象,具体示例如下。PHP 操作 MySQL 的 mysqli 类的方法和上面过程差不多。

1. 连接数据库

```php
<?php
    $host = "localhost";
    $dbname = "db_book";
    $username = "root";
    $password = "";
    $mysqli = new mysqli($host, $username, $password, $dbname);/* 实例化一个
mysqli 类 */
    if($mysqli -> connect_errno)
    {
        echo"连接失败".$mysqli -> connect_error;
        exit();
    }
?>
```

2. 执行 SQL 语句

在 mysqli 中使用 query() 方法来执行 SQL 语句,具体声明方式如下:

```
mysqli::query(string $query [,int $resultmode = MYSQLI_STORE_RESULT])
```

其中,参数 $query 表示要执行的 SQL 语句;$resultmode 是可选参数。该方法仅在成功执行 SELECT、SHOW、DESCRIBE 或 EXPLAIN 语句时会返回一个 mysqli_result 对象,而其他查询语句执行成功时返回 TRUE,失败返回 FALSE。

3. 处理结果集

在 mysqli 扩展中,MySQLi_RESULT 类提供了常用处理结果集的属性和方法,见表 8 – 2。前面的例子也可以使用如下表示,输出结果一致。

表 8 – 2 面向对象接口与面向过程接口比较

面向对象接口	面向过程接口	描述	备注
mysqli_result –> num_rows	mysqli_num_rows()	获取结果中行的数量	属性
mysqli_result –> fetch_all()	mysqli_fetch_all()	获取所有的结果并以关联数组、数值索引数组,或两者皆有的方式返回	方法
$result –> fetch_array()	mysqli_fetch_array()	获取一行结果,并以关联数组、数值索引返回	方法
mysqli_result –> fetch_assoc()	mysqli_fetch_assoc()	获取一行结果并以关联数组返回	方法

面向对象接口	面向过程接口	描述	备注
mysqli_result −> fetch_fields( )	mysqli_fetch_field( )	返回一个代表结果集字段的对象数组	方法
mysqli_result −> fetch_object( )	mysqli_fetch_object( )	以一个对象的方式返回一个结果集中的当前行	方法
mysqli_result −> fetch_row( )	mysqli_fetch_row( )	以一个枚举数组方式返回一行结果	方法
mysqli_result −> free( )，mysqli_result −> close( )，mysqli_result −> free_result( )	mysqli_free_result( )	释放结果集	方法

使用 mysqli 类操作查询以上结果并输出,输出结果和前面的一致,代码如下。

```html
<!DOCTYPE html>
<html>
<head>
<meta charset = "utf - 8">
<title>mysqli 类操作 PHP</title>
<style type = "text/css">
<!--
body {
    margin - left:0px;
    margin - top:0px;
    margin - right:0px;
    margin - bottom:0px;
}
.STYLE1 {
    font - size:13px;
    font - weight:bold;
}
.STYLE2 {font - size:12px}
-->
</style></head>

<body>
<table width = "760" border = "0" align = "center" cellpadding = "0" cellspacing = "0">
    <tr>
        <td align = "center"><table width = "700" border = "0">
```

```
        <tr>
            <td width="78" align="center"><span class="STYLE1">ID</span>
</td>
            <td width="262" align="center"><span class="STYLE1">图书名称
</span></td>
            <td width="77" align="center"><span class="STYLE1">价格
</span></td>
            <td width="176" align="center"><span class="STYLE1">出版日期
</span></td>
            <td width="85" align="center"><span class="STYLE1">类型
</span></td>
        </tr>
        <?php
        include_once("conn/conn.php");
        $query="select * from tb_demo01";
        $result=$mysqli->query($query);
        while($myrow=$result->fetch_array(true))
        {
        ?>
        <tr>
            <td align="center"><span class="STYLE2"><?php echo $myrow['id'];?>
</span></td>
            <td align="left"><span class="STYLE2"><?php echo $myrow['name'];?>
</span></td>
            <td align="center"><span class="STYLE2"><?php echo $myrow
['price'];?></span></td>
            <td align="center"><span class="STYLE2"><?php echo $myrow
['date'];?></span></td>
            <td align="center"><span class="STYLE2"><?php echo $myrow
['type'];?></span></td>
        </tr>
        <?php
        }
        ?>
    </table></td>
  </tr>
</table>
</body>
        </html>
```

运行结果如图 8 - 3 所示。

任务三 管理 MySQL 数据库中的数据

前面介绍了对数据库的查询操作,在开发网站的后台管理系统中,对数据库的操作不局限于查询指令,对数据的添加、修改和删除等操作指令也是必不可少的。

一、添加数据

以下实例将通过 insert 语句和 mysqli_query( ) 函数向数据库表中添加一条记录,本例中包含两个文件:一个是添加数据表单 insert. php,另一个是处理表单数据 insert_ok. php。具体步骤如下。

(1)设计添加数据表单 insert. php,代码如下:

```
<!DOCTYPE html >
<html >
<head >
<meta charset = "utf - 8" >
<title >图书信息添加 </title >
<style type = "text/css" >
td img {display:block;}
td img {display:block;}
a{text - decoration:none;}
</style >
</head >
<body >
<table style = "display:inline - table;" border = "0" cellpadding = "0" cellspacing =
"0" width = "800" >
    <tr >
        <td ><img src = "images/spacer.gif" width = "74" height = "1" alt = "" /></td >
        <td ><img src = "images/spacer.gif" width = "115" height = "1" alt = "" /></td >
        <td ><img src = "images/spacer.gif" width = "189" height = "1" alt = "" /></td >
        <td ><img src = "images/spacer.gif" width = "40" height = "1" alt = "" /></td >
        <td ><img src = "images/spacer.gif" width = "195" height = "1" alt = "" /></td >
        <td ><img src = "images/spacer.gif" width = "107" height = "1" alt = "" /></td >
        <td ><img src = "images/spacer.gif" width = "80" height = "1" alt = "" /></td >
        <td ><img src = "images/spacer.gif" width = "1" height = "1" alt = "" /></td >
    </tr >
    <tr >
        <td colspan = "7" background = " images/index _r1 _c1.gif" width = "800"
height = "119" >
```

```html
            <table width = "120" border = "0" align = "right" >
          <tr align = "center" valign = "middle" style = "color:#FFF" >
            <td><a href = "" >注册</a></td>
            <td><a href = "" >登录</a></td>
          </tr>
        </table></td>
        <td><img src = "images/spacer.gif" width = "1" height = "119" alt = ""/></td>
    </tr>
    <tr background = "images/index_r2_c1.gif" >
        <td colspan = "7" ><a href = "index.php" >首页</a>
                        
                <a href = "insert.php" >图书信息添加</a>
                        
                <a >图书信息管理</a>
            <table width = "200" border = "0" align = "right" >
            <tr >
                <td >
                </td>
                <td ><a href ='stop.php'>注销</a></td>
            </tr>
            </table></td>
        <td ><img src = "images/spacer.gif" width = "1" height = "23" alt = "" /></td>
    </tr>
    <tr >
        <td colspan = "2" ><img name = "index_r3_c1" src = "images/index_r3_c1.gif"
width = "189" height = "30" id = "index_r3_c1" alt = "" /></td>
        <td colspan = "3" ><img name = "index_r3_c3" src = "images/index_r3_c3.gif"
width = "424" height = "30" id = "index_r3_c3" alt = "" /></td>
        <td colspan = "2" ><img name = "index_r3_c6" src = "images/index_r3_c6.gif"
width = "187" height = "30" id = "index_r3_c6" alt = "" /></td>
        <td ><img src = "images/spacer.gif" width = "1" height = "30" alt = "" /></td>
    </tr>
    <tr >
        <td colspan = "7" ><img name = "index_r4_c1" src = "images/index_r4_c1.gif"
width = "800" height = "31" id = "index_r4_c1" alt = "" /></td>
        <td ><img src = "images/spacer.gif" width = "1" height = "31" alt = "" /></td>
    </tr>
    <tr >
        <td colspan = "7" ><img name = "index_r5_c1" src = "images/index_r5_c1.gif"
width = "800" height = "34" id = "index_r5_c1" alt = "" /></td>
```

```
        <td><img src="images/spacer.gif" width="1" height="34" alt=""/></td>
    </tr>
    <tr>
        <td rowspan="3"><img name="index_r6_c1" src="images/index_r6_c1.gif"
width="74" height="344" id="index_r6_c1" alt=""/></td>
        <td colspan="5" rowspan="3" background="">
          <form id="form1" name="form1" method="post" action="">
        <table width="100%" border="2" bordercolor="#C3A43A">
        <tr>
            <td width="25%" align="right"><strong>书名：</strong></td>
            <td width="75%"><label for="textfield"></label>
              <input type="text" name="textfield" id="textfield"/></td>
        </tr>
        <tr>
            <td align="right"><strong>上传日期：</strong></td>
            <td><label for="textfield2"></label>
              <input type="text" name="textfield2" id="textfield2"/></td>
        </tr>
        <tr>
            <td align="right"><strong>类别：</strong></td>
            <td><label for="textfield3"></label>
            <label for="select"></label>
            <select name="select" id="select">
                <option value="基础类">基础类</option>
                <option value="编程类">编程类</option>
                <option value="项目类">项目类</option>
                <option value="经典应用类">经典应用类</option>
            </select></td>
        </tr>
        <tr>
            <td align="right"><strong>语言：</strong></td>
            <td><label for="textfield4"></label>
            <label for="select2"></label>
            <select name="select2" id="select2">
                <option selected="selected">PHP</option>
                <option selected="selected">C</option>
                <option selected="selected">.net</option>
                <option selected="selected">JAVA</option>
                <option selected="selected">VB</option>
                <option selected="selected">other</option>
```

```
                    </select></td>
            </tr>
            <tr>
                <td align="right"><strong>简介:</strong></td>
                <td><textarea name="textarea" id="" cols="45" rows="5">
</textarea></td>
            </tr>
            <tr>
                <td align="right"><strong>目录:</strong></td>
                <td><textarea name="textarea2" id="" cols="45" rows="5">
</textarea></td>
            </tr>
            <tr>
                <td align="right"><strong>文稿存储位置:</strong></td>
                <td><label for="textfield5"></label>
                    <input type="text" name="textfield5" id="textfield5" /></td>
            </tr>
            <tr>
                <td align="right"><strong>程序存储位置:</strong></td>
                <td><label for="textfield6"></label>
                    <input type="text" name="textfield6" id="textfield6" />
                    <label for="textarea2"></label></td>
            </tr>
            <tr>
                <td align="right"><strong>录像存储位置:</strong></td>
                <td><label for="textfield7"></label>
                    <input type="text" name="textfield7" id="textfield7" />
                    <label for="textarea3"></label></td>
            </tr>
            <tr>
                <td colspan="2" align="center">
                    <input type="submit" name="button" id="button" value="提交"/>
                              
                    <input type="reset" name="button2" id="button2" value="取消" />
</td>
            </tr>
        </table>
    </form></td>
    <td rowspan="3"><img name="index_r6_c7" src="images/index_r6_c7.gif"
width="80" height="344" id="index_r6_c7" alt="" /></td>
```

```
        <td><img src="images/spacer.gif" width="1" height="120" alt="" /></td>
    </tr>
    <tr>
        <td><img src="images/spacer.gif" width="1" height="113" alt="" /></td>
    </tr>
    <tr>
        <td><img src="images/spacer.gif" width="1" height="111" alt="" /></td>
    </tr>
    <tr>
        <td colspan="7"><img name="index_r9_c1" src="images/index_r9_c1.gif"
width="800" height="36" id="index_r9_c1" alt="" /></td>
        <td><img src="images/spacer.gif" width="1" height="36" alt="" /></td>
    </tr>
    <tr>
        <td colspan="7" valign="top" bgcolor="#ffffff"><p style="margin:
0px"></p></td>
        <td><img src="images/spacer.gif" width="1" height="23" alt="" /></td>
    </tr>
    <tr>
        <td colspan="7"><img name="index_r11_c1" src="images/index_r11_
c1.gif" width="800" height="40" id="index_r11_c1" alt="" /></td>
        <td><img src="images/spacer.gif" width="1" height="40" alt="" /></td>
    </tr>
    </table>
    </body>
    </html>
```

表单效果如图 8 - 5 所示。

图 8 - 5　数据添加

（2）编写处理表单脚本文件 insert_ok. php，代码如下：

```php
<?php
    header("Content - type:text/html;charset = utf - 8");
    include("conn/conn.php");
    $bookname = $_POST["textfield"];
    $bookdate = $_POST["textfield2"];
    $booktype = $_POST["select"];
    $booktalk = $_POST["select2"];
    $bookjj = $_POST["textarea"];
    $booklog = $_POST["textarea2"];
    $bookww = $_POST["textfield5"];
    $bookcx = $_POST["textfield6"];
    $booklx = $_POST["textfield7"];
    $result = mysqli_query( $conn," INSERT INTO tb_book(books,date,sort,talk,
synopsis,catalog,bookpath,programpath,videopath) VALUES ('$bookname','$bookdate',
'$booktype','$booktalk','$bookjj','$booklog','$bookww','$bookcx','$booklx')");
    if($result){
        echo" < script > alert('添加成功');window.location.href =' index.php
'</script>";

    }else{
        echo" <script >alert('添加失败');history.go( -1);</script >";


    }
?>
```

添加成功后，运行效果如图 8 - 6 所示，返回首页即可看到添加数据。

图 8 - 6 数据添加成功

二、编辑数据

页面中的数据如果出现错误或者信息需要更新，这时就要对数据进行编辑。数据更新使用 UPDATE 语句，依然使用 mysqli_query( )函数执行更新语句。

本例中包含三个文件：编辑页面 update. php、更新表单页面 update_ok. php，以及处理更新页面 update_ok_ok. php 页面。

（1）update. php 页面代码如下：

```
<! DOCTYPE HTML >
<html >
<head >
<meta charset = "utf -8" >
<title >浏览数据 </title >
</head >
<body >
<center >
<table width = "798" border = "0" cellpadding = "0" cellspacing = "0" >
    <tr >
        <td width = "798" height = "108" background = "images/banner.jpg" >
  </td >
    </tr >
    <tr >
        <td >
        <table width = "100%" height = "38" border = "0" cellpadding = "0"
cellspacing = "0" background = "images/link.jpg" >
            <tr >
                <td width = "193" align = "center" valign = "middle" >
                <b ><?php echo date("Y -m -d").""; ?></b ></td >
                <td width = "101" align = "center" valign = "middle" ><a href =
"index.php" >浏览数据 </a ></td >
                <td width = "102" align = "center" valign = "middle" ><a href =
"#" >添加图书 </a ></td >
                <td width = "101" align = "center" valign = "middle" ><a href =
"#" >简单查询 </a ></td >
                <td width = "100" align = "center" valign = "middle" ><a href =
"#" >高级查询 </a ></td >
                <td width = "101" align = "center" valign = "middle" ><a href =
"#" >分组统计 </a ></td >
                <td width = "100" align = "center" valign = "middle" ><a href =
"#" >退出系统 </a ></td >
            </tr >
        </table >
        </td >
    </tr >
</table >
<table width = "799" border = "0" cellpadding = "0" cellspacing = "0" >
```

```html
        <tr>
            <td align = "center" valign = "middle">

<?php
include_once("conn/conn.php");
?>
<table width = "90%" border = "0" cellpadding = "0" cellspacing = "0">
    <tr>
        <td height = "25" width = "5%" class = "top">id</td>
        <td width = "30%" class = "top">书名</td>
        <td width = "10%" class = "top">价格</td>
        <td width = "20%" class = "top">出版时间</td>
        <td width = "10%" class = "top">类别</td>
        <td width = "10%" class = "top">操作</td>
    </tr>
<?php
    $sqlstr = "select * from tb_demo02 order by id";
    $result = mysqli_query($conn, $sqlstr);

    while($rows = mysqli_fetch_row($result)){
        echo"<tr>";
        for($i = 0; $i < count($rows); $i++){
            echo"<td height ='25'align ='center'class ='m_td'>".$rows[$i]."
</td>";
        }
        echo"<td class ='m_td'><a href = update.php? action = update&id = ".$
rows[0]."">修改</a>/<a href ='#'>删除</a></td>";
        echo"</tr>";
    }
?>
</table>
    </td>
        </tr>
</table>
    <table width = "798" border = "0" cellpadding = "0" cellspacing = "0">
        <tr>
            <td height = "48" background = "images/bottom.jpg"> </td>
        </tr>
    </table>
```

```
</center>
</body>
</html>
```

运行结果如图 8 – 7 所示。

最新图书信息	
书名	**操作**
JAVA典型模块	修改 /删除
ASP.NET24堂课	修改 /删除
C#项目整合	修改 /删除
Word范例宝典	修改 /删除
PHP24堂课	修改 /删除
JAVA范例完全自学手册	修改 /删除
VB典型模块	修改 /删除
PHP范例完全自学手册	修改 /删除
C范例宝典	修改 /删除
PHP项目整合	修改 /删除
PHP项目开发	修改 /删除
VB范例宝典	修改 /删除
PHP网络编程自学手册	修改 /删除
PHP案例开发教程	修改 /删除
PHP程序设计慕课版	修改 /删除
C++编程	修改 /删除
Python语言程序设计	修改 /删除
PHP高级项目开发	修改 /删除
PHP编程	修改 /删除

图 8 – 7　数据更新

（2）update_ok. php 页面代码如下。

```
<!DOCTYPE HTML >
<html >
<head >
<meta charset = "utf - 8" >
<title >更新数据 </title >
<link rel = "stylesheet" type = "text/css" href = "mystyle.css" >
</head >
<body >
<center >
    <table width = "797" height = "108" border = "0" cellpadding = "0" cellspacing =
"0" background = "images/banner.jpg" >
        <tr >
            <td >  </td >
        </tr >
    </table >
```

```
<table width = "797" height = "40" border = "0" cellpadding = "0" cellspacing =
"0" background = "images/link.jpg" >
    <tr >
        <td width = "188" align = "center" valign = "middle" ><b>
        <?php echo date("Y-m-d").""; ?></b></td >
        <td width = "98" align = "center" valign = "middle" > < a href = "
index.php" >浏览数据 </a ></td >
        <td width = "100" align = "center" valign = "middle" ><a href = "#" >添加
图书 </a ></td >
        <td width = "99" align = "center" valign = "middle" ><a href = "#" >简单
查询 </a ></td >
        <td width = "99" align = "center" valign = "middle" ><a href = "#" >高级
查询 </a ></td >
        <td width = "100" align = "center" valign = "middle" ><a href = "#" >分组
统计 </a ></td >
        <td width = "97" align = "center" valign = "middle" ><a href = "#" >退出
系统 </a ></td >
    </tr >
</table >
<?php
    include_once("conn/conn.php");//包含数据库连接文件
    if($_GET['action'] == "update"){//判断地址栏参数 action 的值是否等于 update
    $sqlstr = "select * from tb_demo02 where id = ".$_GET['id'];//定义查询语句
    $result = mysqli_query($conn, $sqlstr);//执行查询语句
    $rows = mysqli_fetch_row($result);//将查询结果返回为数组
    ?>
        < form name = "intFrom" method = "post" action = "update_ok.php" >
        <table width = "765" height = "200" border = "0" cellpadding = "0" cellspacing =
"0" >
            <tr align = "center" valign = "middle" >
            <td width = "30%" class = "c_td" >  </td >
                <td width = "10%" align = "right" class = "c_td" >  </td >
                <td width = "30%" class = "c_td" >  </td >
                <td width = "30%" class = "c_td" >  </td >
            </tr >
            <tr >
            <td class = "c_td" >  </td >
                <td align = "right" valign = "middle" class = "c_td" >书名: </td >
                <td align = "center" valign = "middle" class = "c_td" >< input
type = "text" name = "bookname" value = "<?php echo $rows[1]?>" ></td >
```

```
                    < td class = "c_td" >   < /td >
                </tr >
                <tr >
                < td class = "c_td" >   < /td >
                    < td align = "right" valign = "middle" class = "c_td" >价格: < /td >
                    < td align = "center" valign = "middle" class = "c_td" >< input type =
"text" name = "price" value = " <?php echo $rows[2]?>" >< /td >
                    < td class = "c_td" >   < /td >
                </tr >
                <tr >
                < td class = "c_td" >   < /td >
                    < td align = "right" valign = "middle" class = "c_td" >出版时间: < /td >
                    < td align = "center" valign = "middle" class = "c_td" >< input type =
"text" name = "f_time" value = " <?php echo $rows[3]?>" >< /td >
                    < td class = "c_td" >   < /td >
                </tr >
                <tr >
                < td class = "c_td" >   < /td >
                    < td align = "right" valign = "middle" class = "c_td" >所属类别: < /td >
                    < td align = "center" valign = "middle" class = "c_td" >< input type =
"text" name = "type" value = " <?php echo $rows[4]?>" >< /td >
                    < td class = "c_td" >   < /td >
                </tr >
                <tr align = "center" valign = "middle" >
                < td class = "c_td" >   < /td >
                    < td colspan = "2" class = "c_td" >
                    < input type = "hidden" name = "action" value = "update" >
                    < input type = "hidden" name = "id" value = " <?php echo $rows[0]?>" >
                    < input type = "submit" name = "Submit" value = "修改" >
                        < input type = "reset" name = "reset" value = "重置" >< /td >
                < td class = "c_td" >   < /td >
                </tr >
            < /table >
        < /form >
    <?php
        }
    ?>
        < table width = "797" height = "22" border = "0" cellpadding = "0" cellspacing =
"0" background = "images/link_1.JPG" >
```

```
        </table>

            </td></tr>
    </table>
    <table width = "797" height = "48" border = "0" cellpadding = "0" cellspacing = "0"
background = "images/bottom.jpg">
            <tr><td> </td></tr>
    </table>
    </center>
    </body>
    </html>
```

运行结果如图 8 - 8 所示。

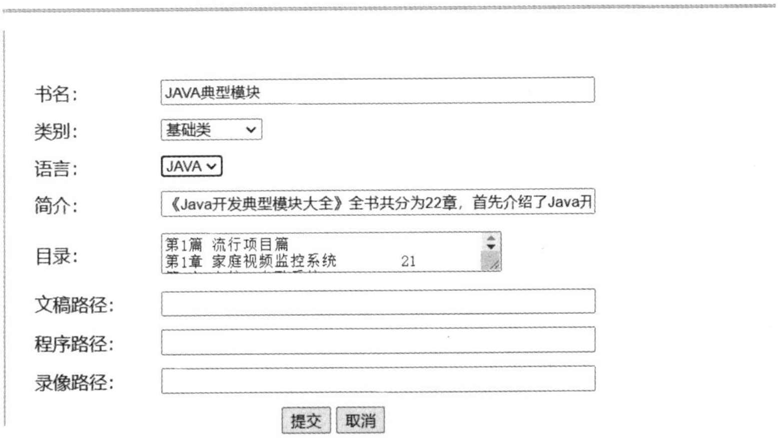

图 8 - 8　数据修改页面

（3）update_ok_ok 页面代码如下。

```
<?php
header("Content - type:text/html;charset = utf -8");//设置文件编码格式
include_once("conn/conn.php");//包含数据库连接文件
if($_POST['action'] == "update"){
    if(!($_POST['bookname']and $_POST['price']and $_POST['f_time']and $_POST
['type'])){
        echo"输入不允许为空。单击<a href ='javascript:onclick = history.go( -1)'>
这里</a>返回";
        }else{
            $sqlstr = "update tb_demo02 set bookname ='".$_POST['bookname']."',price ='
".$_POST['price']."',f_time ='".$_POST['f_time']."',type ='".$_POST['type']."' where id = ".$_
POST['id'];//定义更新语句
            $result =mysqli_query($conn, $sqlstr);//执行更新语句
```

```
            if($result){
        echo" < script > alert('修改成功! ');window.location.href ='update.php'
</script >";
        }else{
        echo" < script > alert('修改失败');window.location.href ='update_ok.php'
</script >";
        }
    }
    ? >
```

更新成功如图 8 - 9 所示。

图 8 - 9   数据修改成功

三、删除数据

删除数据库中的数据,应用 delete 语句,在不指定删除条件的情况下,将删除指定数据表中的所有数据;如果定义了删除条件,那么删除表中指定的记录。

本例中包含两个文件:编辑页面 update. php(图 8 - 7)和删除处理页面 delete. php,delete. php 代码如下,删除成功,如图 8 - 10 所示;删除失败则返回编辑页面。

```
    < ? php
        header("content - type:text /html;charset = utf - 8");
        include("conn /conn.php");
        if(isset($_GET['id'])){
        $delete =mysqli_query($conn,"delete from tb_book where id ='".$_GET['id'].'"");
        if($delete){
            echo" < script > alert(' 删除成功! ');window.location.href ='update.php'
</script >";
        }else{
            echo" < script > alert(' 删除失败! ');window.location.href ='update.php'
</script >";
        }
        }
    ? >
```

图 8 – 10 数据删除成功

四、批量删除数据

以上删除是对单条数据进行操作,很多时候需要对很多条记录进行操作,这里给出了一个批量删除的实例。表单页面如图 8 – 11 所示,deletes. php 通过 for 循环读取的数据作为 delete 删除语句的条件,最后通过 mysqli_query( ) 函数执行删除语句。deletes. php 代码如下。执行删除之前会提示是否删除,如图 8 – 12 所示;删除成功,如图 8 – 10 所示。

书名	操作	选择
JAVA典型模块	修改 /删除	☐
ASP.NET24堂课	修改 /删除	☐
C#项目整合	修改 /删除	☐
Word范例宝典	修改 /删除	☐
PHP24堂课	修改 /删除	☐
JAVA范例完全自学手册	修改 /删除	☐
VB典型模块	修改 /删除	☐
PHP范例完全自学手册	修改 /删除	☐
C范例宝典	修改 /删除	☐
PHP项目整合	修改 /删除	☐
PHP项目开发	修改 /删除	☐
VB范例宝典	修改 /删除	☐
PHP网络编程自学手册	修改 /删除	☐
PHP案例开发教程	修改 /删除	☐
PHP程序设计慕课版	修改 /删除	☐
C++编程	修改 /删除	☐
Python语言程序设计	修改 /删除	☐
PHP高级项目开发	修改 /删除	☐
PHP编程	修改 /删除	☐
	全部选择/取消	删除选择

图 8 – 11 数据批量删除页面

```php
<?php
    header("Content - type:text/html;charset = utf - 8");//设置文件编码格式
    include_once("conn/conn.php");                              //连接数据库
    if($_POST['action'] == "delall"){                    //判断是否执行删除操作
    if(count($_POST['chk']) <=0){                  //判断提交的删除记录是否为空
        echo" < script >alert('请选择记录');history.go( -1); </script >";
    }else{
```

```
        for($i =0;$i < count($_POST['chk']);$i ++){  //for 语句循环读取复选框提交的值,
            $sqlstr = "delete from tb_book where id = ".$_POST['chk'][$i];/* 循
环执行删除操作 * /

            mysqli_query($conn, $sqlstr);                        //执行删除操作
        }

            echo" <script >alert(' 删除成功 ');location ='update.php';</script >";
        }
    }
? >
```

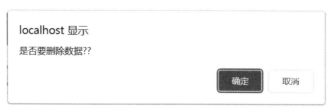

图 8 – 12　删除提示

任务四　会话控制

一、使用 Cookie

Cookie 通常是服务器发送给浏览器客户端的数据,存储于客户端。当用户访问服务时,Cookie 数据随请求一起发回服务器。PHP 完全支持 HTTP Cookie,利用 Cookie 在客户端存储数据和跟踪识别用户。

1. 在客户端创建 Cookie

创建 Cookie 使用 setcookie( ) 函数,其基本格式为:setcookie($name, $value, $expire = 0, $path, $domain),下面对各参数含义分别进行介绍。

$name:Cookie 变量名,字符串类型。

$value:Cookie 变量值,字符串类型。

$expire:Cookie 过期时间,整数类型。通常用 time( ) 获得当前时间的秒数,再加上过期时间秒数来设置 cookie 过期时间。如 time( ) +360 可表示过期时间为 6 分钟。$expire 默认值为 0。当 expire 为 0 或未设置时,Cookie 会在用户离开网站(关闭浏览器)时失效。

$path:设置 Cookie 在哪些服务器路径中可用,字符串类型。默认情况下,Cookie 只对当前目录中的网页有效。设置为"/"可对整个网站有效。

setcookie( ) 函数成功时返回 TRUE,否则返回 FALSE。创建的 Cookie 被发送到客户端保存。参数除 $name 外,均可省略。字符串类型参数可用空字符串表示省略该参数。$expire 用 0 表示省略。例如:

setcookie(' username', $_POST[' username'],time( ) +3600);//将表单上传的 username 存入

cookiesetcookie('isloged','TRUE',time( ) +3600);//3600 表示有效期为 1 小时读取 Cookie 内容,全局数组变量 $_COOKIE 中保存了 Cookie 变量。

例如,下面的代码输出 Cookie 变量值。

```
echo $_COOKIE['username'];
```

2. 删除 Cookie

删除 Cookie 有两种方法。

(1)使用 setcookie( )函数设置 Cookie 失效时间为到期时间。例如:

```
setcookie('isloged','',time() -1);//Cookie 有效期为当前时间前一秒
```

(2)在浏览器中删除 Cookie。在 IE 浏览器中,在"Internet 选项"设置中删除历史数据(含 Cookie),即可删除 Cookie。如下 cookie. php 代码。

```
<?php
date_default_timezone_set("Asia/Hong_Kong");//设置时区
if(!isset($_COOKIE["visit_time"])){          //检测 Cookie 文件是否存在,如果不存在
  setcookie("visit_time",date("Y-m-d H:i:s"),time() +60);/*设置带失效时间的 Cookie
变量*/
  echo"欢迎您第一次访问网站!";                          //输出字符串
  echo" <br >";                                       //输出回车符
}else{                                               //如果 Cookie 存在
  setcookie("visit_time",date("Y-m-d H:i:s"),time() +60);/*设置带失效时间的
Cookie 变量*/
  echo"您上次访问网站的时间为:".$_COOKIE["visit_time"];   //输出上次访问网站的时间
echo" <br >";                        //输出回车符
}
echo"您本次访问网站的时间为:".date("Y-m-d H:i:s");//输出当前的访问时间
?>
<meta http-equiv = "Content-Type" content = "text/html;charset = utf-8" />
```

运行结果如图 8 - 13 所示。

欢迎您第一次访问网站!
您本次访问网站的时间为: 2022-05-22 01:07:43

图 8 - 13　创建 Cookie

刷新页面,运行结果如图 8 - 14 所示。

您上次访问网站的时间为: 2022-05-22 01:07:43
您本次访问网站的时间为: 2022-05-22 01:08:04

图 8 - 14　使用 Cookie

二、使用 Session

Session 用于在服务器端以保存用户的"会话"状态。一位用户从访问网站的第一个网页开始到离开网站,可称为一个会话。PHP 可为每个会话创建唯一的 Session ID,Session ID 可以在用户访问的网页之间传递,以识别会话。每个会活有一个对应的全局数组变量 $_SESSION,可在其中保存会话的定制数据,如可保存用户登录状态,如果用户未登录,则自动导航到登录页面。

与 Cookie 不同,当用户离开网站时,其 Session 自动被删除,调用 session_start ( ) 函数启动 Session,代码如下。

```php
<?php
    session_start();//启动session
    $string = "PHP 从基础到项目实战";
    if(!isset($_SESSION['name'])){
            $_SESSION['name'] = $string;
                echo $_SESSION['name'];
        }else{
                echo $_SESSION['name'];
    }
?>
```

运行效果如图 8 – 15 所示。

PHP从基础到项目实战

图 8 – 15   使用 Session

提示:在 PHP 中,Session ID 通过 Cookie 或者 URL 参数进行传递。在使用 Cookie 方式时,应特别注意:Cookie 由浏览器控制,如果浏览器禁用了 Cookie,则脚本中的 Cookie 操作将失效,基于 Cookie 的 Session 也会失效。

三、Cookie 与 Session 区别

Session 与 Cookie 最大的区别是:Session 是将信息保存在服务器上,并通过一个 Session ID 来传递客户端的信息的,服务器在接收到 Session ID 后,根据这个 ID 来提供相关的 Session 信息资源;Cookie 是将所有的信息以文本文件的形式保存在客户端,并由浏览器进行管理和维护。

四、用户登录系统实例

本例以一个登录系统详细说明 Session 的用法。本例包含四个文件:注册表单页面 login. php(图 8 – 16)、注册处理页面 login_ok. php、登录表单页面 enter. php(图 8 – 17)、登录处理页面 enter_ok. php。注册成功则进入登录页面,注册失败则返回注册页面。

当前位置：注册页

用户名：

密码：

部门：

真实姓名：

注 册　　取 消

图 8 - 16　注册页面

login_ok. php 代码如下。

```php
<?php
    header("Content - type:text/html;charset = utf - 8");
    include("conn/conn.php");
    $n1 = $_POST['textfield'];
    $n2 = $_POST['textfield2'];
    $n3 = $_POST['textfield3'];
    $n4 = $_POST['textfield4'];
    if($n1 == "" || $n2 == "" || $n3 == "" || $n4 == ""){
        echo"<script>alert('请完善注册信息');history.go( -1);</script>";
    }else{

        $result = mysqli_query($conn,"INSERT INTO tb_login(user,pwd,section,
name)VALUES('$n1','$n2','$n3','$n4')");
        if($result){
            echo"<script>alert('注册成功');window.location.href = 'enter.
php'</script>";
        }else{
            echo"<script>alert('注册失败');history.go( -1);</script>";
        }
    }
?>
```

图 8 - 17　图书管理系统登录页面

enter_ok. php 代码如下。

```php
<?php
    header("Content -type:text/html;charset =utf -8");
    include("conn/conn.php");
    $n1 = $_POST['textfield']; //获取输入的用户名的值
    $n2 = $_POST['textfield2']; //获取输入的密码的值
    if($n1 =="" || $n2 ==""){
        echo"<script>alert('请正确填写账号密码');history.go( -1);</script>";
    }else{
        $result =mysqli_query($conn,"select * from tb_login where user =".$n1);
        while($rows =mysqli_fetch_array($result)){
            $user = $rows['user'];
            $pwd = $rows['pwd'];
        }
        if($user == $n1 && $pwd == $n2){
            session_start(); //启动 session
            $_SESSION["name"] = $user; //将用户名赋给 session
            echo"<script>alert('登录成功');window.location.href ='index.php
'</script>";
        }else{
            echo"<script>alert('用户名密码错误');history.go( -1);</script>";
        }
    }
?>
```

项目实现 开发学生成绩管理系统

实现思路

首先来了解一下学生成绩管理系统的用户登录、成绩列表、成绩修改、成绩添加页面,如图 8 - 18 所示。

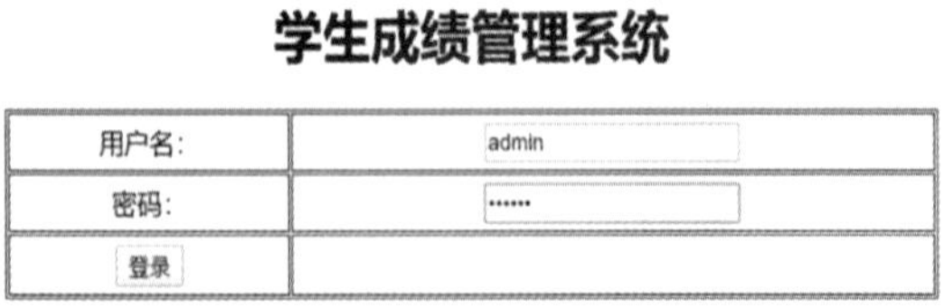

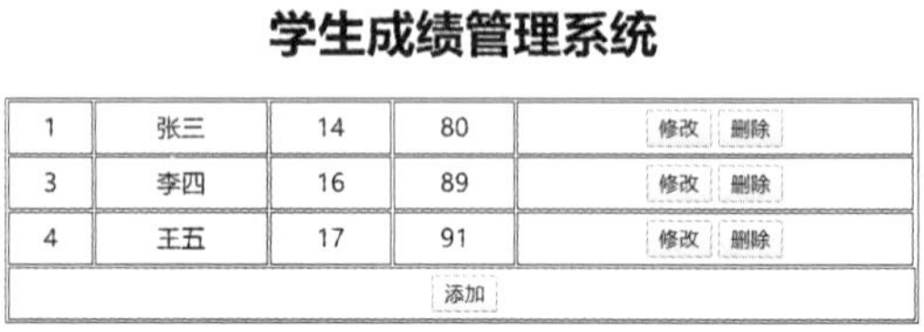

图 8 - 18 学生成绩管理系统

(a)用户登录页面;(b)成绩列表页面

学生成绩管理系统

姓名：	张三
年龄：	14
成绩：	80
修改	

（c）

学生成绩管理系统

姓名：	乔安
年龄：	19
成绩：	100
添加	

（d）

图 8 - 18　学生成绩管理系统（续）

（c）成绩修改页面；（d）成绩添加页面

1. 创建新项目 stu_result

（1）文件设计见表 8 - 3。

表 8 - 3　stu_result 项目文件列表

类型	文件名称	说明
php 文件	index. php	成绩列表页面
	login. php	登录页面
	insert. php	成绩添加页面
	update. php	成绩修改页面
	server/inser_server. php	录入成绩
	server/remove_server. php	删除成绩
	server/select_server. php	查询单个成绩
	server/update_server. php	更改成绩
	server/user_server. php	用户登录
	server/conn. php	创建数据库连接
css 文件	css/style. css	页面样式
js 文件	js/index. js	js 文件

（2）学生成绩管理数据库 stu_result 创建脚本如下。

```
SET FOREIGN_KEY_CHECKS = 0;


-- ----------------------------
-- Table structure for result
-- ----------------------------
DROP TABLE IF EXISTS 'result';
CREATE TABLE 'result'(
 'id' int(11)unsigned NOT NULL AUTO_INCREMENT,
```

```
'name'varchar(100)DEFAULT NULL,
'age'int(11)DEFAULT NULL,
'result'varchar(100)DEFAULT NULL,
PRIMARY KEY('id')
)ENGINE = InnoDB AUTO_INCREMENT = 6 DEFAULT CHARSET = utf8;
-- ----------------------------
-- Records of result
-- ----------------------------
INSERT INTO'result'VALUES('1','张三','14','80');
INSERT INTO'result'VALUES('3','李四','16','89');
INSERT INTO'result'VALUES('4','王五','17','91');

-- ----------------------------
-- Table structure for user
-- ----------------------------
DROP TABLE IF EXISTS'user';
CREATE TABLE'user'(
'id'int(11)unsigned NOT NULL AUTO_INCREMENT,
'account'varchar(100)DEFAULT NULL,
'password'varchar(100)DEFAULT NULL,
PRIMARY KEY('id')
)ENGINE = InnoDB AUTO_INCREMENT = 2 DEFAULT CHARSET = utf8;
-- ----------------------------
-- Records of user
-- ----------------------------
INSERT INTO'user'VALUES('1','admin','123456');
```

（3）成绩表包括 id、name、age 和 result 4 个字段,见表 8 - 4。

表 8 - 4　成绩表字段说明

成绩表(result)	
字段	说明
id	主键
name	学生姓名
age	学生年龄
result	学生成绩

（4）用户表包括 id、account 和 password 3 个字段,见表 8 - 5。

表 8-5 用户表字段说明

用户表(user)	
字段	说明
id	主键
account	用户名
password	密码

2. 实现设计

用户登录系统使用表单进行请求,请求 login. php 文件进行处理,若验证成功,则跳转到成绩列表页面(index. php)。成绩列表页面显示成绩列表,可以通过页面的"添加""修改""删除"按钮分别进入成绩添加页面(insert. php)、成绩修改页面(update. php)和处理删除操作页面(server/remove_server. php)进行相关操作,处理完成后跳转回 index. php 页面,刷新成绩列表。在 insert. php 和 update. php 页面中使用 AJAX 进行静态请求,然后使用 JSON 进行数据交互,并使用 JavaScript 静态更新页面数据。

1)设计成绩列表页面:index. php
- 页面使用 < table > 标签显示成绩列表,共 5 列,最后一列为操作按钮。
- 将表格边框的 border 值设为 1。
- 表格最后一行显示"添加"按钮。
- 页面加载时,调用 server/select_server. php 文件查询出当前数据库 result 表中的所有记录,使用 foreach 显示所有的记录。
- 单击"修改"按钮,跳转到 update. php 页面,将当前记录的 id 值作为参数传到 update. php 页面。
- 单击"删除"按钮,删除当前记录,将当前记录的 id 值作为参数传到 server/remove_server. php 页面,使用 mysqli 类实现 MySQL 数据库操作,删除记录。

通过 JavaScript DOM 操作请求 PHP 页面,PHP 页面使用 echo 返回 json_encode( )函数编码的 JSON 格式数据。

2)设计成绩添加页面:insert. php
- 页面使用 < table > 标签编写表单,共 2 列,第 1 列为字段标签,分别显示姓名、年龄和成绩,第 2 列为输入框。
- 将表格边框的 border 值设为 1。
- 表格最后一行显示"添加"按钮。
- 表单提交请求 server/insert_server. php 页面,使用 mysqli 类实现 MySQL 数据库操作,添加记录。
- 通过 JavaScript DOM 操作请求 PHP 页面,PHP 页面使用 echo 返回 json_encode( )函数编码的 JSON 格式数据。

3）设计成绩修改页面：update.php

● 页面使用 < table > 标签编写表单,共 2 列,第 1 列为字段标签,分别显示姓名、年龄和成绩,第 2 列为输入框。

● 将表格边框的 border 值设为 1。

● 表格最后一行显示"修改"按钮。

● 在页面初始状态通过 id 查询记录,并使用 < ? php echo… ? > 脚本显示当前记录原有的值。

● 表单提交请求 server/update_server.php 页面,使用 mysqli 类实现 MySQL 数据库操作,更新记录。

● 通过 JavaScript DOM 操作请求 PHP 页面,PHP 页面使用 echo 返回 json_encode( ) 函数编码的 JSON 格式数据。

4）设计登录页面：login.php

● 页面使用 < table > 标签编写表单,共 2 列,第 1 列为字段标签,分别显示用户名和密码,第 2 列为输入框。

● 将表格边框的 border 值设为 1。

● 表格最后一行显示"登录"按钮。

● 表单提交请求 server/user_server.php 页面,使用 mysqli 类实现 MySQL 数据库操作,查询用户信息。

5）定义数据库连接文件 conn.php

● 设置数据库服务器地址、用户名、密码和数据库名。

● 创建 mysqli 类的实例对象,连接数据库。

设计流程如图 8 - 19 所示。

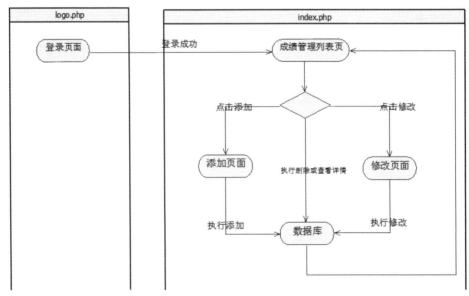

图 8 - 19　项目设计流程

步骤一:创建项目和文件

创建项目:项目名为 stu_result,创建以下文件。

- index. php:成绩列表页面。
- login. php:登录页面。
- insert. php:成绩添加页面。
- update. php:成绩修改页面。
- server/conn. php:创建数据库连接。
- server/insert_server. php:录入成绩。
- server/remove_server. php:删除成绩。
- server/select_server. php:查询单个成绩。
- server/user_server. php:用户登录。
- server/update_server. php:更改成绩。
- style. css:页面样式。

如图 8 - 20 所示。

图 8 - 20　stu_result 项目文件

步骤二:创建数据库

打开 xampp - control 面板,单击"Shell"按钮,启动命令行界面,输入 mysql - u root - p 命令登录 MySQL 数据库,使用 source 命令导入数据库脚本,如图 8 - 21 所示。

步骤三:制作 CSS 样式

在 style. css 文件中编写 < h1 > 、< table > 、< th > 、< td > 和 < button > 标签的样式,代码如下:

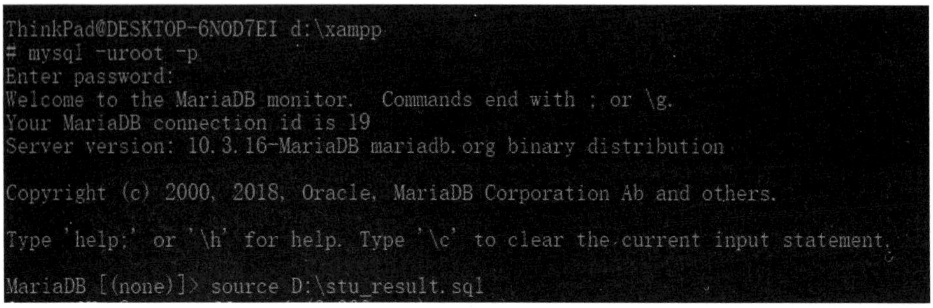

图 8 – 21   导入数据库

```
h1{
  text – align:center;
}
table{
    width:600px;
    border:1px solid #000000;
    text – align:center;
    margin:0 auto;
}
th,td{
    padding:5px;
    border:1px solid #000000
}
.button{
    width:280px;
    margin:0 2px;
}
```

步骤四:制作登录页面

创建 login. php 文件,编写 PHP 代码,实现登录页面。

使用 < input > 文本控件接收用户名和密码进入登录系统。

- 使用 form 表单提交登录信息,action 的值为 . /server/user_server. php,方法为 POST。
- 在登录按钮之后的 < span ></span > 标签中,显示异常消息。

代码如下:

```
<html >
<head >
<meta charset = "utf – 8" />
<link rel = "stylesheet" type = "text/css" href = "css/style.css" />
    <title >学生成绩管理系统 </title >
```

```
</head>
<body>
    <h1>学生成绩管理系统</h1>
    <form action = "./server/user_server.php" method = "post">
        <table>
            <tr>
                <td>用户名:</td>
                <td><input type = "text" name = "account"></td>
            </tr>
            <tr>
                <td>密码:</td>
                <td><input type = "password" name = "password"></td>
            </tr>
            <tr>
                <td><button type = "submit">登录</button></td>
                <td>
                <span>
                    <?php echo isset($GET['message'])? $GET['message']:"";?>
                </span>
                </td>
            </tr>
        </table>
    </form>
</body>
</html>
```

创建 server/user_server.php 文件,编写 PHP 代码,对用户名和密码进行验证。

- 使用 include 导入 conn.php 文件。
- 从 $_POST 中获取用户名和密码信息。
- 编写 SQL 语句,使用用户名和密码查询用户,调用 $conn -> query()函数。
- 若查询到了记录,则表示登录成功,启动会话,在 Session 中存储用户名信息。
- 使用 header()函数跳转到 index.php 页面。
- 若查询不到记录,则跳转到 login.php 页面,并显示提示信息:用户名或密码不一致。

```
<?php
include("conn.php");
$account = $_POST['account'];
$password = $_POST['password'];
$sql = "select id from user where account ='$account' and password ='$password'";
$result = $conn -> query($sql);
```

```
if($result -> num_rows > 0){
    session_start();
    $SESSION["user.account"] = $account;
    $result -> free_result();
    $conn -> close();
    header("location:../index.php");
} else {
    $result -> free_result();
    $conn -> close();
    header("location:../login.php?message = 用户名或密码不一致");
}
```

步骤五:制作成绩管理页面

(1)制作成绩列表页面(index. php),引入 style. css 样式和 index. js 文件,在 index. php 文件的 < body > 标签中编写 < hl > 、< table > 、< button > 标签,代码如下:

```
<!DOCTYPE html >
<html >
<head >
    <meta charset = "utf -8" >
    <title ></title >
    <link rel = "stylesheet" type = "text/css" href = "css/style.css" >
    <script type = "text/javascript" src = "js/index.js" ></script >
</head >
<body >
<h1 >学生成绩管理系统 </h1 >
<table >
<tr >
    <td colspan = "100" ><a href = "insert.php" ><button >添加 </button ></a ></td >
</tr >
  </table >
  </body >
</html >
```

运行结果如图 8 - 22 所示。

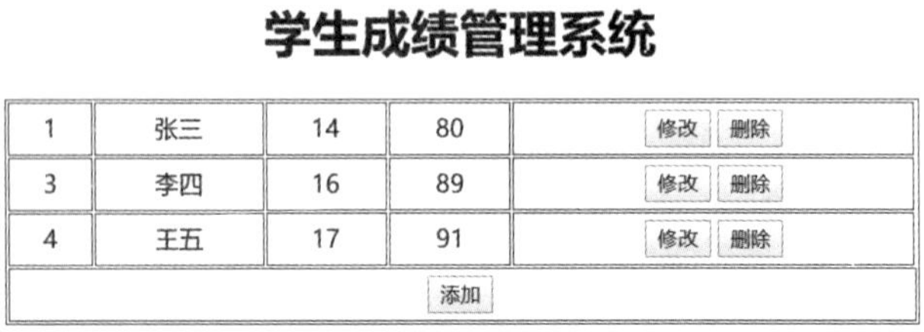

学生成绩管理系统

1	张三	14	80	修改 删除
3	李四	16	89	修改 删除
4	王五	17	91	修改 删除
添加				

图 8 - 22　成绩管理页面

（2）制作成绩添加页面(insert. php)，引入 style. css 样式和 index. js 文件，在 insert. php 文件的 < body > 标签中编写 < h1 > 、< table > 、< button > 标签，代码如下：

```
< html >
< head >
< meta charset = "utf - 8"/>
    < title > 学生成绩管理系统 < /title >
    < link rel = "stylesheet" type = "text/css" href = "css/style.css"/>
    < script type = "text/javascript" src = "js/index.js" >< /script >
< /head >
< body >
    < h1 > 学生成绩管理系统 < /h1 >
    < table >
        < tr >
            < td > 姓名: < /td >
            < td >< input type = "text" name = "name" >< /td >
        < /tr >
        < tr >
            < td > 年龄: < /td >
            < td >< input type = "text" name = "age" >< /td >
        < /tr >
        < tr >
            < td > 成绩: < /td >
            < td >< input type = "text" name = "result" >< /td >
        < /tr >
        < tr >
            < td colspan = "2" >< button onclick = "insert()" > 添加 < /button >< /td >
        < /tr >
    < /table >
< /body >
< /html >
```

运行结果如图 8 - 23 所示。

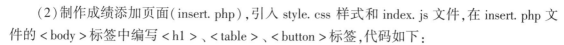

图 8 - 23　成绩添加页面

（3）制作成绩修改页面(update. php)，引入 style. css 样式和 update. js 文件，在 update. php 文件的 < body > 标签中编写 < h1 > 、< table > 、< button > 标签，代码如下：

```
<html>
<head>
<meta charset = "utf - 8"/>
<link rel = "stylesheet" type = "text/css" href = "css/style.css"/>
<script type = "text/javascript" src = "js/index.js"></script>
    <title>学生成绩管理系统</title>
</head>
<body>
    <h1>学生成绩管理系统</h1>
    <table>
        <tr>
            <td>姓名:</td>
            <td><input type = "text" name = "name"></td>
        </tr>
        <tr>
            <td>年龄:</td>
            <td><input type = "text" name = "age"></td>
        </tr>
        <tr>
            <td>成绩:</td>
            <td><input type = "text" name = "result"></td>
        </tr>
        <tr>
            <td colspan = "2"><button onclick = "update()">修改</button></td>
        </tr>
    </table>
</body>
</html>
```

运行结果如图 8 - 24 所示。

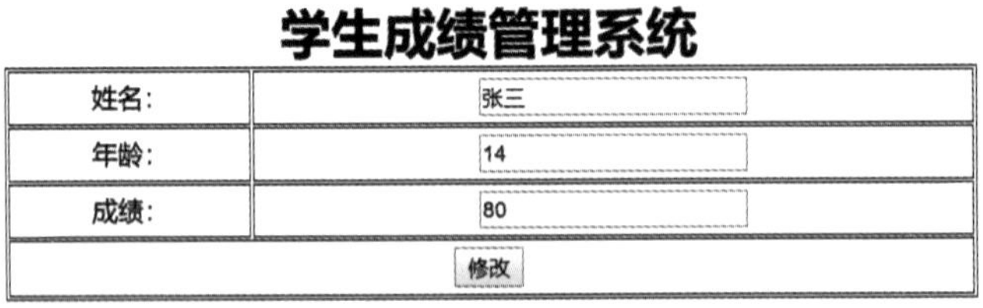

图 8 - 24　成绩修改页面

步骤六:编写数据库操作 PHP 代码

在 conn. php 文件中编写连接数据库的代码。

- PHP 脚本声明：以 <？php 开始，以？> 结束。
- PHP 变量：创建变量 $servername（数据库地址）、$username（用户名）、$password（密码）、$dbname（数据库名），以 $符号开始，后面跟着变量的名称。
- 创建数据库连接：使用 new mysqli() 创建数据库连接。
- 设置字符集：使用@ mysqli_set_charset() 函数设置字符集。
- 检测连接：使用 $conn -> connect_error 方法检测连接是否成功。

连接数据库代码如下：

```php
<？php
$servername = "127.0.0.1";
$username = "root";
$password = "123456";
$dbname = "stu_result";
//创建连接
$conn = new mysqli($servername, $username, $password, $dbname);
@ mysqli_set_charset($conn,utf8);
//检测连接
if($conn -> connect_error){
    die("连接失败:".$conn -> connect_error);
}
```

在 insert_server. php 文件中编写录入成绩代码。

- PHP 脚本声明：以 <？php 开始，以？> 结束。
- 包含 conn. php：使用 include() 方法包含 conn. php 文件。
- PHP 变量：创建变量 $name（姓名）、$age（年龄）、$result（成绩），以 $符号开始，后面跟着变量的名称。
- 使用 $_POST：使用超级全局变量 $_POST 获取 AJAX 的 POST 请求参数。
- 创建预处理语句：使用 $conn -> prepare 创建预处理语句。
- 绑定数据：使用 $stmt -> bind_param 对预处理语句进行数据绑定。
- 执行预处理语句：$stmt -> execute()。
- 检测执行：使用 $conn -> affected_rows 方法检测 SQL 语句是否执行成功。
- 关闭连接：使用 $stmt -> close() 关闭预处理；使用 $conn -> close() 关闭数据库连接。

录入成绩代码如下：

```php
<？php
include("conn.php");
$name = $_POST['name'];
$age = $_POST['age'];
$result = $_POST["result"];
//预处理及绑定
```

```
$stmt = $conn -> prepare("insert into result(name,age,result)values(?,?,?)");
$stmt -> bind_param("sii", $name, $age, $result);
//执行
$stmt -> execute();
if($conn -> affected_rows){
    echo"添加成功!";
} else {
    echo"Error:".$conn -> error;
}
$stmt -> close();
$conn -> close();
```

在 remove_server. php 文件中编写删除成绩代码。

- PHP 脚本声明:以 <?php 开始,以?>结束。
- 包含 conn. php:使用 include()方法包含 conn. php 文件。
- PHP 变量:创建变量 $id(成绩 id)、$sql(SQL 语句),以 $符号开始,后面跟着变量的名称。
- 使用 $_GET:使用超级全局变量 $_GET 获取 AJAX 的 GET 请求参数。
- 执行并检测 SQL 语句:使用 $conn -> query($sql)方法执行并检测 SQL 语句是否执行成功。
- 关闭连接:使用 $conn -> close()关闭数据库连接。

删除成绩代码如下:

```
<?php
include("conn.php");
$id = $_GET['id'];
$sql = "delete from result where id = $id";
if($conn -> query($sql)){
echo"删除成功!";
} else {
echo"Error:" .$sql ." <br>" .$conn -> error;
$conn -> close();
header("location:../index.php");
}
```

在 select_server. php 文件中编写查询单个成绩代码。

- PHP 脚本声明:以 <?php 开始,以?>结束。
- 包含 conn. php:使用 include()方法包含 conn. php 文件。
- PHP 变量:创建变量 $id(成绩 id)、$sql(SQL 语句)、$result(数据库返回数据集)、$results(返回数组),以 $符号开始,后面跟着变量的名称。

- 使用 $_GET:使用超级全局变量 $_GET 获取 AJAX 的 GET 请求参数。
- 初始化数组:使用 array( )函数初始化 $results 数组。
- 执行 SQL 语句:使用 $conn -> query($sql)方法执行 SQL 语句并返回数据集给 $result。
- 检测执行:使用 $result -> num_ rows 检测 SQL 语句是否执行成功。
- 读取数据:使用 $result -> fetch_assoc( )返回每条数据。
- JSON 解析:使用 json_encode( )解析成 JSON 格式。
- 关闭连接:使用 $conn -> close( )关闭数据库连接。

查询单个成绩代码如下:

```php
<?php
include("conn.php");
$id = $_GET['id'];
$sql = "select * from result where id ='$id'";
$result = $conn ->query($sql);
$results = array();
if($result ->num_rows > 0){
    //输出数据
    while($row = $result ->fetch_assoc()){
        $results = $row;
    }
    echo json_encode($results);
} else {
    echo"未找到数据!";
}
$conn ->close();
```

在 update_server. php 文件中编写更改成绩代码。

- PHP 脚本声明:以 <?php 开始,以?>结束。
- 包含 conn. php:使用 include( )方法包含 conn. php 文件。
- PHP 变量:创建变量 $sql(SQL 语句)、$id（成绩 id）、$name（姓名）、$age（年龄）、$result(成绩),以 $符号开始,后面跟着变量的名称。
- 使用 $_POST:使用超级全局变量 $_POST 获取 AJAX 的 POST 请求参数。
- 执行并检测 SQL 语句:使用 $conn -> query($sql)方法执行并检测 SQL 语句是否执行成功。
- 关闭连接:使用 $conn -> close( )关闭数据库连接。

更改成绩代码如下:

```php
<?php
include("conn.php");
```

```php
$id = $_POST['id'];
$name = $_POST['name'];
$age = $_POST['age'];
$result = $_POST['result'];
$sql = "update result set name ='".$name ."',age = $age,result = $result where id = $id";
if($conn ->query($sql)){
    echo"修改成功!";
} else {
    echo"Error:" .$sql ." <br>" .$conn ->error;
}
$conn ->close();
?>
```

步骤七:数据的获取和写入

在 index. php 文件中编写 PHP 代码,展开成绩列表。

在页面第 1 行引入 conn. php 文件。

```php
<?php require_once("./server/conn.php");?>
```

编写 PHP 代码获取成员列表,并产生表格。

- PHP 脚本声明:以 <?php 开始,以?> 结束。
- PHP 变量:创建变量 $sql(SQL 语句)、$result(成绩),以 $符号开始,后面跟着变量的名称。
- 执行 SQL 语句:使用 $conn -> query($sql)方法执行 SQL 语句。
- 检测执行:使用 $result -> num_rows 检测 SQL 语句是否执行成功。
- 读取数据:使用 $result -> fetch_assoc( )返回每条数据。
- 关闭连接:使用 $conn -> close( )关闭数据库连接。

成绩列表代码如下:

```php
<?php
require_once("./server/conn.php");
$sql = "select * from result";
$result = $conn ->query($sql);
if($result ->num_rows > 0){  /* if($result ->(10) >0){ */
    while($row = $result ->fetch_assoc()){
?>
        <tr>
            <td><?php echo $row["id"];?></td>
            <td><?php echo $row["name"];?></td>
```

```
            <td><?php echo $row["age"];?></td>
            <td><?php echo $row["result"];?></td>
            <td>
                    <button onclick = "toUpdate(this)">修改</button>
                    <button onclick = "remove(this)">删除</button>
            </td>
        </tr>
<?php
    }
}
    $conn->close();
?>
```

在 insert. php 中编写 JavaScript 代码,实现录入成绩的操作。

- 获取数据:使用 DOM 操作获取表单中的 name、age 和 result。
- 获取 AJAX 对象:调用 index. js 内的方法获取 AJAX 对象。
- 创建请求:使用 open( )函数,3 个参数依次为 POST 请求类型、url 请求路径、false 同步请求。
- 设置请求头:设置请求头 application/x – www – form – urlencoded 和字符 UTF – 8。
- 请求参数:通过 send( )传参。
- 发起请求:使用 send( )函数。
- 输出返回信息:使用 alert( )输出返回信息。
- 刷新列表:使用 window. location. href 跳转到 index. php 页面。

录入成绩代码如下:

```
<script type = "text/javascript">
function insert(){
        let name = document.getElementsByName("name")[0].value;
        let age = document.getElementsByName("age")[0].value;
        let result = document.getElementsByName("result")[0].value;
        let AJAX = getAJAX();
        AJAX.open("POST","./server/insert_server.php",false);
        AJAX.setRequestHeader("Content - type","application/x - www - form -
urlencoded;charset = UTF - 8");
        AJAX.send("name = " + name + "&age = " + age + "&result = " + result);/*
AJAX.(15)("name = " + name + "&age = " + age + "&result = " + result); * /
        alert(AJAX.responseText);
        window.location.href = "index.php";
}
</script>
```

录入成绩成功后的效果如图 8 – 25 所示。

图 8 – 25　成绩添加成功

在 index. php 中编写 JavaScript 代码,实现删除成绩的操作并跳转到成绩修改页面。

● 删除成绩。

获取 id:使用 DOM 操作获取表格中的 id。

获取 AJAX 对象:调用 index. js 内的函数来获取 AJAX 对象。

创建请求:使用 open( )函数,3 个参数依次为 GET 请求类型、url 请求路径、false 同步请求。

请求参数:将 id 通过 url 传参。

发起请求:使用 send( )函数。

输出返回信息:使用 alert( )输出返回信息。

刷新列表:使用 location. reload( )刷新页面。

● 跳转到成绩修改页面。

获取 id:使用 DOM 操作获取表格中的 id。

跳转页面:使用 window. location. href 跳转到指定页面。

删除成绩和跳转到成绩修改页面的代码如下:

```javascript
< script type = "text/javascript" >
    function remove(ele){
        let id = ele.parentElement.parentElement.children[0].innerText;
        window.location.href = "./server/remove_server.php?id = " + id;
    }
    function toUpdate(ele){
        let id = ele.parentElement.parentElement.children[0].innerText;
        window.location.href = "./update.php? id = " + id;
    }
</script >
```

运行结果如图 8 – 26 所示。

1	张三	14	80	修改 删除
3	李四	16	89	修改 删除
4	王五	17	91	修改 删除

图 8 – 26　成绩更新页面

在 update. php 中编写 JavaScript 代码,实现查询单个成绩的操作。

- 获取数据:使用 window. location. search. substring( )获取 url 中的 id。
- 获取 AJAX 对象:调用 index. js 内的函数获取 AJAX 对象。
- 创建请求:使用 open( )函数,3 个参数依次为 GET 请求类型、url 请求路径、false 同步请求。
- 请求参数:将 id 通过 url 传参。
- 发起请求:使用 send( )函数。
- 解析返回信息:使用 JSON. parse( )将返回信息解析成 JSON 格式。
- 写入信息:使用 DOM 操作将返回信息写入页面表单中。

查询单个成绩的代码如下:

```
<script>
let id;
window.onload = function(){
    id = window.location.search.substring(1).split("=")[1];
    let AJAX = getAJAX();
    AJAX.open("GET","./server/select_server.php?id=" + id,false);
    AJAX.send();
    let data = JSON.parse(AJAX.responseText);
    document.getElementsByName("name")[0].value = data.name;
    document.getElementsByName("age")[0].value = data.age;
    document.getElementsByName("result")[0].value = data.result;
}
</script>
```

单击"修改"按钮,如图 8 - 27 所示。

学生成绩管理系统

姓名:	张三
年龄:	14
成绩:	80
修改	

图 8 - 27　成绩修改页面

在 update. php 中编写 JavaScript 代码,实现修改成绩的操作。

- 获取数据:使用 DOM 操作获取表格中的 name、age 和 result。
- 获取 AJAX 对象:调用 index. js 内的函数获取 AJAX 对象。

创建请求:使用 open( )函数,3 个参数依次为 POST 请求类型、url 请求路径、false 同步请求。

- 设置请求头:设置请求头 application/x - www - form - urlencoded 和字符 UTF - 8。
- 请求参数:通过 send( )传参。

- 发起请求:使用 send( )函数。
- 输出返回信息:使用 alert( )输出返回信息。
- 跳转首页:使用 window. location. href 跳转到 index. php 页面。

成绩修改的代码如下:

```
function update(){
    let name = document.getElementsByName("name")[0].value;
    let age = document.getElementsByName("age")[0].value;
    let result = document.getElementsByName("result")[0].value;
    let AJAX = getAJAX();
    AJAX.open("POST","./server/update_server.php",false);
    AJAX.setRequestHeader("Content-type","application/x-www-form-urlencoded;charset=UTF-8");
    AJAX.send("id=" + id + "&name=" + name + "&age=" + age + "&result=" + result);
    alert(AJAX.responseText);
    window.location.href = "index.php";
}
```

成绩修改成功后的效果如图 8 – 28 所示。

图 8 – 28 成绩修改成功

步骤八:运行测试

右键单击 index. php 文件,使用浏览器打开。

巩固练习

1. 选择题

(1)以下 PHP 代码用来查询 MySQL 数据库中的 User 表,若能正常连接数据库,则以下选项中能正确执行 $sql 的查询语句的是(　　　)。

```
<?php
… $conn = new mysqli($servername, $username, $password, $dbname);
$sql = "select * from User";
(   );
?>
```

A. mysqli_query($conn, $sql);　　　　B. $conn -> execute($sql);

C. $conn -> query($sql);　　　　　　D. . query($sql);

(2)执行以下代码,输出结果是(　　　)。

```php
<?PHP
class a{
    function __construct(){
    echo"echo class a something";
}
}
class b extends a{
    function __construct(){
        echo"echo class b something";
    }
}
$a = new b();
?>
```

A. echo class a something echo class b something

B. echo class b something echo class a something

C. echo class a something

D. echo class b something

(3)以下 PHP 代码用来查询 MySQL 数据库中的 User 表,若能正常连接数据库,则以下选项中能正确执行 $sql 的查询语句的是(　　　)。

```php
<?php
$conn = new mysqli( $servername, $username, $password, $dbname);
$sql = "select * from User";
 (  );
?>
```

A. mysqli_query($conn, $sql);　　　　B. $conn -> execute($sql);

C. $conn -> query($sql);　　　　　　D. query($sql);

(4)在 PHP 中,以下代码中 $result 的结果是(　　　)。

```php
<?php
$x = "";
$result = is_null( $x);
var_dump( $result);
?>
```

A. 报错　　　　　　　　　　　　　　B. bool(true)

C. bool(false)　　　　　　　　　　　D. " "

（5）mysql_connect( )与@ mysql_connect( )的区别是(　　　)。

A. @ mysql_connect( )不会忽略错误,将错误显示到客户端

B. mysql_connect( )不会忽略错误,将错误显示到客户端

C. 没有区别

D. 功能不同的两个函数

（6）在 JavaScript 中,声明一个对象,给它加上 name 属性和 show 方法显示其 name 值,以下代码中正确的是(　　　)。

A. var obj = [name:"zhangsan",show:function( ){alert(name);}];

B. var obj = {name:"zhangsan",show:"alert(this. name)"};

C. var obj = {name:"zhangsan",show:function( ){alert(name);}};

D. var obj = {name:"zhangsan",show:function( ){alert(this. name);}};

项目九

天气预报系统及阅读器页面
——AJAX制作动态网页

知识目标：
- 认识 AJAX 以及 AJAX 的工作原理
- 了解 AJAX 技术的组成
- 了解 AJAX 异步处理数据过程

技能目标：
- 掌握 AJAX 的工作原理及运行环境
- 掌握 XMLHttpRequest 对象的创建和使用方法
- 掌握 AJAX 服务器发送异步请求的方法
- 掌握 AJAX 服务器响应的方法
- 掌握 JSON 格式数据解析的方法
- 完成天气预报系统和阅读系统

素质目标：
- 通过 AJAX 的学习树立 Web 前端开发岗位职业道德
- 通过 AJAX 的学习培养学生追求卓越的精神和刻苦务实的工作态度
- 通过 AJAX 的学习树立具有理论联系实际的工作作风

项目描述

　　公司网站现在需要在首页做一个天气预报系统和阅读系统,使浏览者在移动端和 PC 端都能在网站首页看到当日的天气情况,同时也方便在线阅读文章。小张所在的项目组对项目进行了分析,认为采用 AJAX 请求 PHP 数据实现这个天气预报系统会比较合理,小张在学校学习过 AJAX 框架,这也正好可以实践一下。

　　创建天气预报页面,适配移动端访问,使用 AJAX 请求 PHP,获取北京、上海、广州、深圳和武汉这 5 个城市的天气数据,每次请求 PHP 都会随机生成天气数据。天气数据内容如下：{"name":"北京","min":"20°C","max":"20°C","weather":"多云转阴"},然后使用 JavaScript 操作 DOM 将获取的天气信息实时更新至页面。

项目分析

　　了解项目基本内容后,小张所在的项目组对项目进行了实施规划。首先了解公司对天气预报的功能需求,本项目首先认识 AJAX 的基本知识、AJAX 的工作原理和工作步骤,通过 AJAX 与 PHP 的数据交互实现天气预报系统。AJAX 不仅能与 PHP 数据交互,也能与 XML 数据进行交互,这里通过 AJAX 与 XML 的数据交互实现一个阅读器,在网站也能在线阅读文章。

任务一　认识 AJAX

AJAX(Asychronous JavaScript and XML,异步 JavaScript 和 XML)是一种在无须重新加载整个网页的情况下,能够更新部分网页的技术,通常情况下不使用 AJAX。若要更新网页内容,必须重新从服务器加载整个网页;如果使用 AJAX,可以异步在后台与服务器进行数据交换,并使用服务器响应来更新部分网页。AJAX 不是新的编程语言,而是一种使用现有标准的新方法。AJAX 不需要任何浏览器插件,但需要用户允许 JavaScript 在浏览器上执行。现今有很多使用 AJAX 的应用程序案例:新浪微博、Google 地图、开心网等。

一、AJAX 技术的组成

1. JavaScript 脚本语言

JavaScript 是一种具有丰富的面向对象特性的程序设计语言,利用它能执行许多复杂的任务,例如,AJAX 就是利用 JavaScript 将 DOM、XHTML(或 HTML)、XML 以及 CSS 等技术综合起来,并控制它们的行为的。AJAX 使用 JavaScript 将所有的东西绑定在一起。

2. XMLHttpRequest 对象

XMLHttpRequest 对象用于在后台与服务器交换数据。一般为了提高程序的兼容性,可以创建一个跨浏览器的 XMLHttpRequest 对象。

XMLHttpRequest 对象的常用方法有:

(1)open( )方法用于设置进行异步请求目标的 URL、请求方法以及其他参数信息。

open( )方法语法如下:

```
open("method","URL"[,asyncFlag[,"userName"[,"password"]]]);
```

(2)send( )方法用于向服务器发送请求。如果请求声明为异步,该方法将立即返回,否则将等到接收到响应为止。

send( )方法的语法为:

```
send(content);
```

(3)setRequestHeader( )方法为请求的 HTTP 头设置值。

setRequestHeader( )方法的语法为:

```
setRequestHeader("label","value");
```

(4)abort( )方法用于停止当前异步请求。

(5)getAllResponseHeaders( )方法用于以字符串形式返回完整的 HTTP 头信息,当存在参数时,表示以字符串形式返回由该参数指定的 HTTP 头信息。

（6）XMLHttpRequest 对象的常用属性,见表 9 – 1。

表 9 – 1　XMLHttpRequest 对象的常用属性

属性	说明
onreadystatechange	每次状态改变都会触发这个事件处理器,通常会调用一个 JavaScript 函数
readyState	请求的状态
responseText	服务器的响应,表示为字符串
responseXML	服务器的响应,表示为 XML。这个对象可以解析为一个 DOM 对象
status	返回服务器的 HTTP 状态码
statusText	返回 HTTP 状态码对应的文本

3. XML、DOM 和 CSS

（1）XML 是 eXtensible Markup Language（可扩展的标记语言）的缩写,它提供了用于描述结构化数据的格式。XMLHttpRequest 对象与服务器交换的数据通常采用 XML 格式,但也可以是基于文本的其他格式。

（2）DOM 是 Document Object Model（文档对象模型）的缩写,它为 XML 文档的解析定义了一组接口。在 AJAX 应用中,通过 JavaScript 操作 DOM,可以达到在不刷新页面的情况下实时修改用户界面的目的。

（3）CSS 是 Cascading Style Sheet（层叠样式表）的缩写,是用于控制网页样式并允许将样式信息与网页内容分离的一种标记性语言。

二、AJAX 的优缺点

1. AJAX 的优点

使用 Ajax 的最大优点,就是能在不更新整个页面的前提下维护数据。这使得 Web 应用程序更为迅捷地回应用户动作,并避免了在网络上发送那些没有改变过的信息。AJAX 不需要任何浏览器插件,只需要用户允许 JavaScript 在浏览器上执行。随着 AJAX 的成熟,一些简化 AJAX 使用方法的程序库也相继问世。同样,也出现了另一种辅助程序设计的技术,为那些不支持 JavaScript 的用户提供替代功能。

总的来说,AJAX 带来的好处主要以下几点:

（1）最大的一点是页面无刷新,在页面内与服务器通信,给用户的体验非常好。

（2）使用异步方式与服务器通信,不需要打断用户的操作,具有更加迅速的响应能力。

（3）可以把以前一些服务器负担的工作转嫁到客户端,利用客户端闲置的能力来处理,减轻服务器和带宽的负担,节约空间和宽带租用成本,并且减轻服务器的负担。AJAX 的原则是"按需取数据",可以最大限度地减少冗余请求,和响应对服务器造成的负担。

（4）基于标准化的并被广泛支持的技术,不需要下载插件或者小程序。

2. AJAX 的缺点

AJAX 最大的缺点是破坏浏览器后退按钮的正常行为,"后退"按钮是一个标准的 Web 站点的重要功能,在动态更新页面的情况下,用户无法回到前一个页面状态,这是因为浏览器仅能记下历史记录中的静态页面。这是 AJAX 所带来的一个比较严重的问题,因为用户往往是希望能够通过后退来取消前一次操作的。这个问题目前也得到了解决,即用户单击"后退"按钮访问历史记录时,通过创建或使用一个隐藏的 IFRAME 来重现页面上的变更(例如,当用户在 Google Maps 中单击"后退"按钮时,它在一个隐藏的 IFRAME 中进行搜索,然后将搜索结果反映到 AJAX 元素上,以便将应用程序状态恢复到当时的状态)。但是,虽然说这个问题是可以解决的,但是它所带来的开发成本是非常高的,和 AJAX 框架所要求的快速开发是相背离的。

除了这些,AJAX 还带来了以下问题。

首先是安全问题。AJAX 技术同时也对 IT 企业带来了新的安全威胁。AJAX 技术就如同对企业数据建立了一个直接通道。这使得开发者会暴露比以前更多的数据和服务器逻辑。AJAX 的逻辑可以将客户端的安全扫描技术隐藏起来,允许黑客从远端服务器上建立新的攻击。此外,AJAX 也难以避免一些已知的安全弱点,诸如跨站点脚步攻击、SQL 注入攻击和基于 credentials 的安全漏洞等。

其次,对搜索引擎的支持比较弱,破坏了程序的异常机制。

再次,像其他方面的一些问题,比如违背了 URL 和资源定位的初衷。如果采用了 AJAX 技术,那么不同的人浏览该 URL 地址看出的内容也许会有所不同,这个和资源定位的初衷是相背离的。

最后,一些手持设备(如手机、PDA 等)现在还不能很好地支持 AJAX,比如,目前是不支持,在手机的浏览器上打开采用 AJAX 技术的网站的。

任务二 了解 AJAX 的工作原理

AJAX 是基于现有的 Internet 标准,需要使用以下内容:XMLHttpRequest 对象(异步地与服务器交换数据)、JavaScript/DOM(信息显示/交互)、CSS(给数据定义样式)、XML(作为转换数据的格式)以及 lamp AJAX 应用程序。AJAX 使用 JavaScript 的 XMLHttpRequest 对象与服务器交互。所以使用 AJAX 处理网页请求主要包含创建 XMLHttpRequest 对象、发送请求、处理响应等,工作原理如图 9 – 1 所示。

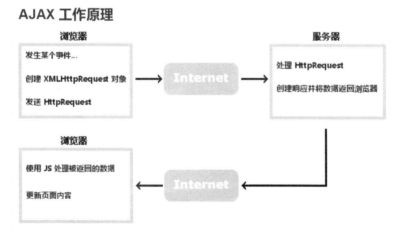

图 9 – 1　AJAX 的工作原理

一、XMLHttpRequest 对象与服务器交互

不同浏览器创建 XMLHttpRequest 对象的方法略有不同。下面的代码基本上可兼容各种浏览览器来创建 XMLHttpRequest 对象。

```
try{ //用各种方法尝试创建 XMLHttpRequest 对象
        //尝试使用 Msxml2.XMLHTTP 创建 XMLHttpRequest 对象
xmlhttp = new ActiveXObject("Msxml2.XMLHTTP");
}catch(e){
        //尝试使用 Microsoft.XMLHTTP 创建 XMLHttpRequest 对象
xmlhttp = new ActiveXObject("Microsoft.XMLHTTP");
}catch(e){ xmlhttp = false;}
}
  if(!xmlhttp && typeof XMLHttpRequest! ='undefined'){
        //若前面的方法不成功,则使用下面的语句创建 XMLHttpRequest 对象
xmlhttp = new XMLHttpRequest();
}
```

二、发送请求

正确创建 XMLHttpRequest 对象后,便可向服务器发送异步处理请求,主要包括获取网页数据建立请求 URL、设置响应处理函数、打开服务器连接和发送请求等。

1. 获取网页数据建立请求 URL

XMLHttpRequest 对象请求的服务器 URL 通常包含网页数据。AJAX 的核心技术一个是使用 XMLHttpRequest 对象与服务器交互,另一个就是使用 DOM 读取或修改网页中各个标记的内容。例如,var str = document. getElementById (" data "). value;document 是 JavaScript 内置对象,getElementById ( )方法按照 HTML 标记的 ID 搜索标记。获得网页数据后,可将其作为参数来构建 URL 字符串。例如,var url = " test5. php? data = " + str。

2. 设置响应处理函数

XMLHttpRequest 对象的 onreadystatechange 属性应设置为对象状态变化时调用的函数名称。例如:xmlhttp. onreadystatechange = getresult;//设置响应处理函数。

3. 打开服务器连接

在发送请求之前,应先打开服务器连接。例如:

```
xmlhttp.open("get",url,true);
```

Open( )方法的第 1 个参数为请求方式,可以是 GET 或者 POST。第 2 个参数为接收请求的服务器处理脚本的 URL。第 3 个参数 TRUE 表示采用异步方式处理请求(体现了 AJAX 异步处理特点),也可将其设置为 FALSE。采用异步方式时,在调用 send( )方法发送请求后,可以在网页中执行其他操作,否则,会等待服务器响应。

4. 发送请求

使用 send( )方法发送请求,如:

```
xmlhttp.send();
```

三、处理响应

XMLHttpRequest 对象状态发生变化时,会调用事件处理属性 onreadystatechange,每个状态改变时,都会触发这个事件处理器,通常会调用一个 JavaScript 函数。处理函数典型代码如下:

```
if(xmhttp.readyStat ==4 && xmhttp.status ==200){
document.getElementById("newsout").innerText =xmhttp.responseText;
}
```

XMLHttpRequest 对象的 readyState 属性为4,表示响应解析完成,可以调用。Status 属性为200,表示一切正常,没有错误发生。例如:

```
document.getElementById("newsout").innerText =xmhttp.responseText;
```

将 ID 为 newsout 的 HTML 标记内部文本修改为 XMLHttpRequest 对象的响应文本。如果响应文本中包含了 HTML 标记,innerText 属性可以保证 HTML 标记原样显示。如果要让浏览器处理返回的 HTML 标记,应使用 innerHTML 属性。例如:

```
document.getElementById("newsout").innerHTML =xmlhttp.responseText;
```

提示:XMLHttpRequest 对象的 responseText 属性将服务器响应作为字符串返回,还可使用 responseXML 属性将其封装为 XML 对象的响应结果。

下面是一个比较标准的创建 XMLHttpRequest 对象的方法。

```
function CreateXmlHttp(){
//非 IE 浏览器创建 XmlHttpRequest 对象
if(window.XmlHttpRequest){
    xmlhttp =new XmlHttpRequest();
}
//IE 浏览器创建 XmlHttpRequest 对象
if(window.ActiveXObject){
    try {
        xmlhttp =new ActiveXObject("Microsoft.XMLHTTP");
    }
    catch(e){
        try {
            xmlhttp =new ActiveXObject("msxml2.XMLHTTP");
        }
        catch(ex){ }
    }
```

```
    }
}
function Ustbwuyi(){
    var data = document.getElementById("username").value;
    CreateXmlHttp();
    if(!xmlhttp){
        alert("创建 xmlhttp 对象异常!");
        return false;
    }
    xmlhttp.open("POST",url,false);
    xmlhttp.onreadystatechange = function(){
        if(xmlhttp.readyState ==4){
            document.getElementById("user1").innerHTML = "数据正在加载...";
            if(xmlhttp.status ==200){
                document.write(xmlhttp.responseText);
            }
        }
    }
    xmlhttp.send();
}
```

如上所示,函数首先检查 XMLHttpRequest 的整体状态并且保证它已经完成(readyStatus = 4),即数据已经发送完毕。然后根据服务器的设定询问请求状态,如果一切已经就绪(status = 200),那么就执行下面需要的操作。

对于 XmlHttpRequest 的两个方法——open 和 send。其中,send 方法用来发送请求,open 方法指定了:

(1)向服务器提交数据的类型,即是 post 还是 get。

(2)请求的 url 地址和传递的参数。

(3)传输方式,false 为同步,true 为异步。默认为 true。如果是异步通信方式(true),客户机就不等待服务器的响应;如果是同步方式(false),客户机就要等到服务器返回消息后才去执行其他操作。需要根据实际情况来指定同步方式,在某些页面中,可能会发出多个请求,甚至是有组织、有计划、有队形、大规模、高强度的 request,而后一个是会覆盖前一个的,这个时候当然要指定同步方式。

知道了 XMLHttpRequest 的工作流程,可以看出 XMLHttpRequest 是完全用来向服务器发出一个请求的,它的作用也局限于此,但它的作用是整个 AJAX 实现的关键,因为 AJAX 无非是两个过程——发出请求和响应请求,并且它完全是一种客户端的技术,而 XMLHttpRequest 正是因为处理了服务器端和客户端通信的问题,所以才会如此的重要。

现在,对 AJAX 的原理大概有一个了解了。可以把服务器端看成一个数据接口,它返回的是一个纯文本流,当然,这个文本流可以是 XML 格式,可以是 Html,可以是 JavaScript 代码,也可以只是一个字符串。这时 XMLHttpRequest 向服务器端请求这个页面,服务器端将文本的结果写入页面,这和普通的 Web 开发流程是一样的,不同的是,客户端在异步获取这个结果后,不是直接显示在页面,而是先由 JavaScript 来处理,然后再显示在页面。至于现在流行的很多 AJAX 控件,比如 magicAJAX 等,可以返回 DataSet 等其他数据类型,这是将这个过程封装了的结果,本质上它们并没有什么太大的区别。

项目实现　天气预报系统之 AJAX 与 PHP 的数据交互

实现思路

综合运用 AJAX 技术、HTML5 和 CSS3 开发"天气预报"移动端程序。页面效果如图 9 - 2 所示。本例中的数据采用 JSON 格式。

图 9 - 2　天气预报界面

创建一个名为 weather 的工程文件,见表 9 - 2。

表 9 - 2　**weather 工程文件列表**

序号	文件名称	说明
1	index. html	天气预报首页,展示天气信息
2	listWeather. php	返回 JSON 格式的天气预报文件

1. 创建 PHP 接口文件

创建 listWeather. php 文件,用于接收天气数据请求,并返回 JSON 格式的天气数据。city 变量用于存放城市数据。使用 array( ) 创建二维数组,以硬编码方式输入天气数据。使用 json_encode( ) 函数对变量进行 JSON 编码;使用 echo 命令输出 JSON 格式的数据。设计移动端的天气预报页面来展示天气信息,使用语义化标签搭建页面结构。

2. 设计天气预报页面样式

（1）使用 flex 弹性布局设置城市导航栏在一行中显示。

（2）使用 transition 过渡属性给当前被点击的城市添加变宽的效果。

（3）使用 rem、em、百分比（%）单位来设置元素大小。

（4）通过 AJAX 获取 JSON 格式的天气数据，实现异步获取数据。

（5）使用 open( ) 函数创建请求，设置请求类型、请求路径、异步请求。

（6）使用 send( ) 函数发起请求。

（7）为 onreadystatechange 属性设置函数，监听请求状态。

（8）使用 response Text( ) 函数获取返回的数据，用 JSON. parse( ) 函数将字符串解析成 JSON 格式。通过 JavaScript 操作 DOM 实现天气信息实时更新至页面，实现异步刷新。

设计流程如图 9 - 3 所示。

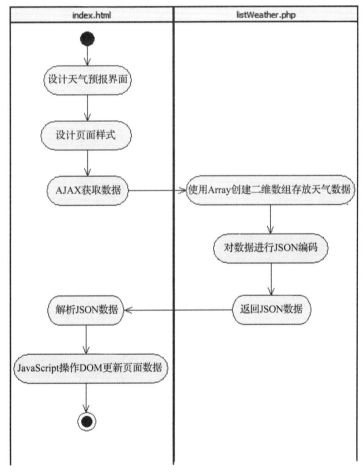

图 9 - 3　项目设计流程

步骤一:创建工程和文件

创建工程:工程名为 weather,创建如下文件。

index. html:天气预报首页。

listWeather. php:返回 JSON 格式的天气数据。

文件目录结构如图 9 - 4 所示。

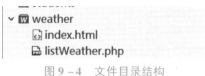

图 9 - 4 文件目录结构

步骤二:实现 PHP 数据接口

在 listWeather. php 文件中编写 JSON 格式的数据。

- PHP 脚本声明:以 <? php 开始,以? > 结束。
- PHP 变量:创建变量 $city,以 $ 符号开始,后面跟着变量的名称。
- PHP 关联数组:使用 array( )创建二维数组,0 ~ 4 指定下标, => 指定键值。
- php:创建 json_encode( )函数对变量进行 JSON 编码。
- php 语句:使用 echo 命令输出 JSON 格式的数据。

添加 JSON 格式的天气数据,listWeather. php 代码如下:

```php
<? php
$city = $_GET[ "city"];
$data = array(
    0 => array(
        "name" => "北京",
        "min" => rand(0,20). "℃",
        "max" => rand(20,40). "℃",
        "weather" => "多云转阴"
    ),
    1 => array(
        "name" => "上海",
        "min" => rand(0,20). "℃",
        "max" => rand(20,40). "℃",
        "weather" => "晴"
    ),
    2 => array(
        "name" => "广州",
        "min" => rand(0,20). "℃",
        "max" => rand(20,40). "℃",
        "weather" => "小雨转晴"
    ),
    3 => array(
```

```
            "name" => "深圳",
            "min" => rand(0,20)."℃",
            "max" => rand(20,40)."℃",
            "weather" => "晴"
        ),
        4 => array(
            "name" => "武汉",
            "min" => rand(0,20)."℃",
            "max" => rand(20,40)."℃",
            "weather" => "晴"
        )
    );
    if($city == "北京"){
        echo json_encode($data[0]);
    } else if($city == "上海"){
        echo json_encode($data[1]);
    } else if($city == "广州"){
        echo json_encode($data[2]);
    } else if($city == "深圳"){
        echo json_encode($data[3]);
    } else {
        echo json_encode($data[4]);
    }
    ?>
```

步骤三：制作 HTML 页面

（1）在 index. html 页面的 < head > 标签中设置移动端适配属性 viewport,使用语义化标签搭建页面结构,代码如下。

```
<!DOCTYPE html>
<html>
    <head>
        <meta charset = "utf-8">
        <meta name='viewport' content='width=device-width,initial-scale=1.0'>
        <title>天气预报</title>
    </head>
    <body>
        <header>
            <h4>天气预报</h4>
```

```
        < /header >
        < section >
        < /section >
    < /body >
< /html >
< script >
< /script >
```

（2）在 < nav > 标签中定义获取对应城市天气数据的按钮，给按钮绑定 onclick 事件，并将自身的 value 属性作为参数，代码如下。

```
< nav class = "btn" >
< button onclick = "load(this.value)" value = "北京" > 北京 < /button >
< button onclick = "load(this.value)" value = "上海" > 上海 < /button >
< button onclick = "load(this.value)" value = "广州" > 广州 < /button >
< button onclick = "load(this.value)" value = "深圳" > 深圳 < /button >
< button onclick = "load(this.value)" value = "武汉" > 武汉 < /button >
< br/>< br/>
< /nav >
```

（3）编写展示天气数据的表格，代码如下。

```
< table width = "100% " >
    < tr >
        < td > 城市 < /td >
        < td > 最低气温 < /td >
        < td > 最高气温 < /td >
        < td > 天气 < /td >
    < /tr >
    < tr >
        < td >< /td >
        < td >< /td >
        < td >< /td >
        < td >< /td >
    < /tr >
< /table >
```

步骤四：制作 CSS 样式

（1）在 index. html 文件中添加 < style > 标签，在 < style > 标签里面编写页面样式，在头部标签中声明 viewport（视口），以适应移动端页面，设 content = ' width = device − width, initial − scale = 1. 0 '。代码如下。

```html
<!DOCTYPE html>
<html>
    <head>
        <meta charset = "utf-8">
<meta name ='viewport' content ='width = device-width, initial-scale = 1.0'>
        <title>天气预报</title>
        <style type = "text/css">
        /*编写页面样式*/
        </style>
    </head>
    <body>
    </body>
</html>
```

（2）使用 flex 弹性布局使城市导航栏在一行显示。

```css
nav {
    display:flex;
    justify-content:space-between;/*各项之间留有等间距的空白*/
    align-items:center;/*居中对齐弹性盒的各项元素值*/
}
```

（3）使用 transition 过渡属性给当前被点击的城市添加变宽的效果。

```css
.btn button {
    font-size:0.875rem;
    width:3.75em;
    height:2.75em;
    border:0;
    border-radius:3px;
    transition:width 100ms;/*在100ms内改变 width 属性*/
}
.btn button:active {
    width:4.5rem;/*当单击 button 时,宽度变为 4.5rem */
}
```

步骤五:编写 AJAX 请求

在 index. html 中请求 PHP 接口:

（1）创建对象:通过判断 window. XMLHttpRequest 来创建 XMLHttpRequest 对象。

（2）监听请求状态:为 onreadystatechange 属性设置函数。

（3）判断状态信息和状态码:判断 readyState 和 status 属性,即判断请求是否成功。

（4）创建请求：使用 open( )函数，3 个参数依次为 GET 请求类型、url 请求路径、true 异步请求。

（5）请求参数：将对应城市的名称通过 url 传参。

（6）发起请求：send( )函数。

编写 AJAX 请求 PHP 数据，代码如下。

```
function load(value){
    var xmlHttp;
    if(window.XMLHttpRequest){
        //使用 IE7 + 、Firefox、Chrome、Opera、Safari 浏览器执行代码
        xmlHttp = new XMLHttpRequest();
    }
    xmlHttp.onreadystatechange = function(){
        if(xmlHttp.readyState ==4 && xmlHttp.status ==200){
        }
    }
    xmlHttp.open("GET","./listWeather.php?city = " +value,true);
    xmlHttp.send();
}
```

步骤六：在 index. html 中更新页面

获取 JSON 格式天气数据：使用 responseText( )函数返回字符串格式，使用 JSON. parse( )函数将字符串解析成 JSON 格式。获取天气数据并输入 < td > 标签中。获取 JSON 对象中的 name 值并通过 innerHTML 赋给第 5 个 < td > 标签。获取 JSON 对象中的 min 值并通过 innerHTML 赋给第 6 个 < td > 标签。获取 JSON 对象中的 max 值并通过 innerHTML 赋给第 7 个 < td > 标签。获取 JSON 对象中的 weather 值并通过 innerHTML 赋给第 8 个 < td > 标签。

```
var json = JSON.parse(xmlHttp.responseText);
document.getElementsByTagName("td")[4].innerHTML = json.name;
document.getElementsByTagName("td")[5].innerHTML = json.min;
document.getElementsByTagName("td")[6].innerHTML = json.max;
document.getElementsByTagName("td")[7].innerHTML = json.weather;
```

步骤七：运行测试

右键单击 index. html 文件，使用浏览器打开，如图 9 – 2 所示。

拓展项目　阅读器页面之 AJAX 与 XML 的数据交互

实现思路

制作动态网页（阅读器）案例，制作阅读器页面，页面上方有"开始阅读（JSON）"按钮和

"开始阅读(XML)"按钮,单击按钮从服务器获取数据内容,将书籍内容显示到页面中。书籍内容分为两部分:左侧为按钮和"目录",右侧为每章对应的"内容"。页面加载显示"开始阅读(JSON)"按钮和"开始阅读(XML)"按钮,如图 9 – 5 所示。

单击"开始阅读(JSON)"按钮或"开始阅读(XML)"按钮,通过 AJAX 发送请求到 php 文件,php 文件返回 JSON 格式的书籍数据或 XML 格式的书籍数据,然后将书籍标题和目录展示在页面中。书籍的标题和目录如图 9 – 6 所示。

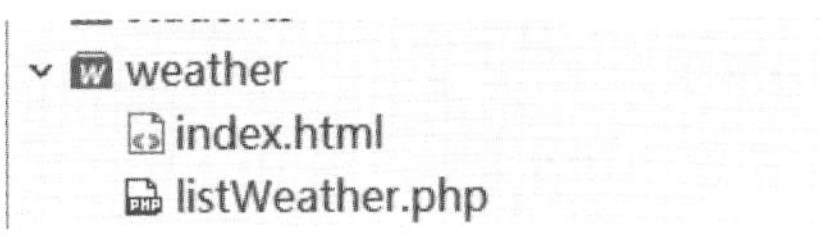

图 9 – 5 阅读器案例界面

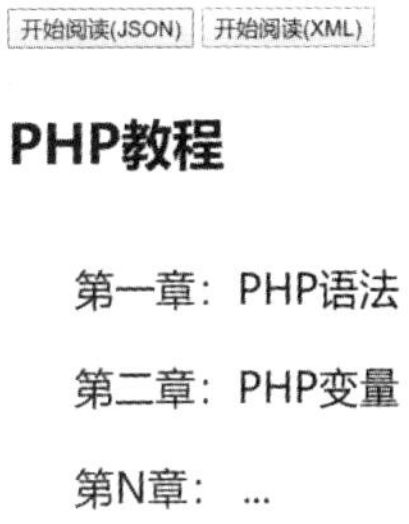

图 9 – 6 书籍标题与目录

为每一级"目录"绑定点击事件,当点击"目录"中对应的章标题时,对应"内容"部分会随之更新,如图 9 – 7 所示。

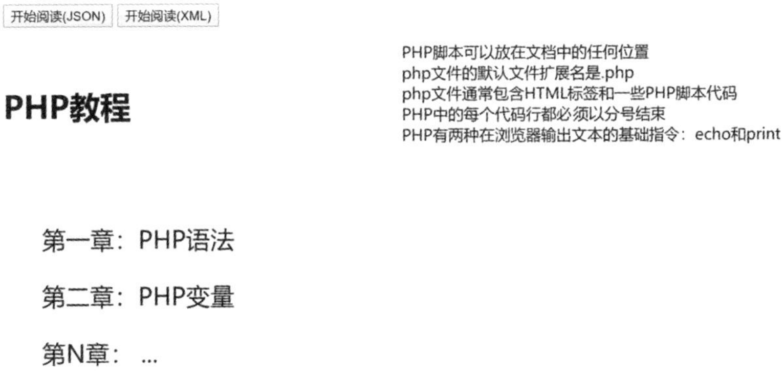

图 9 – 7 标题内容

创建一个名为 book 的项目工程,文件设计见表 9 – 3。

表 9 – 3 book 项目工程文件列表

类型	文件名称	说明
html 文件	index. html	阅读器首页
css 文件	index. css	阅读器首页样式
js 文件	index. js	阅读器首页 js 文件
php 文件	loadXML. php	返回 XML 格式的书籍数据
php 文件	loadJSON. php	返回 JSON 格式的书籍数据

1. 编写 XML 格式数据 PHP 接口

在 loadXML. php 文件中编写 XML 格式的书籍数据,使用 XML 格式进行数据交互。

(1)创建 result 字符串变量,用 XML 格式存储书籍数据。

(2)声明 XML 文件 <? xml version = "1. 0" encoding = "utf – 8" ? >。

(3)设置元素 < book >、< title >、< list >、< section >、< subject >、< subject1 >、< content >定义书籍数据。

(4)使用 echo 命令输出 result。

2. 编写 JSON 格式数据 PHP 接口

在 loadJSON. php 文件中编写 JSON 格式的书籍数据,使用 JSON 格式进行数据交互。

(1)创建 arr 数组变量,用于存储书籍数据。

(2)使用 json_encode( ) 函数对 arr 变量进行 JSON 编码。

(3)使用 echo 命令输出 JSON 格式数据。

3. 设计阅读器页面

使用语义化标签 < header >、< aside >、< article >搭建页面结构。通过 AJAX 获取 XML 和 JSON 格式的书籍数据,使用 XMLHttpRequest 异步对象发送 AJAX 请求实现异步获取数据。

(1)使用 open( ) 函数创建请求,设置请求类型、请求路径、异步请求。

(2)使用 send( ) 函数发起请求。

(3)为 onreadystatechange 属性设置函数,监听请求状态。

(4)使用 responseText( ) 函数获取返回的数据,使用 JSON. parse( ) 函数将字符串解析成 JSON 格式。

(5)使用 responseXML( ) 函数获取 XML 格式。

(6)通过 JavaScript 操作 DOM 实现动态构建目录和内容。

项目设计流程如图 9 – 8 所示。

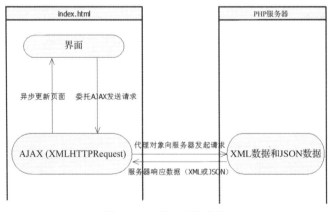

图 9 – 8　项目设计流程

步骤一:创建项目和文件

创建项目:项目名为 book,创建的文件如图 9 – 9 所示。

图 9 - 9　book 项目文件目录

- index. html:阅读器首页。
- index. css:阅读器首页样式。
- loadJSON. php:返回 JSON 格式的书籍数据。
- loadXML. php:返回 XML 格式的书籍数据。

步骤二:实现 XML 格式数据接口

(1)在 loadXML. php 文件中编写 XML 格式的书籍数据。

(2)创建 result 数据变量,采用硬编码方式初始化数据。

(3)使用 echo 命令输出 result。

(4)编写 XML 格式的书籍数据代码如下。

```php
< php
header( "Content - type:text/xml");
$result = " <?xml version ='1.0' encoding ='utf8'? >
<list >
<title >PHP 教程 </title >
<section >
    <subject >第一章:PHP 语法 </subject >
    <section1 >
        <subject1 >基本的 PHP 语法: </subject1 >
        <content >PHP 脚本可以放在文档中的任何位置 &lt;br /&gt;php 文件的默认文件
扩展名是'.php'&lt;br/&gt;php 文件通常包含 HTML 标签和一些 PHP 脚本代码 </content >
    </section1 >
    <section1 >
        <subject1 >PHP 中的注释: </subject1 >
        <content >//这是 PHP 单行注释,/*这是 PHP 多行注释 */</content >
    </section1 >
</section >
<section >
    <subject >第二章:PHP 变量 </subject >
```

```
            <section1>
                <subject1>基本的 PHP 语法:</subject1>
                <content>变量以 $ 符号开始,后面跟着变量的名称<br/>变量名必须以字母或下
划线开始<br/>变量名只能包含字母、数字及下划线(A~Z、a~z、0~9 和_)<br/>变量名不能包含空
格<br/>变量名是区分大小写的(y 和 Y 是两个不同的变量)<br/>PHP 语句和 PHP 变量都是区分大小
写的</content>
            </section1>
        </section>
    </list>
    ";
    echo $result;
    ?>
```

步骤三:实现 JSON 格式数据接口

在 loadJSON. php 文件中编写 JSON 格式的书籍数据。

(1)创建 arr 数组变量,采用硬编码方式初始化数据。

(2)使用 json_encode( )函数对变量进行 JSON 编码。

(3)使用 echo 命令输出 JSON。

loadJSON. php 代码如下。

```php
<?php
$arr = array(
    'title' => 'PHP 教程',
    'subject1' => '第一章:PHP 语法',
    'content1' => 'PHP 脚本可以放在文档中的任何位置<br/>php 文件的默认文件扩展名是
.php<br/>php 文件通常包含 HTML 标签和一些 PHP 脚本代码<br/>PHP 中的每个代码行都必须以分
号结束<br/>PHP 有两种在浏览器输出文本的基础指令:echo 和 print',
    'subject2' => '第二章:PHP 变量',
    'content2' => '变量以 符号开始,后面跟着变量的名称<br/>变量名必须以字母或下划线开始
<br/>变量名只能包含字母、数字及下划线(A~Z、a~z、0~9 和_)<br/>变量名不能包含空格<br/>变
量名是区分大小写的(y 和 Y 是两个不同的变量)<br/>PHP 语句和 PHP 变量都是区分大小写的',
    'subject3' => '第 N 章:...',
    'content3' => '未完待续',
);
echo json_encode($arr);
?>
```

步骤四:制作 HTML 页面

引入 index. css 样式,在 index. html 页面的 < body > 标签中编写按钮(< button >)、标题(< header >)、目录(< aside >)、内容(< article >)等标签。制作 HTML 页面的代码如下。

```html
<!DOCTYPE html >
<html >
<head >
<meta charset = "utf - 8" >
    <title >Web 阅读器 </title >
< link rel = "stylesheet" type = "text/css" href = "index.css" />
<! -- 引入 js 文件 -->
< script src = "index.js" ></script >
</head >
<body >
<div >
    <button onclick = "loadJSON('./loadJSON.php')" >开始阅读(JSON) </button >
    <button onclick = "loadXML('./loadXML.php')" >开始阅读(XML) </button >
</div >
<header ></header >
<aside class = "list" >
</aside >
<article class = "content" >
<p ></p >
</article >
</body >
</html >
```

步骤五:制作 CSS 样式

在 index. css 样式文件中编写标题(< header >)、目录(< aside >)、内容(< article >)等标签的样式,标题(< header >)、目录(< aside >)、内容(< article >)采用绝对布局。制作 CSS 样式的代码如下。

```css
/* 标题样式:绝对布局,距离顶部 15% */
header{
    position:absolute;
    top:10% ;
    width:20% ;
}
/* 目录样式:绝对布局,距离顶部 20% */
```

```
.list{
        position:absolute;
        top:30%;
        width:20%;
}
.list ul{
        font-size:25px;
}
.list li{
        font-size:20px;
}
/*内容样式:绝对布局,距离左侧30% */
.content{
        position:absolute;
        left:30%;
        width:40%;
}
```

步骤六:编写 AJAX 请求

(1)创建 JS 文件,命名为 index. js,在 index. html 中的 </body>标签前引入文件。

```
<!--引入 JS 文件-->
<script src="index.js"></script>
```

(2)创建两个变量,分别用于保存获取到的 XML 格式的书籍数据和 JSON 格式的书籍数据。

- 通过创建数组变量 data,来保存解析后的 XML 格式的书籍数据。
- 通过创建 JSON 对象变量 json,用于保存解析后的 JSON 格式的书籍数据。

(3)创建 XMLHttpRequest 对象。

监听请求状态:为 onreadystatechange 属性设置函数。判断状态信息和状态码:判断 readyState 和 status 的属性,即判断请求是否成功。创建请求:使用 open()函数,3 个参数依次为 GET 请求类型、url 请求路径、true 异步请求。发起请求:send()函数。创建 loadXML()函数,编写 AJAX 请求 loadXML. php 文件,获取 XML 格式的书籍数据。代码如下。

```
/*获取 XML 格式的书籍数据 */
var data =[];
function loadXML(url){
        var xmlhttp;
        xmlhttp=new XMLHttpRequest();
        xmlhttp.onreadystatechange=function(){
```

```
        if(xmlhttp.readyState ==4 && xmlhttp.status ==200){
            /* 在这里构建目录和内容 */
        }
    }
    xmlhttp.open("get",url,true);
    xmlhttp.send();
}
```

创建 loadJSON( ) 函数,编写 AJAX 请求 loadJSON. php 文件,获取 JSON 格式的书籍数据。代码如下。

```
/* * 获取 JSON 格式的书籍数据 */
var json ={};
function loadJSON(url){
    var xmlhttp;
    xmlhttp = new XMLHttpRequest();
    xmlhttp.onreadystatechange = function(){
        if(xmlhttp.readyState ==4 && xmlhttp.status ==200){
            /* 在这里构建目录和内容 */
        }
    }
    xmlhttp.open("GET",url,true);
    xmlhttp.send();
}
```

步骤七:构建 XML 格式的书籍内容

1. 构建标题

获取 < header > 标签:使用 getElementsByTagName( ) 函数获取 < header > 标签。创建 < h1 > 标签:使用 createElement( ) 函数创建 < h1 > 标签。获取 < title > 标签中的值并输入 < h1 > 标签中:使用 nodeValue 属性获取 < title > 标签中的值。添加 < h1 > 标签:使用 appendChild( ) 函数添加 < h1 > 标签到 < header > 标签。代码如下。

```
var result = xmlhttp.responseXML;
var dom = document.getElementsByTagName("header")[0];
var h1 = document.createElement("h1");
h1.innerHTML = result.getElementsByTagName ( " title ") [ 0 ]. childNodes [ 0 ].
nodeValue;
dom.appendChild(h1);
```

2. 构建目录

获取页面中的 < ul > 标签和 < aside > 标签:使用 getElementsByTagName ( ) 函数获取

<aside>标签。创建<ul>标签:使用 createElement( )函数创建<ul>标签。获取 XML 数据中的<subject>元素。循环遍历<subject>:遍历 XML 数据中的<subject>,获取<subject>值。将获取到的<subject>元素值输入<ul>中。获取 XML 数据中的<content>节点。循环遍历每一个<section>内的<content>:遍历 XML 书籍中每一个<section>内的<content>。获取<content>值:利用 nodeValue 属性获取<content>值。将<content>值赋给 data 数组:使用 push( )函数给 data 数组赋值。在页面中创建<li>标签:使用 createElement( )函数创建<li>标签,并使用 appendChild( )函数将<li>标签添加到<ul>标签最后面。代码如下。

```
var dom = document.getElementsByTagName("aside")[0];
var index = 0;
for(var i = 0;i < result.getElementsByTagName("section").length;i ++){
        var ul = document.createElement("ul");
    ul.innerHTML = result.getElementsByTagName("subject")[i].childNodes[0].
nodeValue;
        for(var j = 0;j < result.getElementsByTagName("section")[i].getElementsByTagName
("section1").length; j ++){data.push(result.getElementsByTagName("section")[i].
getElementsByTagName("content")[j].childNodes[0].nodeValue);
                var li = document.createElement("li");
                li.id = index ++;
                /*在这里绑定 onclick 事件构建内容*/
                li.innerHTML = result.getElementsByTagName("section")[i].
getElementsByTagName("subject1")[j].childNodes[0].nodeValue;
                ul.appendChild(li);
                dom.appendChild(ul);
        }
}
```

3. 构建内容

给 li.onclick 属性设置函数,函数功能为把 data 数组里的内容依次输出到<p>标签内。代码如下。

```
li.onclick = function(){
        document.getElementsByTagName("p")[0].innerHTML = data[this.id];
}
```

步骤八:构建 JSON 格式的书籍内容

1. 构建标题

获取<header>标签:使用 getElementsByTagName( )函数获取<header>标签。创建<hl>标签:使用 createElement( )函数创建<hl>标签。获取<title>标签的值并输入<hl>标签

中:使用 result.title 属性获取值。添加 < h1 > 标签:使用 appendChild( )函数将 < h1 > 标签添加到 < header > 标签的最后面。代码如下。

```
var result = xmlhttp.responseText;
result = JSON.parse(result);
/*在这里构建目录和内容*/
var dom = document.getElementsByTagName("header")[0];
var h1 = document.createElement("h1");
h1.innerHTML = result.title;
    dom.appendChild(h1);
```

2. 构建目录

获取 < aside > 标签:使用 getElementsByTagName( )函数获取 < aside > 标签。循环遍历 result 对象:遍历 JSON 格式的书籍内容。判断 data 属性是否是标题:通过 search( )函数搜索字符串,如果存在,就进入 if 代码体中。创建 < ul > 标签:使用 createElement( )函数创建 < ul > 标签。获取内容并输入 < ul > 标签中:使用 result[data]获取内容。给 ul.value 属性赋值:将标题赋给 ul.value 属性。添加 < ul > 标签:使用 appendChild( )函数将 < ul > 标签添加到 < aside > 标签最后面。代码如下:

```
var dom = document.getElementsByTagName("aside")[0];
for(var data in result){
    if(data.search("subject")! = -1){
        var ul = document.createElement("ul");
        ul.innerHTML = result[data];
        ul.value = data;
        /*在这里绑定 onclick 事件构建内容*/
            dom.appendChild(ul);
    }
}
```

单击"开始阅读(JSON)"按钮,出现的结果如图 9 - 10 所示。

PHP教程

第一章: PHP语法

第二章: PHP变量

第N章: ...

图 9 - 10　阅读标题

3. 构建内容

给 ul.onclick 属性设置函数:函数功能为把 JSON 对象里的内容依次输出到 < p > 标签内,这里通过分割字符进行标题和内容的匹配。代码如下:

```
ul.onclick = function(){
        document.getElementsByTagName("p")[0].innerHTML = result["content" +
this.value.split("subject")[1]]
    };
```

单击目录,结果如图 9 – 6 所示。

步骤九:清除页面内容

单击按钮更新页面内容前,需要先清除页面中的原有数据。获取 < header > 、< aside > 标签:使用 getElementsByTagName( ) 函数获取 < header > 、< aside > 标签。判断是否有子节点:通过 hasChildNodes( ) 函数判断是否有子节点。移除子节点:通过 removeChild( ) 函数移除子节点。获取第一个子节点:通过 firstChild 属性获取第一个子节点。清除内容:给 < p > 标签赋值空字符串。在 loadJSON( ) 函数和 loadXML( ) 函数的第 1 行插入 clear( ) 函数,实现页面内容异步刷新。clear( ) 函数代码如下。

```
function clear(){
        var dom = document.getElementsByTagName("header")[0];
        while(dom.hasChildNodes()){
            dom.removeChild(dom.firstChild);
        }
        var dom = document.getElementsByTagName("aside")[0];
            while(dom.hasChildNodes()){
            dom.removeChild(dom.firstChild);
        }
        document.getElementsByTagName("P")[0].innerHTML = "";
    }
```

步骤十:运行测试

右键单击 index. html 文件,使用浏览器打开。单击"开始阅读(JSON) "按钮,如图 9 – 10 所示。单击"开始阅读(XML) "按钮,图 9 – 11 所示。

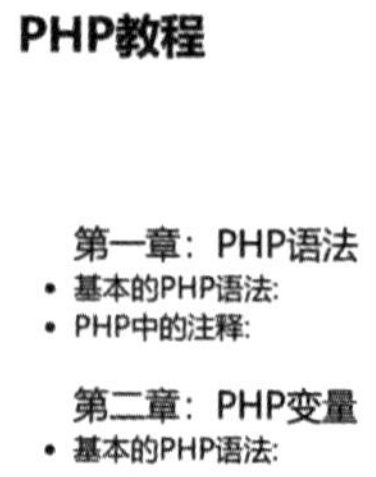

PHP教程

第一章: PHP语法
- 基本的PHP语法:
- PHP中的注释:

第二章: PHP变量
- 基本的PHP语法:

图 9 – 11　标题内容

巩固练习

1. 单选题

（1）XMLHttpRequest 对象的状态发生改变时调用 callBackMethod 函数，下列正确的是（　　）。

    A. xmlHttpRequest. callBackMethod = onreadystatechange

    B. xmlHttpRequest. onreadystatechange（callBackMethod）

    C. xmlHttpRequest. onreadystatechange（new function（）{callBackMethod}）

    D. xmlHttpRequest. onreadystatechange = callBackMethod

（2）XMLHttpRequest 对象的 readyState 状态，当 xml. readyState == 1 时，表示（　　）。

    A. 请求已接收　　　　B. 服务器连接已建立　　C. 请求已经完成　　　　D. 未初始化

（3）浏览器客户端向服务器发送 AJAX 请求，服务器接收请求，处理完毕后，返回数据为"处理成功"，AJAX 获取到服务器返回的数据时，以下关于 AJAX 响应属性正确的是（　　）。

    A. status = 403　　　　B. readyState = 4　　　　C. status = 404　　　　D. readyState = 3

（4）下面选项中，将字符串""{""姓名"":""张三"",""性别"":""男""}""解析成 JSON 对象，写法正确的是（　　）。

    A. JSON. parses（""{""姓名"":""张三"",""性别"":""男""}""）;

    B. JSON. stringify（""{""姓名"":""张三"",""性别"":""男""}""）;

    C. JSON. parse（""{""姓名"":""张三"",""性别"":""男""}""）;

    D. JSON. string（""{""姓名"":""张三"",""性别"":""男""}""）;"

（5）以下不是 AJAX 的 XMLHttpRequest 对象属性的是（　　）。

    A. Onreadystatechange　　B. abort　　　　C. responseText　　　　D. status

（6）AJAX 的核心是（　　）。

    A. 基于标准的标识技术 XHTML/CSS　　　　B. 数据交换和操作技术 XML/XSLT

    C. 数据获取技术 XMLHttpRequest　　　　D. 客户端控制技术 JavaScript

2. 多选题

（1）AJAX 的关键元素包括（　　）。

    A. JavaScript　　　　　　　　　　B. DOM 文档对象

    C. CSS 样式表　　　　　　　　　　D. XMLHttpRequest 对象

（2）在商品管理系统中，使用 jQuery AJAX 发送请求，实现查询所有商品信息并显示至界面，最少需要在 jQuery AJAX 中设置的属性有（　　）。

    A. Url　　　　　　　　B. type　　　　　　　　C. data　　　　　　　　D. success

（3）使用 AJAX 可带来的便捷有（　　）。

    A. 减轻服务器的负担　　　　　　　　B. 无刷新更新页面

    C. 可以调用外部数据　　　　　　　　D. 可以不使用 JavaScript 脚本

3. 判断题

AJAX 技术是一种客户端技术。（　　　）

项目十

答题系统——Laravel框架构建动态网站

知识目标:

- 认识 Laravel 框架以及 Laravel 框架的工作原理
- 了解 Laravel 语法结构
- 了解 MVC 模式的基本架构
- 认识 Laravel 框架的功能特点

技能目标:

- 掌握 Laravel 框架的安装以及运行环境的配置
- 掌握 PHP 面向对象编程技术
- 掌握 Blade 模板的使用方法
- 掌握 Laravel 控制器的使用方法
- 掌握 Laravel 路由的使用方法
- 掌握 Laravel 框架的 PHP 动态网站开发
- 完成一个在线答题系统

素质目标:

- 通过 Laravel 框架的学习,树立 Web 前端开发岗位职业道德
- 通过 Laravel 框架的学习,培养学生追求卓越的精神和刻苦务实的工作态度
- 具有理论联系实际、实事求是的工作作风

项目描述

公司网站现在需要做一个在线答题系统,大家在浏览网站的同时也能进行一些知识竞赛,小张所在的项目组对项目进行了分析,认为采用 Laravel 框架实现这个系统会比较合理,小张在学校学习过 Laravel 框架,这也正好可以实践一下。

有的人认为,计算机专业每天就是和冷冰冰的电脑打交道,就是编写代码这类枯燥的学习,既缺乏人文环境,又缺乏人文精神。而事实上,计算机专业不仅重逻辑知识,也重人文思想,更加注重科技改变人民生活的理念。

如同今天的生活中每个人手机不离手、出行时离不开滴滴、购物时想到了淘宝、小聚一餐也会看大众点评一样,衣食住行中,信息成了我们最亲密的人。Web 前端开发是身边的移动信息知识,学好 Web 前端开发技术,让科技服务于人民生活是本课程的教学目标。

在专业课中,注重寻找专业教育与思政教育的"触点",培养创新能力与家国情怀并重的 Web 前端开发工程师。在讲解 Laravel 框架构建动态网站(在线答题)这一教学单元时,将"学习强国"热点词汇及题库知识融入教学内容中,"工匠精神"作为主线贯穿整个课堂的教学活动。教学过程中,利用所学 Web 知识开发在线答题系统,同时学习"学习强国"知识,以遇到问题,不放弃积极研究问题,解决问题为线索,讲解 Web 开发的相应知识点。

教师的言传身教,传递给学生要成为一名有担当、有责任心的人的信念。学生努力学习,培养正确三观,回报社会。教学过程使学生感受到只有具有责任心、有担当的青年大学生日后才能为国家做出更大的贡献,成为担负起民族复兴大任的时代新人。项目具体描述如下。

(1)本在线答题系统共 4 道题(来自学习强国),每题 4 个选项,都为单选题。每题 25 分,共 100 分。

(2)每做完一题,单击"下一题"按钮,提交当前题目答案,并显示下一题的内容,在出现最后一题时,按钮显示为"提交"。

(3)单击"提交"按钮后,显示答对的题数和得分情况,总分数为 100 分。

项目分析

本项目首先进行 Laravel 框架配置和安装,然后介绍了 Laravel 框架的基础知识,了解 Laravel 框架的功能特点和结构,最后实现一个在线答题系统。本项目综合应用 Laravel 框架基本知识,使用 Laravel 框架编写一个简单的在线答题系统。项目围绕"新一代信息技术背景下,如何培养企业需要的 Web 前端开发人才"这一问题,以"Laravel 框架构建动态网站(在线答题)"项目为学习主线,依据 PHP 项目开发实际案例,采用基于工作过程的任务式教学,贯穿具有中国特色的社会主义职业精神内涵,对接 Web 前端开发 1 + X 职业技能等级证书及相关的国标和行标,实施四维教学模式,实现了"工作任务课程化,教学任务工作化",有效提升学生的专业技能、职业素养和创新意识。

任务一 Laravel 框架配置和安装

一、安装 Composer 管理工具

Laravel 框架使用 Composer 管理依赖,所以需要下载并安装 Composer。

Composer 中文网:https://www.phpcomposer.com/

通过在浏览器地址栏输入 https://getcomposer.org/download/,下载 Composer – Setup.exe,如图 10 – 1 所示。

运行 Composer – Setup.exe,可选择开发模式,也可不选择。

选择本机 php.exe 文件目录,如图 10 – 2 所示。

图 10 – 3 所示的界面采用默认即可,直接单击"Next"按钮,等待安装成功。

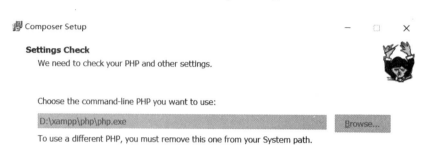

图 10 – 1　Composer 下载

图 10 – 2　Composer 安装目录

图 10 – 3　Composer 安装过程

在运行中输入"cmd",启动控制台,输入"composer"命令,若出现如图 10 – 4 所示的内容,则表示安装成功。

二、配置镜像

启动控制台,输入如图 10 – 5 所示的命令" composer config – g repo. packagist composer https：//packagist. phpcomposer. com"。

图 10 – 4　Composer 安装成功界面

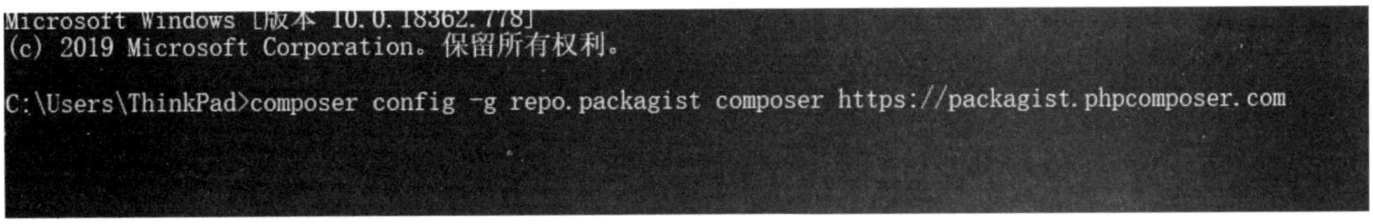

图 10 – 5　Composer 配置

三、创建 Laravel 工程

在创建工程的文件夹里启动控制台(如 D 盘根目录)。

按 Shift 键,并右击,在弹出的快捷菜单中会出现"在此处打开 Powershell 窗口"命令,如图 10 – 6 所示。

使用 composer 的 create – project 命令创建一个新的项目,这个项目的名称就是"工程名",若不填写,则默认名为"laravel"。格式为 composer create – project –– prefer – dist Laravel/laravel(工程名)。

创建默认工程,输入命令"composer create – project –– prefer – dist laravel/laravel"。

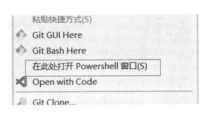

图 10 – 6　创建 Laravel 工程

需要等待一段时间,即可安装成功,如图 10 – 7 所示。

图 10 – 7　创建 Laravel 工程命令

四、配置虚拟主机

打开 apache/conf/extra 文件夹下的 httpd – vhosts. conf 文件,如图 10 – 8 所示。编辑 httpd – vhosts. conf 文件,在文件末尾添加虚拟主机" < VirtualHost ∗ :80 ></VirtualHost > "。

图 10 - 8　配置虚拟主机

Laravel 工程根目录文件夹如图 10 - 9 所示。

本地磁盘 (D:) > xampp > htdocs > laravel >

名称	修改日期	类型	大小
app	2020/5/11 14:26	文件夹	
bootstrap	2020/5/11 14:26	文件夹	
config	2020/5/11 14:26	文件夹	
database	2020/5/11 14:26	文件夹	
public	2020/5/11 14:26	文件夹	
resources	2020/5/11 14:26	文件夹	
routes	2020/5/11 14:32	文件夹	
storage	2020/5/11 14:26	文件夹	
tests	2020/5/11 14:26	文件夹	
vendor	2020/5/11 14:28	文件夹	
.editorconfig	2020/5/11 14:26	EDITORCONFIG 文件	1 KB
.env	2020/5/11 14:28	ENV 文件	1 KB
.env.example	2020/5/11 14:26	EXAMPLE 文件	1 KB
.gitattributes	2020/5/11 14:26	文本文档	1 KB
.gitignore	2020/5/11 14:26	文本文档	1 KB
.styleci.yml	2020/5/11 14:26	YML 文件	1 KB

图 10 - 9　Laravel 工程根目录文件夹

创建并编辑 httpd - vhosts. conf 文件,添加本项目的虚拟主机(D:\xampp\htdocs\laravel\public),代码如下。

```
<VirtualHost *:80 >
     DocumentRoot"D:\xampp\htdocs\laravel\public"
     ServerName localhost
     DirectoryIndex index.php
     ErrorLog"logs/dummy - host2.example.com - error.log"
     CustomLog"logs/dummy - host2.example.com - access.log"common
</VirtualHost >
```

配置完成后,重启 XAMPP。Laravel 框架安装成功后,在浏览器地址栏中输入 http://localhost,出现如图 10 - 10 所示界面,表示安装成功。

Laravel

DOCS　　LARACASTS　　NEWS　　BLOG　　NOVA　　FORGE　　VAPOR　　GITHUB

图 10 - 10　Laravel 框架安装成功界面

五、运行测试

（1）编写 index. blade. php 文件，在 resources/views 文件夹下创建 index. blade. php 文件，编写如下代码：

```
<!doctype html >
<html lang = "en" >
<head >
    <meta charset = "UTF - 8" >
    <meta name = "viewport"
        content = "width = device - width,user - scalable = no,initial - scale =
1.0,maximum - scale =1.0,minimum - scale =1.0" >
    <meta http - equiv = "X - UA - Compatible" content = "ie = edge" >
    <title >Document < /title >
< /head >
<body >
<h1 >Welcome Laravel < /h1 >
< /body >
< /html >
```

（2）编写路由，编写 routes/web. php 文件。

```
Route::get('/index',function(){
    return view('index');
});
```

（3）启动 XAMPP 服务器，访问 http://localhost/index，效果如图 10 - 11 所示，则配置成功。

Welcome Laravel

图 10 - 11　Laravel 框架测试界面

任务二 认识 Laravel 框架基础知识

一、MVC 模式

MVC 全名是 Model View Controller,是模型(model) - 视图(view) - 控制器(controller)的缩写,是一种软件设计典范,用于组织代码用一种业务逻辑和数据显示分离的方法。这种方法的假设前提是业务逻辑被聚集到一个部件里面,而且界面和用户围绕数据的交互能被改进和个性化定制而不需要重新编写业务逻辑。MVC 被独特地发展起来用于映射传统的输入、处理和输出功能在一个逻辑的图形化用户界面的结构中。

MVC 开始是存在于桌面程序中的,M 是指数据模型,V 是指用户界面,C 则是控制器,使用 MVC 的目的是将 M 和 V 的实现代码分离,从而使同一个程序可以使用不同的表现形式。比如一批统计数据可以分别用柱状图、饼图来表示。C 存在的目的则是确保 M 和 V 同步,一旦 M 改变,V 应该同步更新。

模型 - 视图 - 控制器(MVC)是 Xerox PARC 在 20 世纪 80 年代为编程语言 Smalltalk - 80 发明的一种软件设计模式,已被广泛使用。后来被推荐为 Oracle 旗下 Sun 公司 Java EE 平台的设计模式,并且受到越来越多的使用 ColdFusion 和 PHP 的开发者的欢迎。模型 - 视图 - 控制器模式是一个有用的工具箱,它有很多好处,但也有一些缺点。

二、Laravel 框架结构

Laravel 是基于 MVC 模式的 PHP 框架,M 表示模型层,V 表示视图层,C 表示控制器层。以图 10 - 12 所示为 Laravel 框架的目录文件,框出来的文件目录将在后续中用到。app 是应用的核心代码文件目录,以后的代码基本都在这里完成;app/Http/Controllers 目录是应用的控制器文件;routes. php 是框架的路由文件,负责路由分配和映射;Http 下的类文件,比如上面目录中的 User. php、Menu. php 文件是应用的模型文件;config 目录是所有应用的配置文件目录;public 是框架的入口文件及静态资源文件目录;resources/views 则是应用的视图文件目录。

传统的 MVC 的 url 都是对应应用的控制器及控制器中的方法,Laravel 中的 MVC 则是通过路由功能映射到对应的程序(控制器方法),通过路由将用户的请求发送到对应的程序进行处理,其作用就是建立 url 和处理程序之间的映射关系,这样做有一个好处:对 URL 进行美化只需要修改路由而无须对程序本身进行修改。前面说了 route. php 是 Laravel 的路由文件,所有的路由映射都要通过编辑 route. php 文件进行代码书写。

Laravel 中的请求类型包括 get、post、put、patch、delete。其中,get 是查询请求,post 是增加请求,put 和 patch 为更新请求,delete 为删除请求,具体使用方法后文会给出。

提示:请求类型及使用参考 REST(Representational State Transfer,表述性状态转换),REST 指的是一组架构约束条件和原则。

三、Laravel 框架功能特点

1. 语法更富有表现力

```
$url = Uri::create("some/url",array(),
array(),true);
$url = URL::to_secure("some/url");
```

这两个表达式使用 HTTPS 协议创建了一条 URL 链接,事实上,上面两种写法都在做同样的事情,但很明显第二种使用 Laravel 框架更一目了然,更富有表现力。

2. 高质量的文档

CodeIgniter 非常流行的原因之一是它有良好的文档。这对程序员来说是十分方便的。相比之下,Kohana 是一个在技术上比 CI 更加优秀的框架,但 Kohana 技术很强,但是 Kohana 的文档却实在是太糟了;Laravel 有一个非常棒的社区支持,Laravel 代码本身的表现力和良好的文档使 PHP 程序编写令人愉快。

3. 丰富的扩展包

Bundle 是 Laravel 中对扩展包的称呼。它可以是任何东西——大到完整的 ORM,小到除错(debug)工具,仅仅使用“复制”“粘贴”命令就能安装任何扩展包。Laravel 的扩展包由世界各地的开发者贡献,而且还在不断增加之中。

4. 开源

在 GITHUB 上,Laravel 是完全开源的。所有代码都可以从 Github 上获取,并且欢迎你贡献出自己的力量。

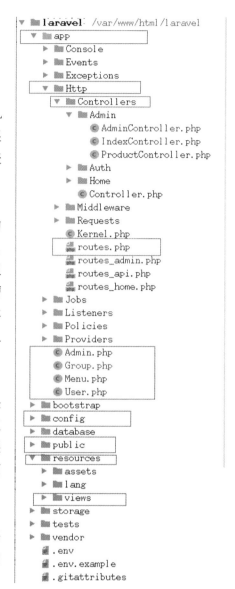

图 10 – 12　Laravel 框架结构

(1)Bundle 是 Laravel 的扩展包组织形式或称呼。Laravel 的扩展包仓库已经相当成熟了,可以很容易地把扩展包(bundle)安装到你的应用中。选择下载一个扩展包,然后复制到 bundles 目录,或者通过命令行工具“Artisan”自动安装。

(2)在 Laravel 中已经有了一套高级的 PHP ActiveRecord 实现——Eloquent ORM。它能方便地将“约束(constraints)”应用到关系的双方,这样就具有了对数据的完全控制,而且享受到 ActiveRecord 的所有便利。Eloquent 原生支持 Fluent 中查询构造器(query – builder)的所有方法。

（3）应用逻辑（Application Logic）可以在控制器（controllers）中实现，也可以直接集成到路由（route）声明中，并且语法和 Sinatra 框架的类似。Laravel 的设计理念是：给开发者以最大的灵活性，既能创建非常小的网站，也能构建大型的企业应用。

（4）反向路由（Reverse Routing）赋予你通过路由（routes）名称创建链接（URI）的能力。只需使用路由名称（route name），Laravel 就会自动创建正确的 URI，这样就可以随时改变你的路由（routes），Laravel 会自动更新所有相关的链接。

（5）Restful 控制器（Restful Controllers）是一项区分 GET 和 POST 请求逻辑的可选方式。比如在一个用户登录逻辑中，声明了一个 get_login( ) 的动作（action）来处理获取登录页面的服务；同时也声明了一个 post_login( ) 动作（action）来校验表单 POST 过来的数据，并且在验证之后，做出重新转向（redirect）到登录页面还是转向控制台的决定。

（6）自动加载类（Class Auto-loading）简化了类（class）的加载工作，以后就可以不用去维护自动加载配置表和非必需的组件加载工作了。当想加载任何库（library）或模型（model）时，立即使用就行了，Laravel 会自动加载需要的文件。

（7）视图组装器（View Composers）本质上就是一段代码，这段代码在视图（View）加载时会自动执行。最好的例子就是博客中的侧边随机文章推荐。"视图组装器"中包含了加载随机文章推荐的逻辑，只需要加载内容区域的视图（view），其他的事情 Laravel 会自动完成。

（8）反向控制容器（IoC container）提供了生成新对象、随时实例化对象、访问单例（singleton）对象的便捷方式。反向控制（IoC）意味着不需要特意去加载外部的库（libraries），就可以在代码中的任意位置访问这些对象，并且不需要忍受繁杂、冗余的代码结构。

（9）迁移（Migrations）就像是版本控制（version control）工具，不过，它管理的是数据库范式，并且直接集成在了 Laravel 中。可以使用"Artisan"命令行工具生成、执行"迁移"指令。当改变数据库范式的时候，可以轻松地通过版本控制工具更新当前工程，然后执行"迁移"指令即可，同时数据库已经更新。

（10）单元测试（Unit-Testing）是 Laravel 中很重要的部分。Laravel 自身就包含数以百计的测试用例，以保障任何一处的修改不会影响其他部分的功能，这就是在业内 Laravel 被认为是最稳版本的原因之一。Laravel 也提供了方便的功能，让你自己的代码容易地进行单元测试。通过 Artisan 命令行工具就可以运行所有的测试用例。

（11）自动分页（Automatic Pagination）功能避免了在你的业务逻辑中混入大量无关分页配置代码。方便的是，不需要记住当前页，只要从数据库中获取总的条目数量，然后使用 limit/offset 获取选定的数据，最后调用 paginate 方法，让 Laravel 将各页链接输出到指定的视图（View）中即可，Laravel 会替你自动完成所有工作。Laravel 的自动分页系统被设计为容易实现、易于修改。

任务三　认识 Laravel 框架特点

Laravel 是一个有着美好前景的年轻框架，它的社区充满着活力，同时提供了完整而清晰的文档，而且为快速、安全地开发现代应用提供了必要的功能。

2011 年,Taylor Otwell 首次将 Laravel 带来这个世界,彼时 Laravel 就是一个全新且现代的框架。Laravel 基于 MVC 架构,可以满足诸如事件处理、用户身份验证等各种需求,同时,通过包管理实现模块化和可扩展的代码,并且对数据库管理有着健壮的支持。Laravel 是一套优雅,简单的 PHP 开发框架,受欢迎程度非常高,功能强大,工具齐全。

本任务学习使用 Laravel 5.2.15 版本。

一、Laravel 框架语法

1. 模板中输出 PHP 变量

首先要有一个变量,将这个变量存储于控制器中。

```
$name ='Rarin';
```

当然,这个变量肯定要和输出视图放置在一个方法里,然后在 Bstp. blade. php 填入:

```
{{$name}}
```

2. 模板中调用 PHP 代码

```
@section('box')
  //{{$name}} <br>
  {{date_default_timezone_set('PRC')}}
  {{date('Y:m:d H:i:s',time())}} <br>
  {{ $name1 or 'default'}} <br>
@stop
```

3. 原样输出

```
@section('box')
@{{$name}}
@stop
```

4. 模板注释

其实很简单,仅仅是

```
{{ -- 模板注释 --}}
```

和 html 的注释不一样,html 的注释在源代码网页是可以看到的,而这里不能,只能在编辑器里看到。

5. 引入子视图

创建一个名为 Bstp1. blade. php 的文件置于 Bstp 目录下,输入"I am in include",然后在 Bstp. blade. php 的目录下输入"@ include('Bstp. Bstp1')"。

二、Laravel 框架中的路由、控制器和视图简介

1. 路由

查看 app/Http/routes. php,增加一个路由。

```
Route::get('/ ','WelcomeController@ index');
```

@是一个界定符,前面是控制器,后面是动作,表示当用户请求 url/的时候,执行控制器 WelcomeController 中的 index 方法。

2. 控制器

在控制器 app/http/controllers/目录中添加 WelcomeController：

```php
<?php
namespace App\Http\Controllers;

use Illuminate\Http\Request;

class WelcomeController extends Controller
public function index()
{
return view('welcome');
}
?>
```

3. 视图

当前默认返回一个视图,视图的名字叫作 welcome,实际上是 welcome. blade. php,blade 是 laravel 的视图模板。可以查看 resources/views/welcome. blade. php。

修改 welcomecontroller. php：

```php
public function index()
{
//    return view('welcome');
return 'hello,laravel';
}
```

在浏览器中测试,得到一个简单的反馈。

新建一个路由,在 routes. php 中增加：

```php
Route::get('/contact','WelcomeController@ contact');
```

可以新建一个路由,也可以直接使用默认的控制器,在 WelcomeController. php 中添加：

```php
public function contact(){
    return 'Contact Me';
}
```

在浏览器中测试新增加的路由。

可以返回简单的字符串,也可以返回 json 或者 html 文件,所有的视图文件存储在 resource -> views 中。例如：return view('welcome'),不需要考虑路径,也不要添加. blade. php 扩展名,框架自动为我们完成。如果在 views 目录中需要子目录,例如 views/forum 子目录,只需要 return view('forum/xxx'),或者更简单而明确的方式是:return view('forum. xxx')。

　　返回一个页面:

```
public function contact(){
    return view('pages.contact');
}
```

　　在 views 目录下创建 pages 目录,然后创建 contact. blade. php:

```
<!doctype html >
<html lang = "en" >
<head >
    <meta charset = "UTF - 8" >
    <title >Document </title >
</head >
<body >
<h1 >Contact </h1 >
</body >
</html >
```

测试页面,打开浏览器,输入"localhost",运行结果如图 10 - 13 所示。

图 10 - 13　测试界面

项目实现　实现在线答题系统

实现思路

　　使用 composer 命令创建 Laravel 工程 quiz,文件设计见表 10 - 1。

表 10 - 1　项目文件设计

序号	文件名称	说明
1	routes/web. php	路由文件
2	resource/views/quiz. blade. php	答题页面
3	resource/views/result. blade. php	结果页面
4	app/Http/Controllers/QuizController. php	Quiz 控制器类文件
5	css/quiz. css	页面样式

1. 页面设计

答题页面为 quiz. blade. php,结果页面为 result. blade. php。

2. 路由设计

路由文件:routes/web. php。

进入答题系统路由,请求方式为 GET,url 为/,响应函数为 QuizController::start()。

提交当前题答案,进入下一题,请求方式为 POST,url 为/next/{题号},响应函数为 QuizController::next(题号)。

提交最后一题,并显示答题结果,请求方式为 POST,url 为/submit,响应函数为 QuizController::submit()。

3. 控制器类编写

控制器类基类:app/Http/Controllers/Controller。

答题控制器类:QuizController,其继承于 Controller 类。

使用 artisan 命令创建控制器:进入工程根目录,启动命令窗口,输入命令"php artisan make:controller QuizController"。

function start():开始答题。

function next():获得下一题,并保存当前题的答案。

function submit():提交试卷,计算分数,并返回结果。

function getQuestion():通过题号获得试题信息。

4. 数据定义

在 QuizController 类中定义 static $questions 数组对象,使用二维数组保存试题数据。

定义 const PARAM_ANSWERS = "answers",作为 Session 中保存用户答案的对象的键值。

5. 防止 CSRF 攻击

表单以 POST 方式提交数据时,需要添加 CSRF TOKEN 字段,有以下 4 种写法:

(1) < input type = "hidden" name = "_token" value = "{{csrf_token()}}" >。

(2) {{csrf_field()}}。

(3) {{!! csrf_field()!!}}。

(4) @csrf。

设计流程如图 10 - 14 所示。

步骤一:创建 Laravel 工程

进入 D 盘,启动命令行。运行"composer"命令,创建 Laravel 工程 quiz。命令为"composer create - project—prefer - dist Laravel/laravel quiz"。

配置 Apache 服务器(xampp/apache/conf/extra/httpd - vhosts. conf):

```
<VirtualHost *:80 >
    DocumentRoot"D:/quiz/public/"
    <Directory"D:/quiz/public/"〉
```

```
            OptionsIndexes FollowSymLinks MultiViews
            AllowOverride all
            Require all granted
            php_admin_value upload_max_filesize 128M
            php_admin_value post_max_size 128M
            php_admin_value max_execution_time 360
            php_admin_value max_input_time 360
        < /Directory >
    < /VirtualHost >
```

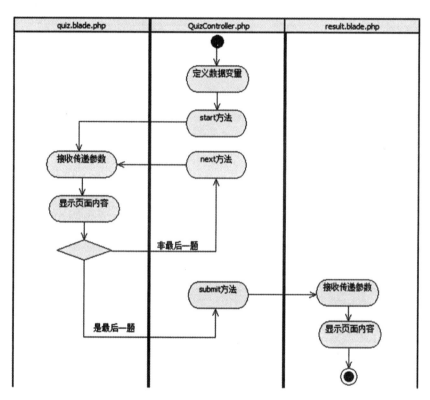

图 10 - 14　项目设计流程图

重启 XAMPP 服务器、在浏览器地址栏中输入"http://localhost/"。

步骤二:配置路由

编写 routes/web. php 文件。

进入答题系统路由:Route::get("/","QuizController@ start")。

提交当前题答案,进入下一题:Route::post("/quiz/next/ {qid}","QuizController@ next")。

提交最后一题,并显示答题结果:Route::post("/quiz/submit","QuizController@ submit")。

步骤三:创建控制器类 QuizController

进入 quiz 文件夹,启动命令行。

输入"php artisan make:controller QuizController"命令。

在文件夹 app/Http/Controllers/中创建文件 QuizController. php。

创建 start( )、next( )、submit( )函数:

```php
<?php
namespace App\Http\Controllers;
use Illuminate\Http\Request;
class QuizController extends Controller
{
    public function start(Request $request){
    }
    public function next(Request $request,$qid){
    }
    public function submit(Request $request){
    }
}
```

步骤四:编写 quiz. blade. php 文件

创建页面样式文件。

在 public/css 文件夹中创建 quiz. css 文件。

```css
h1{text-align:center;}
.box{
    margin:auto;
    border:solid 1px black;
    margin-top:5% ;
    width:400px;
    height:250px;
    text-align:center;
}
```

在 resource/views/中创建 quiz. blade. php 文件。

导入静态 css/quiz. css 文件时,使用内置的 url 类上的 asset( )函数来引入 CSS 文件和 JS 文件。默认在 Web 根目录下,也就是 public 文件夹中。

```html
<!DOCTYPE html>
<html>
<head>
```

```
< meta charset = "utf - 8" />
< link rel = "stylesheet" href = "{{URL::asset('css/quiz.css')}}" >
</head >
<body >
    <h1 >在线答题 </h1 >
    <div class = "box" >
    </div >
</body >
</html >
```

显示当前的题号($qid),添加 form 表单,判断当前题是否为最后一题,如果不是最后一题,则 action 为/quiz/next/题号,如果是最后一题,则为/quiz/submit。

```
<h2 id = "test_status" >第{{$qid}}题 </h2 >
<div id = "test" >
    < form method = "post" action = "{{! $last? '/quiz/next/'.$qid:'/quiz/submit'}}" >
    </form >
</div >
```

因为当前是以 POST 方式提交表单数据的,所以需要添加 CSRF TOKEN 字段。

```
{!! csrf_field()!!}
```

显示题干($stem),使用 foreach 显示选项,使用 if…else 语句显示不同按钮。

```
<h3 >{{$stem}} </h3 >
            @foreach( $options as  $key => $value)
            < input type = "radio" name = "choices" value = "{{$key}}" >{{$value}}
</input ><br >
            @endforeach
            < br >
            @if(! $last)
            < button type = "submit" >下一题 </button >
            @else
            < button type = "submit" >提交 </button >
            @endif
```

步骤五:编写 result. blade. php 文件

在 resource/views/中创建 result. blade. php 文件,显示答对的题数和得分。

```
<!DOCTYPE html >
<html >
    < head >
```

```
            < meta charset = "utf - 8"/>
            < link rel = "stylesheet" href = "{{URL::asset('css/quiz.css')}}" >
    </head >
    < body >
    < h1 >在线答题 < /h1 >
    < div class = "box" >
            < div >
                < h2 id = "test_status" >答题结束 < /h2 >
                < div id = "test" >
                        共答对{{ $right_num }}题,获得{{ $score }}分
                < /div >
            < /div >
    < /div >
    < /body >
< /html >
```

添加"重做"按钮,返回"/"页面。

```
< br >
< button type = "button" onclick = "window.location = '/;" >重做 < /button >
```

步骤六:编写 QuizController( ) 处理函数定义试题数据

```
static $questions = array(
        array("全国首个国家生态文明试验区是____。","福建","贵州","江西","海南","A"),
        array("____位于福建东南,唐朝时为四大口岸之一,宋元时期为"东方第一大港",被联合
国唯一认定为"海上丝绸之路"起点城市。","福州","厦门","泉州","广州","C"),
        array("习近平总书记在讲话中使用过名句"治国有常,而利民为本",请问此句出自《____》",
"论语","老子","孟子","淮南子","D"),
        array("党的____大首次提出把按劳分配和按生产要素分配结合起来","十四","十五","十
六","十七","B")
                );
```

定义保存到 Session 中的属性名常量。

```
const PARAM_ANSWERS = "answers";
```

创建 getQuestion( ) 函数,访问权限为 private,参数为题号,然后读取试题内容。

使用 for 循环语句解析出各个选项,选项前添加字母 A ~ D。

为了能够动态生成字母,可利用 ord( ) 函数将字符转为整数,利用 chr( ) 函数将整数转为
字符。选项字符串格式为"[A - Z].选项内容",key 值为[A - Z]。

```
private function getQuestion($qid){
```

```
//获得当前题目
  $question = self:: $questions[$qid];
  $options = array();
  for($i =1; $i <4; $i ++){
      $val = chr(ord("A") + $i -1);
      $options[$val] = $val.".".$question[$i];
  }
}
```

使用数组返回,qid 为题号,stem 为题干,options 为选项列表,last 为是否为最后一题的标识(若为最后一题,则为 true,否则为 false)。

```
return array(
      "qid" =>$qid +1,
      "stem" =>$question[0],
      "options" =>$options,
      "last" => (count(self:: $questions) == $qid +1)? true:false
      );
```

编写 start() 函数。

读取题目内容后,通过 view() 函数返回并传给 quiz. blade. php 页面。

通过 $request 获得 Session ,forget() 函数表示删除某一个元素,put() 函数表示添加一个元素,初始时, $question 为一个空的数组。

```
//读取第一道题
$question = $this ->getQuestion(0);
//清空 session
$request ->session() ->forget(self::PARAM_ANSWERS);
//创建用来保存用户答案的属性
$request ->session() ->put(self::PARAM_ANSWERS,array());
//显示 quiz 模板
return view("quiz", $question);
```

编写 next() 函数。

next() 函数的第 2 个参数是路由转入的,必须和路由参数名保持一致($qid)。

从请求中取出用户的选择值,然后从 Session 中取出用户的答案数组,将该答案添加进去,并更新 Session 中的值。

```
//获得上一道题用户的答案
$choice = $request ->input("choices");
//将用户的答案保存到 Session 中
$answers = $request ->session() ->get(self::PARAM_ANSWERS);
array_push($answers, $choice);
```

```
$request -> session() -> put(self::PARAM_ANSWERS, $answers);
//获得下一道题的内容
$question = $this -> getQuestion($qid);
return view("quiz", $question);
```

编写 submit() 函数。

从 Session 中取出用户的答案数组,然后从 $request 中获得最后一题的答案并追加到答案数组中。

```
//从 Session 中取出前面的答案,并清空 Session
    $answers = $request -> session() -> get(self::PARAM_ANSWERS);
    $request -> session() -> forget(self::PARAM ANSWERS);
    //获得最后一题用户的答案,并更新答案列表
    $choice = $request -> input("choices");
    array_push($answers, $choice);
```

使用 count() 函数计算数组的元素个数。对比两个数组答案的匹配情况,并计算出答对的题数。计算得分(100 分制)。

```
//计算正确答案的个数
$question_count = count(self:: $questions);
$right_num = 0;
for($i = 0; $i < $question_count; $i ++){
    if($answers[$i] == self:: $questions[$i][4]){
        $right_num ++ ;
    }
}
$score = 100 * ($right_num/$question_count);
```

返回 result. blad. php 页面,将得分数和答对的题数传入。

```
return view("result",["score" => $score,"right_num" => $right_num]);
```

显示结果如图 10 - 15 所示。

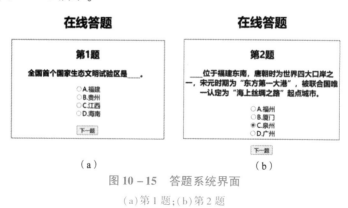

图 10 - 15　答题系统界面

(a)第 1 题;(b)第 2 题

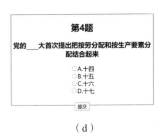

(c) (d)

(e)

图 10-15 答题系统界面(续)

(c)第 3 题;(d)第 4 题;(e)答题结束

巩固练习

1. 单选题

(1)Laravel 框架中,表单提交请求的时候,以下说法正确的是( )。

A. 使用 GET 的请求,需要令牌验证

B. 使用 POST 的请求,需要令牌验证。在表单中加入{{csrf_field()}}或者@csrf;

C. 使用 GET 和 POST 的请求,都不需要令牌验证

D. 以上说法都不正确

(2)Laravel 中控制器所在文件路径是( )。

A. app/Http/Controlle

B. routes/Http/Controller

C. app/Controller

D. app/Http

(3)Laravel 框架中,模板文件中不一样的部分用( )关键词。

A. @class

B. @yield

C. @extends

D. @section

(4)以下 Laravel 代码中,$fillable 的作用是( )。

```
class User extends Model
{ //定义模型关联的数据表(一个模型只操作一个表)
protected $table ='user';
protected $fillable =['user_account','user_password','email','create_time','del'];
}
```

A. 设置允许写入的数据字段　　　　　B. 设置不允许写入的数据字段

C. 设置允许读取的数据字段　　　　　D. 设置不允许读取的数据字段

2. 多选题

以下 Laravel 路由配置代码,若相关的控制类以及方法、模板文件都存在,则正确的是
(　　)。

A. Route∷post("/login","UserController@ login");

B. Route∷get("/index",function(){return view("index");});

C. Route∷match(["get","post"],"/ reg","UserController@ regist");

D. Route∷any(["get","post"],"/user/{id}",function($id){ return "user". $id;});

参 考 文 献

[1]程文彬 ,李树强 . PHP 程序设计[M].北京:人民邮电出版社,2017.

[2][美]Matt Stauffer(马特·斯托弗).Laravel 入门与实战(第 2 版):构建主流 PHP 应用开发框架[M].韦玮,译 . 北京:电子工业出版社,2021.

[3]陈运军,李洪建.PHP 程序设计[M].北京:人民邮电出版社,2021.

[4]黑马程序员 . PHP 基础案例教程[M].北京:人民邮电出版社,2017.